21世纪高等职业教育特色精品课程规划教材
高等职业教育课程改革项目研究成果

计算机网络应用基础

主　编　严月浩
副主编　唐继勇　唐中剑　李　立　周建军

北京理工大学出版社
BEIJING INSTITUTE OF TECHNOLOGY PRESS

内容简介

本书开创性地采用了“按照学生的思维、工程师的实用、教授的严谨”理念来编写和组织教材知识体现结构，由来自6个院校13名一线优秀大学教师参与编写。书中使用大量图、表和例子都是现实生活中遇到的网络现象和普遍使用的网络软件和设备，配备了大量的习题和答案。

本书共分为理论篇、应用篇、安全篇、实训篇（独立成册）4篇11章，主要介绍计算机网络概论、计算机网络体系结构、局域网技术、广域网接入技术、Internet基础知识，网络操作系统及应用、Windows 2003服务器的建立、组网技术、常用网络调试与故障调试，网络安全与病毒防护，实训篇单独成册。

本教材适用各个高职及高专院校，计算机相关专业、信息管理相关专业、经济类相关专业学生教学用书。

图书在版编目（CIP）数据

计算机网络应用基础/严月浩主编. —北京：北京理工大学出版社，2009.8

ISBN 978-7-5640-2525-0

Ⅰ.计…　Ⅱ.严…　Ⅲ.计算机网络-高等学校-教材　Ⅳ.TP393

中国版本图书馆CIP数据核字（2009）第142921号

出版发行／北京理工大学出版社
社　　址／北京市海淀区中关村南大街5号
邮　　编／100081
电　　话／(010)68914775(办公室)　68944990(批销中心)　68911084(读者服务部)
网　　址／http：//www.bitpress.com.cn
经　　销／全国各地新华书店
印　　刷／北京圣瑞伦印刷厂
开　　本／787毫米×1092毫米　1/16
印　　张／18.25
字　　数／419千字
版　　次／2009年8月第1版　2009年8月第1次印刷
印　　数／1~4000册
定　　价／35.00元

责任校对／陈玉梅
责任印制／边心超

图书出现印装质量问题，本社负责调换

前　言

21 世纪是一个以网络为核心的信息和知识经济时代，网络已经改变了人们的生活、学习、工作乃至思维方式，并对科学、技术、政治乃至整个社会产生了巨大的影响。目前，政府、企业、学校、家庭上网已成为社会的共识与实践，对计算机网络技术的利用和掌握是当今大学生必备的能力；计算机网络课程由原来信息类专业基础课程逐步变成了大学素质教育基础类课程；这一转变使计算机网络课程体系发生巨大的变化，由原来的理论性教学变成了应用为主导的技能性教学。

本书突出职业能力的培养要求，理论必须而且够用为原则，强化实践，突出解决问题的能力，开创性地使用了“按照学生的思维、工程师的实用、教授的严谨”来编写和组织教材知识体现结构，由来自 6 个院校 13 名一线优秀大学教师参与编写。书中大量的使用图、表，将复杂的理论知识简明地表达出来，易于理解；书中的例子都是现实生活遇到的网络现象和普遍使用的网络软件和设备，可操作性和实用性强。

本书共分为理论篇、应用篇、安全篇、实训篇（独立成册）4 篇 11 章，其中基础篇包括第 1 ~ 5 章主要介绍计算机网络概论、计算机网络体系结构、局域网技术、广域网接入技术、Internet 基础知识，应用篇包括第 6 ~ 9 章主要讲述了网络操作系统及应用、Windows 2003 服务器的建立、组网技术、常用网络调试与故障调试，安全篇第 10 章、网络安全与病毒防护，实训篇单独成册。

本书建议安排 66 学时（38+28），具体分配如下表所示。

	章　节	理论课时	实验课时	小计
理论篇	第 1 章　计算机网络概论	2		2
	第 2 章　计算机网络体系结构	2		2
	第 3 章　局域网技术	2		2
	第 4 章　广域网接入技术	2	2	4
	第 5 章　Internet 基础知识	4	2	6
应用篇	第 6 章　网络操作系统及应用	4	4	8
	第 7 章　Windows 2003 服务器的建立	8	6	14
	第 8 章　组网技术	4	4	8
	第 9 章　常用网络调试与故障调试	4	4	8
安全篇	第 10 章　网络安全与病毒防护	6	6	12

备注：第七章的内容可在机房进行，根据各个学校的课时数量对内容进行取舍。

全书由四川托普信息技术职业学院严月浩老师担任主编、负责制定、编写大纲、样章的确定及统稿工作；四川托普信息技术职业学院李立老师编写第 1 章并协助全书的统稿工作、周建军老师编写第 2、3 章；第 4 章由重庆青年职业技术学院编著马力老师编写，第 5 章由乐山职业技术学院李毅、徐慧老师编写；第 6、7 章由南充职业技术学院杨华、王洪平老师编写；第 8、9、10 章由重庆正大软件职业技术学院刘陈、李在琦、唐中剑老师编写；实训篇由重庆电子工程职业学院唐继勇、林婧、陈杏环老师编写。

本书在撰写过程中得到了参编院校各级领导的大力支持和帮助，电子科技大学计算机学院副院长李建平（博士生导师）教授，享受国务院政府特殊津贴的专家马在强教授给本书的编写工作也给了大量有益的帮助，在此一并向他们表示衷心的感谢！

由于计算机网络技术发展迅速，在加上时间仓促，书中错误及遗漏之处在所难免，恳请各位专家和广大读者批评指正。同时欢迎读者与我们联系，电子邮件：yanyuehao@126.com。

编　者

目 录

基 础 篇

应 用 篇

安　全　篇

第1章　计算机网络概论

本章提示

本章主要对计算机网络（Computer Network）的概念、组成、发展历程、功能与应用作了简要阐述，同时介绍了计算机网络中的数据通信基础知识。

教学要求

掌握计算机网络的定义、组成、分类、功能及应用，了解计算机网络的产生与发展历程，掌握数据通信基础的相关概念，了解数据的编码调制技术、数据交换技术、数据传输技术。

内容框架图

计算机网络概论
- 计算机网络的基本概念
- 计算机网络的发展历程
- 计算机网络的分类
- 计算机网络的功能与应用
- 数据通信基础

1.1　计算机网络的概念

1.1.1　什么是计算机网络

计算机网络是现代通信技术与计算机技术相结合的产物。什么是计算机网络，至今没有一个明确的定义。所谓的计算机网络，就是把分布在不同地理区域的、自主的计算机与专门的外部设备用通信线路连接而成的网络系统，它使众多的计算机可以方便地相互传递信息，共享硬件、软件和数据等资源。自主的计算机一般是指具有独立计算能力的、用于信息处理的计算机。

计算机网络主要包含连接对象（或元件）、连接介质（双绞线、同轴电缆、光缆等）、连接的控制机制（如网络协议、各种网络软件）和连接的方式与结构（指网络所采用的拓扑结构，如星形、环形、总线形等）4个方面。

有两种方法可以组成最简单的计算机网络，一是用通信线路将两台微机通过通信断口COM1和COM2或打印机端口LPT1连接起来，二是用双绞线（交叉线）将两台微机通过网卡进行连接。

1.1.2 计算机网络基本组成

与计算机系统的组成相似，计算机网络的组成也包括硬件部分和软件部分。但是又有别于计算机系统的组成，计算机网络的组成中无论硬件还是软件都与通信相关。

1. 子网

子网概念的提出主要是基于“网络是由计算机和通信系统组成的”这个基本定义。按照子网的概念，可把计算机网络分成两个层次：一个负责信息的处理，这个层次称为资源子网；另一个负责信息的传递，该层次称为通信子网。如图1–1所示。

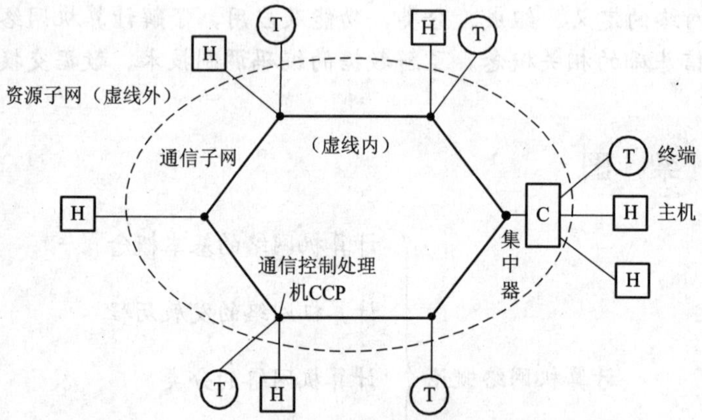

图1–1 计算机网络结构示意图

（1）资源子网。资源子网主要负责全网的信息处理业务，主要由主机、终端、终端控制器、连网外设、软件资源和信息资源等组成。

（2）通信子网。通信子网主要承担全网的数据传输、转发和交换等通信工作，由通信控制处理机（Communication Control Processor，CCP）、通信线路和其他的网络设备组成。

2. 网络硬件部分

（1）计算机。计算机是信息处理设备，属于资源子网范畴。计算机是网络的核心设备，主要负责信息的产生、存储和处理等过程。在不同的网络类型中，计算机所担任的角色各不相同，有服务器和客户机之分。

（2）通信控制设备。通信控制设备（或称通信设备）是信息传递的设备，通信设备构成网络的通信子网，是专门用来完成通信任务的。如通信控制处理机CCP、局域网的网卡、调制解调器（Modem）就属于通信控制设备。用通信介质把通信控制设备连在一起就构成通信子网，它负责网络中的数据传输。

（3）网络连接设备。网络连接设备属于通信子网的范畴，负责网络的连接，主要包括集线器、局域网中的交换机、路由器以及网络连线等。

3. 网络软件部分

网络软件主要包括网络操作系统、网络通信协议以及各种网络应用软件。其中网络操作系统负责计算机和网络的管理，网络应用软件完成网络的具体应用，它们都属于资源子网的范畴；网络通信协议完成网络的通信控制功能，属于通信子网的范畴。

1.2　计算机网络的发展

计算机网络和其他事物的发展一样，也经历了从简单到复杂、从低级到高级、从单机到多机的过程。在这一过程中，计算机技术和通信技术密切结合，相互促进，共同发展，最终产生了计算机网络。计算机网络的发展大致可以分为四个阶段：面向终端的通信网络阶段、计算机网络阶段、网络互联阶段、Internet 与高速网络阶段。

1. 面向终端的通信网络阶段

1946 年，世界上第一台数字计算机 ENIAC 问世，用户使用计算机首先要将程序和数据制作成纸带或卡片，再送到中心计算机进行处理。1954 年，出现了一种称为收发器的终端设备，首次实现了将数据沿电话线路发送到远地的计算机。

随着远程终端的增加，主机的任务逐渐加重，一方面要负责数据的通信；另一方面要负责数据的处理。为了提高通信的效率，在主机和通信线路之间设置前端处理机（FEP），由它承担所有的通信任务，这样就减轻了主机的负荷，大大提高了主机处理数据的效率。这就是多机系统。另外，在远程终端比较密集的地方，可增设一个叫集中器的设备，实现了多台终端共享一条通信线路，提高了通信线路的利用率。

2. 计算机网络阶段

随着计算机应用的发展以及计算机的普及和价格的降低，出现了计算机互联的需求。这一阶段研究的典型代表是美国国防部高级研究计划局的 ARPANET（通常称为 ARPA 网）。ARPA 网是世界上第一个实现了以资源共享为目的的计算机网络，是现代计算机网络诞生的标志，是 Internet 的雏形，现在计算机网络的很多概念都源于它。

3. 网络互联阶段

计算机网络发展的第三阶段——网络互联阶段是加速体系结构与协议国际标准化的研究与应用时期。1984 年，国际标准化组织（ISO）正式制定和颁布了“开放系统互联参考模型（OSI RM）”。ISO/OSI RM 及标准协议的制定和完善正在推动计算机网络朝着健康化和标准化的方向发展。

4. Internet 与高速网络阶段

目前计算机网络的发展正处于第四阶段。Internet 是覆盖全球的信息基础设施之一，不仅规模庞大，而且数据量和信息量也是巨大的。

网络技术发展的首要问题是解决带宽不足和提高网络传输率。目前存在着电话通信网、有线电视网和计算机通信网，网络发展的另一个方面是实现三网合一，把所有的信息（包括语音、视频、数据）都统一到 IP 网络是今后的发展方向。

1.3　计算机网络的分类

计算机网络的分类标准有很多，最常见的有网络覆盖范围、拓扑结构、传输介质几种分类标准。

1.3.1　按覆盖的范围分类

按照网络的覆盖范围分类是最常见的一种分类方法，可以将网络分为局域网（Local Area Network，LAN）、城域网（Metropolitan Area Network，MAN）和广域网（Wide Area Network，WAN）。三种不同类型网络的比较如表 1–1 所示。

表 1–1　三种不同类型网络的比较

网络种类	缩　写	覆盖范围	分布距离	传输速率
局域网	LAN	房间	10 m	4 Mbit/s～1 Gbit/s
		楼寓、建筑物	100 m	
		校园、企业	1 km	
城域网	MAN	城市	10 km 以上	50 kbit/s～100 Mbit/s
广域网	WAN	国家、洲或全球	1 000 km 以上	9.6 kbit/s～45 Mbit/s

1. 局域网

局域网的地理分布范围在几千米以内，一般建立在某个机构所属的一个建筑群内或一个学校的内部，其实甚至几台计算机也能构成一个小型的局域网。由于局域网覆盖的范围有限，数据传输的距离短，因此，局域网便于管理和维护，而且网内的数据传输速率都比较高。

2. 城域网

城域网的覆盖范围一般为几千米至几十千米，介于局域网和广域网之间。城域网的覆盖范围通常在一个城市内。

3. 广域网

广域网也称远程网，它是覆盖的范围比较大，一般是几百千米至几千千米的的广阔地理范围，可以跨区域、跨城市、跨国家。这类网络的作用是实现远距离计算机之间的数据传输和信息共享，其通信线路大多要借用公共通信网络。广域网涉及的范围很大，联网的计算机数目众多，因此网上的信息量非常大、共享的信息资源极为丰富，但数据传输速率比较低。最大的广域网是国际互联网，即 Internet。

最后需要指出的是：由于 10 Gb/s 以太网技术和 IP 技术的出现，以太网技术已经可以应用到广域网中。这样，局域网、城域网和广域网的界限就越来越模糊。

1.3.2　按拓扑结构分类

拓扑是从图论演变而来的，是一种研究与大小形状无关的点、线、面特点的方法。在拓扑学中，事物被抽象成结点，把事物间的关系抽象成连线，这样组成的图形称为拓扑。网络拓扑结构把工作站、服务器等网络单元抽象为“点”，把网络中的通信介质抽象为“线”，这样从拓扑学的观点看计算机网络系统，就形成了点和线组成的几何图形，从而抽象出了网络系统的具体结构。

按拓扑结构分类可将网络分成两大类：一类是无规则的拓扑，适合于广域网的拓扑结构，如网状网；另一类是有规则的拓扑，一般是有规则的、对称的，适合于局域网的拓扑结构，如星形、环形、树形和总线形。总之，按照网络的拓扑结构分类，可以把网络分为总线型、环形、星形、树形和网状网络。例如，以星形拓扑结构组建的网络为星形网，以总线拓扑结构组建的网络为总线型网。

1.3.3　按传输介质分类

根据网络所使用的传输介质，可以把计算机网络分为双绞线网（以双绞线为传输介质）、同轴电缆网（以同轴电缆为传输介质）、光纤网（以光缆为传输介质）、无线网络（以无线电波为传输介质）和卫星数据通信网（通过卫星进行数据通信）等。

1.4　计算机网络的功能与应用

计算机网络主要有两个功能：一是数据通信；二是资源共享。其中数据通信是计算机网络最基本的功能，为网络用户提供了强有力的通信手段；资源共享包括硬件软件共享、信息共享等。

1. 数据通信功能

通过网络发送电子邮件、发短消息、聊天、远程登录及视频会议等，都是利用了计算机网络的通信功能。

2. 资源共享功能

计算机网络允许网络上的用户共享不同类型的硬件设备，通常有打印机、大容量的磁盘以及高精度的图形设备等。软件资源包括文件、程序等，可以共享占用空间较大的某一系统软件或应用软件（如数据库管理系统）。信息也是一种宝贵的资源，Internet 有取之不尽、用之不竭的信息与数据。

3. 其他功能

计算机网络除了上述功能外，还有以下功能：① 高可靠性；② 均衡负荷；③ 协调运算；④ 分布式处理。

计算机网络的应用是十分广泛的，可以应用于任何行业和领域，包括政治、经济、军事、科学、文教及生活等诸多方面。

在企事业单位信息管理中的应用方面，计算机网络主要实现如下目标：实现资源共享、提高信息系统的可靠性、节约资金、增强信息系统的可扩展性、为用户提供一种功能强大的通信工具；在个人信息服务中的应用方面，可以实现：远程信息的访问、新的通信工具、家庭娱乐等。

1.5 数据通信技术

计算机网络是计算机技术与通信技术相结合的产物，了解一些数据通信技术方面的基础知识，将有利于更好地理解和学习计算机网络。数据通信模型如图 1–2 所示。

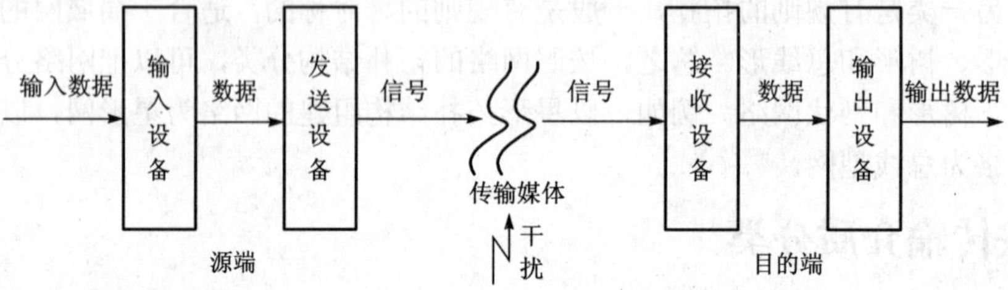

图 1–2 典型的数据通信模型

1.5.1 数据通信的基本概念

1. 信息、数据与信号

信息是指“事物发出的消息、情报、数据、指令、信号等当中所包含的意义”。

数据是指把事件的某些属性规范化后得到的具体表现形式，它可以被识别，也可以被描述。数据可分为两种：模拟数据和数字数据。模拟数据在时间和幅度上取值都是连续变化的，其电平随时间连续变化，例如语音、温度、压力等是典型的模拟数据；数字数据在时间上是离散的，在幅值上是经过量化的，一般是由“0”、“1”构成的二进制代码组成的数字序列。

信号是数据的具体物理表现形式，它是信息（数据）的一种电磁编码，具有确定的物理描述。线路上传输的电信号按其因变量的取值是否连续可以分为模拟信号和数字信号。模拟信号是指幅度和时间（每秒的波数）连续变化的信号；数字信号是指时间和幅度都用离散数字表示的信号。

综上，信息、数据和信号三者之间的关系是：信息一般用数据来表示，而表示信息的数据通常要被转换为信号以后才能进行传递。

2. 信道、传输速率

传输信息的必经之路称为信道，信道是传输信息的通路，在计算机中有物理信道和逻辑信道之分。物理信道是指用来传送信号或数据的物理通路，网络中两个结点之间的物理通路称为通信链路，物理信道由传输介质及相关设备组成；逻辑信道也是一种通路，但在信号收、发点之间并不存在一条物理上的传输介质，而是在物理信道基础上，由结点内部的边来实现，通常把逻辑信道称为“连接”。 数字信道用来传输数字信号，模拟信道用来传输模拟信号。

传输速率是指通信线路上传输信息的速度。传输速率是指数据在信道中传输信息的速度。它分为两种：信号速率和调制速率（信息速率和码元速率）。信号速率 Rb：每秒钟传送的信息量（二进制代码的有效位数），单位为比特/秒（b/s）或 bps，又称为比特率；调制速率 RB：每秒钟传送的码元数（即脉冲数），单位为波特/秒（Baud/s），又称为波特率。单位时间内信号波形的变换次数，即通过信道传输的码元个数。以每秒钟波形的振荡数来衡量。

3. 通信方式

通信方式是指通信双方的信息交互方式，根据信号在信道中传输方向的不同，可分为单工、半双工和全双工通信。相应地，信道就有单工、半双工和全双工通信信道之分。

（1）单工通信（也称单向通信）。指通信信道是单向信道，数据信号仅沿一个方向传输，发送方只能发送不能接收，而接收方只能接收而不能发送，任何时候都不能改变信号传送方向。例如，无线电广播、监视器、打印机和电视机都属于单工通信。

（2）半双工通信（也称双向交替通信）。半双工通信是指信号可以沿两个方向传送，但同一时刻一个信道只允许单方向传送，即两个方向的传输只能交替进行。当改变传输方向时，要通过开关装置进行切换。

半双工信道适合于会话式通信。例如，公安系统使用的“对讲机”和军队使用的“步话机”。另外还有双向无线电对讲设备、发报机。

（3）全双工通信（也称双向同时通信）。全双工通信是指数据可以同时沿相反的两个方向进行双向传输。电话、大多数计算机终端、大多数调制解调器的工作过程就是一个全双工的通信过程。

1.5.2　数据传输的编码和调制技术

数据有模拟数据和数字数据之分，信号也有模拟信号和数字信号，数据必须转换为信号之后才能传输，而究竟转换为什么样的信号是由信道所决定的。例如，能够传输模拟信号的通信系统都可以称为模拟通信系统，能够传输数字信号的通信系统都可以称为数字通信系统。因此，数据的编码方法包括数字数据的编码与调制和模拟数据的编码与调制。数据与信号的转换关系种类如图 1–3 所示。

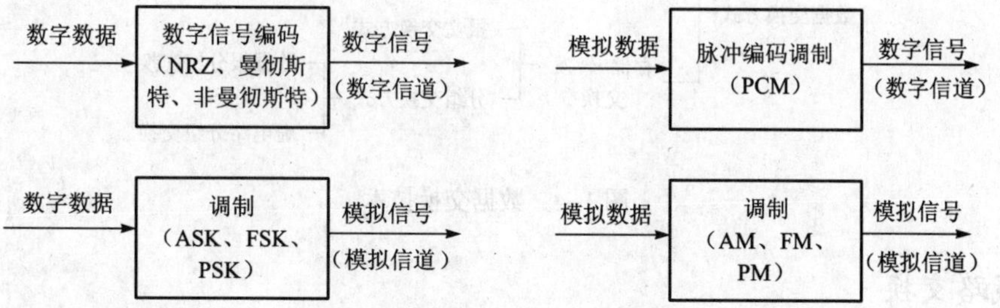

图 1–3　数据编码技术和调制技术

1. 数字数据的调制

典型的模拟通信信道是电话通信信道，它是当前世界上覆盖面最广、应用最普遍的模拟通信信道之一。传统的电话通信信道是为传输语音信号设计的，不能直接传输数字数据。为了实现利用电话交换网传输计算机数字数据，则必须先将数字信号转换成模拟信号，即需要对数字数据进行调制。对数字数据调制的基本方法有：振幅键控法（ASK）、移频键控法（FSK）和移相键控法（PSK）3 种。

2. 数字数据的编码

数字信号可以利用数字通信信道来直接传输（即数字信号的基带传输），而数字数据在传输之前需要进行数字编码。在基带传输中，数字数据的数字信号编码主要有以下 3 种方式：非归零码（Non-Return to Zero，NRZ）、曼彻斯特编码（Manchester）和差分曼彻斯特编码（Difference Manchester）。

3. 模拟数据的调制

在模拟数据通信系统中，信源的信息经过转换形成电信号，也就是模拟数据的基带信号。一般来说，模拟数据的基带信号具有比较低的频率，不适宜直接在信道中传输，需要将信号调制到适合信道传输的频率范围内，接收端在将接收的已调信号再调回到原来信号的频率范围内，恢复成原来的消息，比如无线电广播。模拟数据的基本调制技术主要包括调幅（AM）、调频（FM）和调相（PM）。

4. 模拟数据的编码

模拟数据数字化的主要方法是脉冲编码调制（Pulse Code Modulation，PCM）。PCM 技术的典型应用是语音数字化。脉冲编码调制的工作过程包括抽样、量化和编码 3 个部分。

1.5.3 数据交换技术

交换又称转换，数据交换技术在交换通信网中实现数据传输是必不可少的。远程传输网络，不可能铺设用户到用户的线路，因此产生了交换技术。数据交换技术是指数据被从设备的一个端口送到另一个端口所采用的技术。数据交换方式的种类如图 1–4 所示。

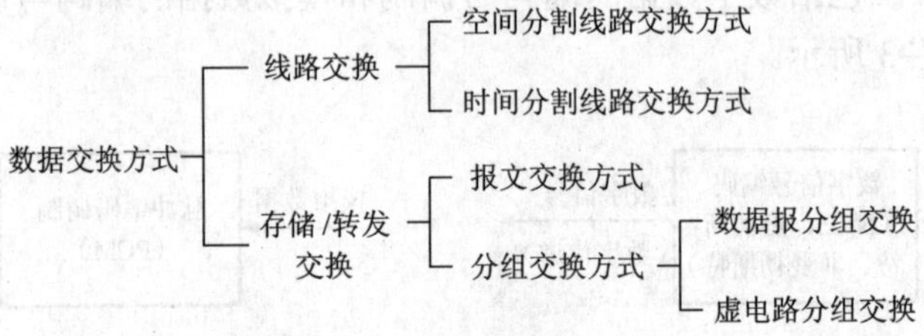

图 1–4 数据交换技术

1. 线路交换

线路交换（Circuit Switching），也称为电路交换，它是一种直接的交换方式，为一对需要进行通信的结点之间提供一条临时的专用通道，即提供一条专用的传输通道，既可以是物理通道又可以是逻辑通道（使用时分或频分多路复用技术）。

目前，公用电话交换网广泛使用的交换方式是线路交换，经由线路交换的通信包括：线路建立、数据传输和线路拆除三个阶段。

2. 存储/转发交换

存储/转发交换（Store and Forward Switching）可以分为报文交换与报文分组交换两种方式。其中，报文分组存储转发交换方式又可以分为数据报与虚电路方式。

（1）报文交换。对较为连续的数据流（如话音），电路交换是一种易于使用的技术。对于数字数据通信，广泛使用的是报文交换（Message Switching）技术。在报文交换网中，网络结点通常为一台专用计算机，备有足够的外存，以便在报文进入时进行存储缓冲。结点接收一个报文之后，报文暂时存放在结点的存储设备之中，等输出电路空闲时，再根据报文中所指的目的地址转发到下一个合适的结点，如此往复，直到报文到达目标数据终端为止。报文交换特点：无呼叫建立和专用通路、存储/转发式的发送技术。

（2）分组交换。分组交换（Packet Switching）又称包交换，与报文交换同属于存储/转发式交换。它们之间的差别在于参与交换的数据单元长度不同。在分组交换中，计算机之间交换的数据不是作为一个整体进行传输，而是划分为大小相同的许多数据分组来进行传输，这些数据分组称为“包”。分组交换特点：无呼叫建立和专用通路、存储/转发式的发送技术、将数据分成有大小限制的分组后发送。

在分组交换中，根据网络中传输控制协议和传输路径的不同，可分为两种方式：数据报文分组交换或虚电路分组交换。

1. 数据报文分组交换

数据报分组交换的特点如下：同一报文的不同分组可以由不同的传输路径通过通信子网；同一报文的不同分组到达目的结点时可能出现乱序、重复或丢失现象；每一个报文在传输过程中都必须带有源结点地址和目的结点地址；使用数据报文方式时，数据报文传输延迟较大，适用于突发性通信，但不适用于长报文和会话式通信。

2. 虚电路分组交换

虚电路就是两个用户的终端设备在开始互相发送和接收数据之前需要通过通信网络建立逻辑上的连接，用户不需要在发送和接收数据时清除连接。在传输前，发送端先进行虚呼叫（VC），与接收端进行虚电路的建立。虚电路建立好以后，把报文的所有分组按照分组序号顺序发往目的端，由中间结点进行存储转发。到达目的端后，重新组合报文送给主机。虚电路分组交换有 2 个优点：一是分组按序到达；二是分组不需要携带地址信息，只携带少量的虚电路信号即可。

1.5.4 数据传输技术

1. 基带传输

基带传输是指在通信线路上原封不动地传输由计算机或终端产生的“0”或“1”数字脉冲信号。这样一个信号的基本频带可以从直流成分到数兆赫，频带越宽，传输线路的电容电感等对传输信号波形衰减的影响就越大。

基带传输的特点是：① 信道简单，成本低；② 基带传输占据信道的全部带宽，任何时候只能传输一路基带信号，信道利用率低。

2. 频带传输

频带传输是指把二进制“1”或“0”的信号，通过调制解调器变成具有一定频带范围的模拟信号进行传输。频带传输，有时也称宽带传输，是指将数字信号调制成音频信号后再发送和传输，到达接收端时再把音频信号解调成原来的数字信号。在实现远距离通信时，经常借助于电话线路，此时就需要利用频带传输方式。采用频带传输时，调制解调器（Modem）是最典型的通信设备，要求在发送和接收端都要安装调制解调器，如图 1–5 所示。

图 1–5 频带传输示意图

Modem 的基本功能是调制和解调。调制，就是将计算机输出的“1”和“0”脉冲信号调制成相应的模拟信号，以便在电话线上传输。解调，就是将电话线传输的模拟信号转化成计算机能识别的由“1”和“0”组成的脉冲信号。调制和解调的功能通常由一块数字处理芯片来完成。

按接入 Internet 方式的不同，可将 Modem 分为拨号 Modem 和专线 Modem；按数据传输方式的不同，可将 Modem 分为同步 Modem 和异步 Modem；按通信方式的不同，可将 Modem 分为单工、半双工和全双工三种；从接口类型的不同，可将 Modem 分为外置式 Modem、内置式 Modem、PC 卡式移动 Modem 等。

本章小结

本章主要讲述了以下一些内容：

（1）计算机网络是现代通信技术与计算机技术相结合的产物。计算机网络，就是把分布在不同地理区域的、自主的计算机与专门的外部设备用通信线路连接而成的网络系统，它使众多的计算机可以方便地相互传递信息，共享硬件、软件和数据等资源。

（2）按照子网的概念，可把计算机网络分成两个层次：一个负责信息的处理，这个层次称为资源子网；另一个负责信息的传递，该层次称为通信子网。

（3）计算机网络的发展大致可以分为四个阶段：面向终端的通信网络阶段、计算机网络阶段、网络互联阶段、Internet 与高速网络阶段。

（4）按照网络的覆盖范围分类是最常见的一种分类方法，可以将网络分为局域网、城域网和广域网。

（5）计算机网络主要有 2 个功能：一是数据通信；二是资源共享。其中数据通信是计算机网络最基本的功能，为网络用户提供了强有力的通信手段；资源共享包括硬件软件共享、信息共享等。

（6）数据是指把事件的某些属性规范化后得到的具体表现形式，它可以被识别，也可以被描述。数据可分为两种：模拟数据和数字数据。线路上传输的电信号按其因变量的取值是否连续可以分为模拟信号和数字信号。信息、数据和信号三者之间的关系是：信息一般用数据来表示，而表示信息的数据通常要被转换为信号以后才能进行传递。

（7）通信方式是指通信双方的信息交互方式，根据信号在信道中传输方向的不同，可分为单工、半双工和全双工通信。

（8）数据的编码方法包括数字数据的编码与调制和模拟数据的编码与调制。数据交换技术是指数据被从设备的一个端口送到另一个端口所采用的技术。数据传输技术包括基带传输、频带传输。

习　题　一

一、单项选择题

1. 在计算机网络的发展过程中，（　　）对计算机网络的形成与发展影响最大。

A. ARPANET　B. NOVELL　C. OCTOPUS　D. DATAPAC

2. 计算机网络中实现互联的计算机之间是（　　）进行工作的。

A. 独立　B. 相互制约　C. 并行　D. 串行

3. 下述对广域网的作用范围叙述最准确的是（　　）。

A. 几千米到几十千米　B. 几十千米到几百千米

C. 几百千米到几千千米　D. 几千千米以上

4. 半双工典型的例子是（　　）。

A. 广播　B. 对讲机　C. 电话　D. 电视

5. 两台计算机利用电话线路传输数据信号时需要的设备是（　　）。

A. 调制解调器　B. 线路控制器　C. 通信控制器　D. 多重线路控制器

二、填空题

1. 计算机网络是________技术和________技术相结合的产物。

2. 计算机网络系统是由通信子网和________组成。

3. 计算机网络的主要功能是________和________。

4. 按照覆盖的地理范围分类，计算机网络可以分为________、________和________。

5. 以________为代表的网络技术应用，标志着第四代计算机网络的兴起。

6. 信息、数据和信号三者之间的关系是________。

7. 单工通信也称________，半双工通信也称________，全双工通信也称________。

8. PCM 编码过程是采样、________和________。

9. 当通信子网采用________方式时，需要首先在通信双方之间建立起物理链路；当通信子网采用________方式时，需要在通信双方之间建立起逻辑链路。

10. Modem 的基本功能是________和________。

三、简答题

1. 什么是计算机网络？它的主要功能和应用是什么？

2. 网络有哪些分类方法，请简要说明。

3. 分别说明计算机网络的硬件和软件都包括哪些部分？

4. 什么是数字信号、模拟信号？两者的区别何在？

5. 线路交换和存储/转发交换各自有什么特点？

第 2 章 网络体系结构与协议

本 章 提 示

学习计算机网络参考模型对深入理解计算机网络的工作原理具有十分重要的作用。本章主要介绍了 OSI 参考模型和 TCP/IP 参考模型的层次结构及各层功能，并简要介绍了 TCP/IP 协议集，最后将 OSI 参考模型和 TCP/IP 参考模型进行了对比分析。

教 学 要 求

理解网络体系结构采用分层结构的原因，掌握 OSI 参考模型和 TCP/IP 参考模型的层次结构及各层功能，了解 TCP/IP 协议集。

内 容 框 架 图

- 网络体系结构与网络协议的概念
- OSI参考模型的概念、层次、数据传输过程
- OSI参考模型各层的功能
- TCP/IP参考模型的概念及各层功能
- TCP/IP协议集
- OSI参考模型与TCP/IP参考模型的比较

2.1 网络体系结构和网络协议

2.1.1 网络体系结构

网络体系结构（Network Architecture）是指通信系统的整体设计，如整个网络系统的逻辑组成和功能分配，它定义和描述了一组用于计算机及其通信设施之间互联的标准和规范的集合。研究计算机网络体系结构的目的在于定义计算机网络各个组成部分的功能，以便在统一原则指导下进行计算机网络的设计、建造、使用和发展。计算机网络体系结构是一种分层结构。

划分层次是人们解决复杂问题时常用的处理方法。人们面对那些难于处理的复杂问题时，通常将问题划分为若干层次模块、分解为较小问题后分别进行处理，这样问题便容易得到解决。比如邮政系统的信件传输，是一个极其复杂的问题。解决方法是：将邮政系统总体要实现的许多功能分配在不同的层次模块中，每个层次完成的服务及服务实现的过程都有明确的规定；不同地区的邮政分成相同的层次；不同的系统的同等层都有相同的功能；高层使用下一层提供的服务时，并不需要知晓低层服务的具体实现方法。

作为一种层次结构，邮政系统的工作过程如图 2–1 所示，例如，四川的小张要寄信给远在北京的小李，小张写完信件后，只需要按照规定的格式写好发信人和收信人即可，然后将其投递到离自己最近的邮箱就可以了。邮递员定期从邮箱里收集邮件并送到邮政分局，然后多个邮政分局的信件再集中到中心局，中心局将收到的所有信件打包，交给运输部门，运输部门将打包后的信件一次性运输到位于北京的中心邮局，再经过分发，最后由邮递员将信件投递到小李的邮箱，这样小李就收到信件了。从这个例子中，可以看出作为通信双方的小张和小李只需要按照邮政系统的规定写好邮编和地址就可以了，通过信箱调用邮政系统的服务，他们并不需要知道邮政系统收集、分拣、运输、投递等工作的细节。

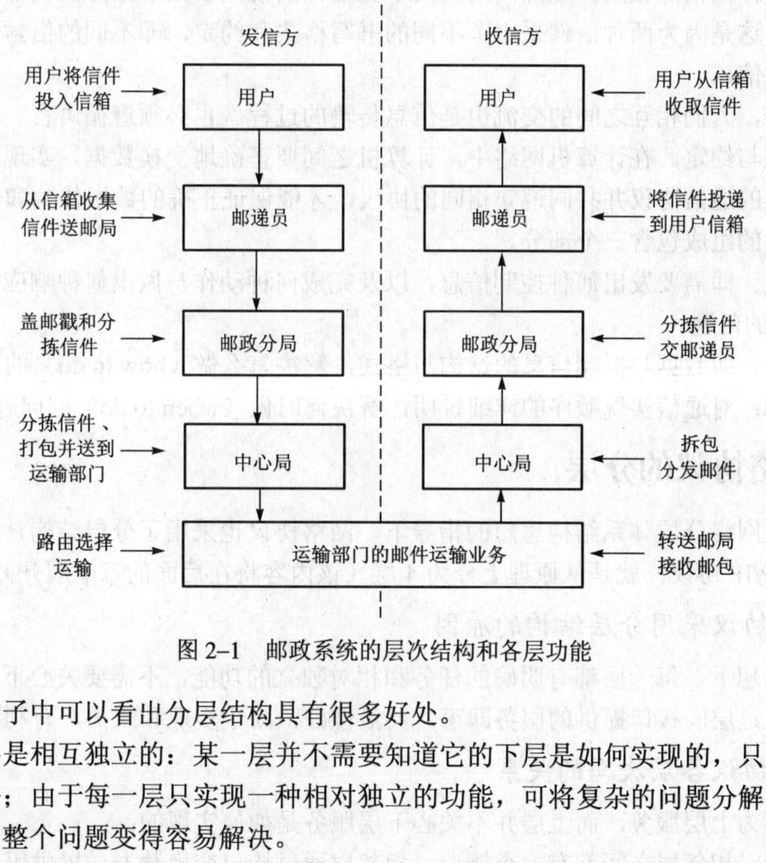

图 2–1　邮政系统的层次结构和各层功能

从上述例子中可以看出分层结构具有很多好处。

（1）各层是相互独立的：某一层并不需要知道它的下层是如何实现的，只需通过接口使用下层的服务；由于每一层只实现一种相对独立的功能，可将复杂的问题分解为若干容易处理的小问题，整个问题变得容易解决。

（2）更好的灵活性：当某一层发生变化时，只要层间接口关系保持不变，则在该层以上或以下的层均不受影响。当某一层提供的服务不再需要时，可将该层取消。

（3）结构上可分割：各层都可以采用最合适的技术来实现。

（4）易于实现和维护：每层功能相对单一，易于实现。

（5）易于标准化：因为每个实体都具有相同的层，每一层功能都比较单一，所以提供的服务也比较明确。

计算机网络作为一个复杂的系统，就采用了层次化的体系结构。1974 年，IBM 公司提出了世界上第一个网络体系结构，也就是 SNA（Systems Network Architecture）。此后，DEC、UNIVAC 等公司提出了自己的网络体系结构。这些体系结构都采用了分层结构，但层次的划分和功能的分配与采用的技术都不同，无法进行互联，因此，制定统一的网络标准，实现不同的计算机系统互连成为一个迫切问题，后面所要讲述的 OSI 参考模型就是在这种背景下产生的。

2.1.2 网络协议

网络协议（Protocol）是为进行网络中的数据通信而建立的规则、标准或约定。在这种规约下，不同系统之间的通信才能完成。比如现实生活中的邮政系统，按照约定俗成的规则，发信人写信的时候将收信人的地址有邮编写在信封的左上角，将自己的地址和邮编写在右下角；而英文信件则正好相反。显然，用国内中文信件的规则去处理国际英文信件，则是无法正确邮寄的。这是因为两种信件采用了不同的书写格式和约定，即不同的信封格式协议，所以不能正常通信。

广义上讲，人们相互之间的交流也是信息传输的过程，也必须遵循语言、书写规范等约定俗成的规则与约定。在计算机网络中，计算机之间要正确地交换数据，实现资源共享，就必须制定相应的通信协议并共同遵守相同的协议，才能保证正确的数据传输和信息共享。

网络协议的组成包含三个部分。

（1）语义：即需要发出何种控制信息，以及完成何种动作与做出何种响应，解决做什么（what to do）的问题。

（2）语法：即数据与控制信息的结构与格式，解决怎么做（how to do）的问题。

（3）时序：对通信实现顺序的详细说明，解决何时做（when to do）的问题。

2.1.3 网络协议的分层

在计算机网络分层体系结构思想的指导下，网络协议也采用了分层结构，比如当今使用最广泛的 TCP/IP 协议，就是从原理上分为 4 层（该内容将在后面的章节展开）。

1. 网络协议采用分层结构的原因

在分层思想下，每一层都有明确的任务和相对独立的功能，不需要关心下层如何实现，只需知道它通过层间接口提供的服务即可。灵活性好，易于实现和维护，有利于标准化。

2. 网络协议各层次间的关系

（1）下层为上层服务，而上层并不关心下层服务是如何实现的；

（2）每一对相邻层之间都有一个接口，相邻层通过接口交换数据，提供服务；

（3）发送方和接收方的同一层叫做对等实体；

（4）对等实体是虚通信，只有传输介质是实通信；

（5）从层次角度看数据的传输，发送方数据往下层传递，接受方往上层传递。

2.2 OSI 参考模型

2.2.1 OSI 参考模型的概念

1984 年，国际标准化组织（ISO）颁布了“开放系统互联参考模型”（Open System

Interconnection Reference Model），即 OSI/RM，也叫 ISO/OSI。只要遵循 OSI 标准，一个系统就可以与位于世界上任何地方、同样遵循 OSI 标准的其他任何系统通信。OSI 参考模型只是给出了一些原则性说明，并不是一个具体的网络，它将整个网络的功能划分为七层，如图 2–2 所示。这七个层次从下到上分别是物理层、数据链路层、网络层、传输层、会话层、表示层、应用层。每一层执行本层所承担的具体任务，且功能相对独立，并通过接口与其相邻层连接。

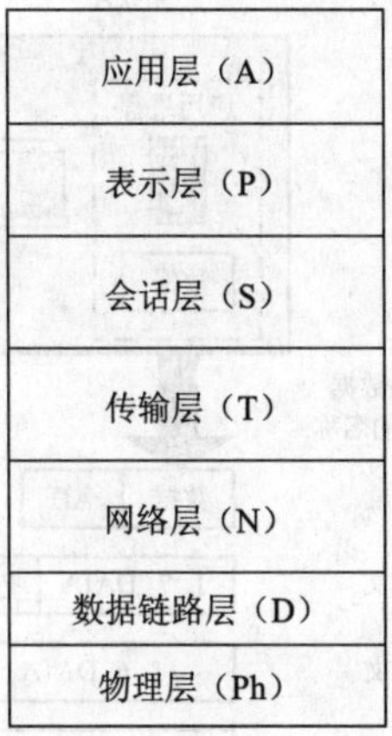

图 2–2　OSI 参考模型的层次结构

OSI 参考模型的基本思想包括（如图 2–3 所示）：

（1）网络中各结点具有相同的层次；

（2）不同结点的同等层具有相同的功能；

（3）同一结点内相邻层之间通过接口通信；

（4）每一层可以使用下层提供的服务，并向其上层提供服务；

（5）不同结点的同等层按照协议实现对等层之间的通信。

对于某些网络设备来讲，可能并不完全具有 OSI 参考模型的七个层次，比如中继器和集线器就只有物理层，二层交换机只有物理层和数据链路层，普通路由器只有物理层、数据链路层和网络层。

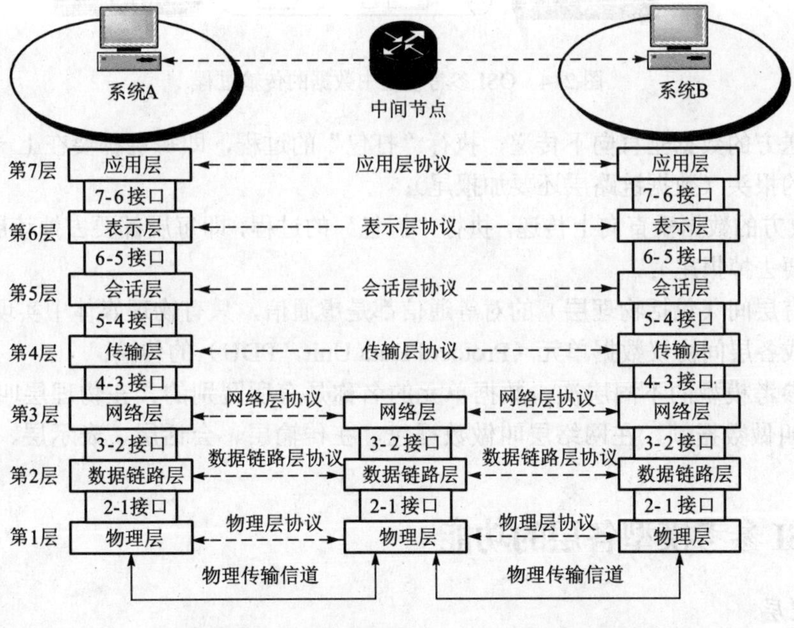

图 2–3　两个通信实体之间的层次结构

2.2.2　OSI 参考模型的数据传输过程

两台计算机之间传输数据的时候，从用户的角度来看数据好像仅仅是水平传输的，但是从 OSI 参考模型的角度来看，数据在发送方和接收方计算机中，都需要经过垂直传输的过程，如图 2–4 所示。

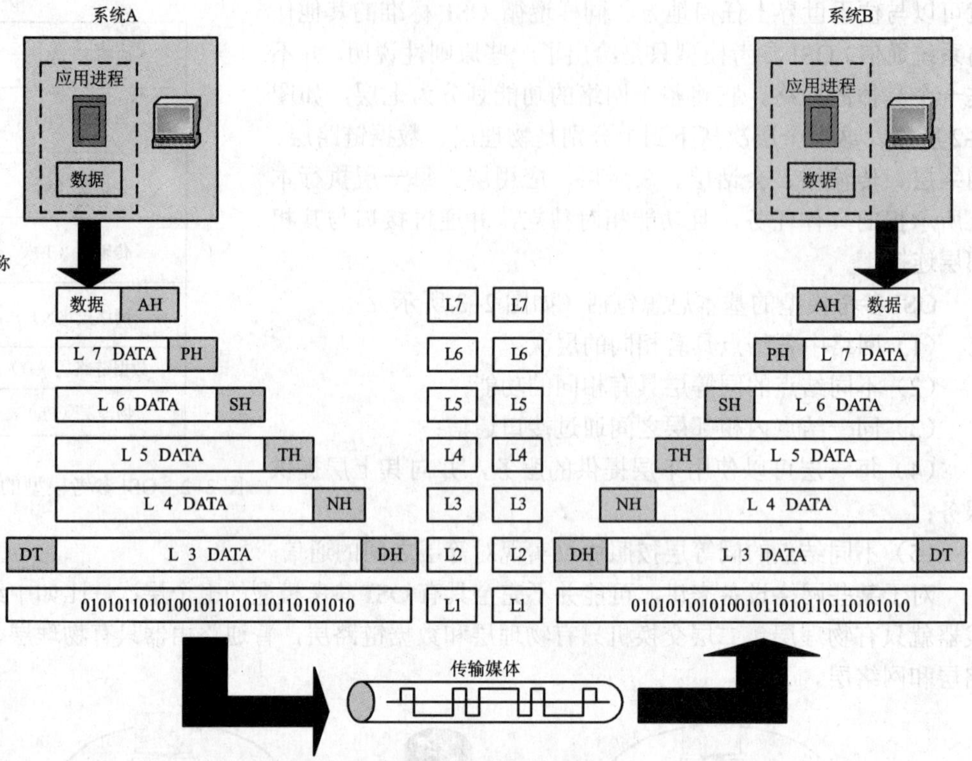

图 2–4　OSI 参考模型中数据的传输过程

（1）发送方的数据垂直向下传递，执行“打包”的过程，即每层都要在上一层发来的数据前加本层的报头（数据链路层还要加报尾）；

（2）接收方的数据垂直向上传递，执行“拆包”的过程，即每层都要去掉该层的报头（数据链路层还要去掉报尾）；

（3）所有层间（包括物理层）的对等通信都是虚通信，只有物理媒体中实现实通信。各层虚通信完成各层间协议数据单元（Protocol Data Unit，PDU）的传输；

（4）在参考模型的不同层次，数据单元的名称是有所区别的，在物理层叫做比特，在数据链路层叫做数据帧，在网络层叫做数据包，在传输层、会话层、表示层、应用层叫做报文。

2.2.3　OSI 参考模型各层的功能

1. 物理层

物理层（Physical Layer）的主要任务是透明地传输比特流，但不关心比特流的实际意义和结构；该层还定义了传输媒体及接口的机械、电气等特性，起着数据链路层到物理传输介质之间的逻辑接口的作用，屏蔽掉了各种物理媒体（如双绞线以及光纤）的差异，使上面的数据链路层感觉不到这些差异，物理层的地位即功能如图 2–5 所示。

值得注意的是物理传输介质，如双绞线、同轴电缆、光纤等并不在物理层内，而是在物理层下。物理层没有地址概念，集线器（Hub）工作在物理层。对于集线器这种设备来讲，传输比特流犹如水管传输水流一样，只有通与断两种状况，本身并不关注传输对象的去向。

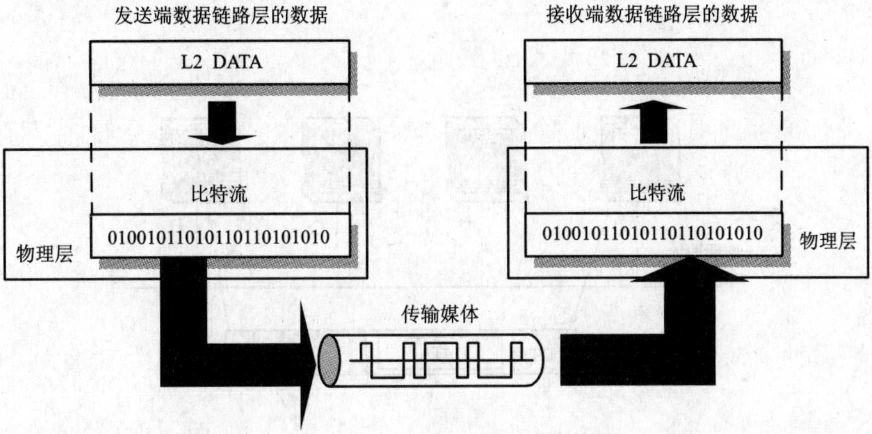

图 2–5　OSI 参考模型物理层的功能

2. 数据链路层

数据链路层（Data Link Layer）的主要任务是在两个相邻结点间的线路上无差错地传输以帧（Frame）（一种协议数据单元，PDU）为单位的数据；该层还供了差错控制和流量控制的方法；广播式网络在数据链路层还需要控制各个结点对共享信道的访问。数据链路层的地位及功能如图 2–6 所示。

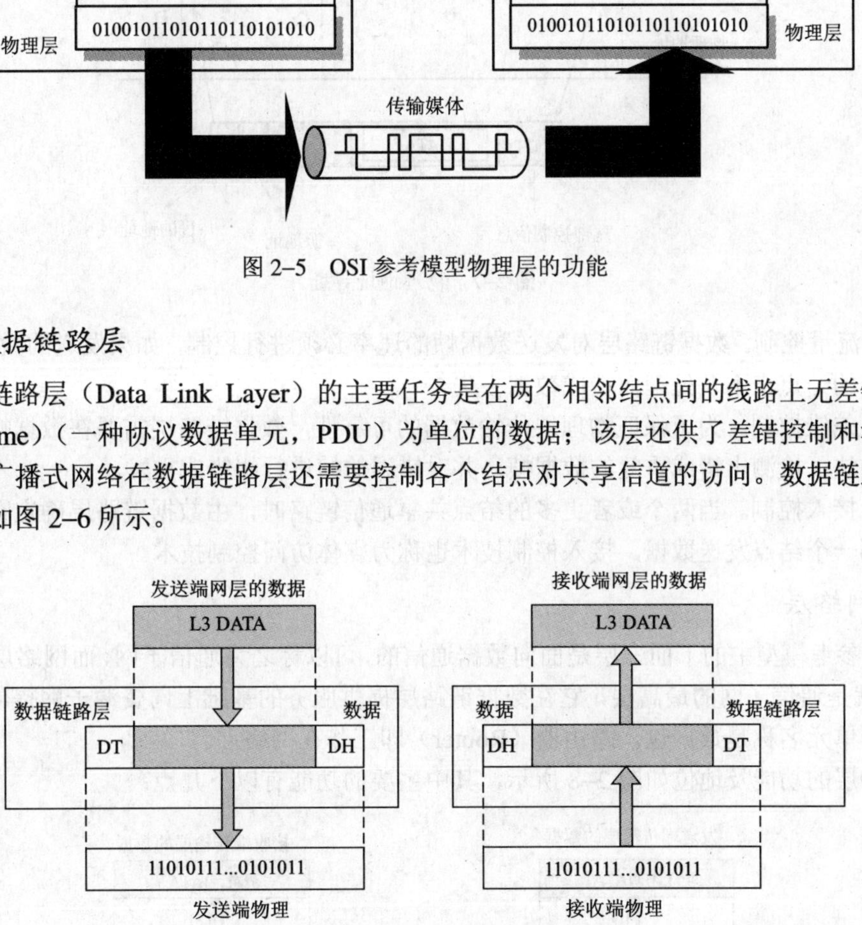

图 2–6　OSI 参考模型数据链路层的功能

普通交换机是工作在数据链路层的，计算机的网卡也可工作在该层。

数据链路层是 OSI 参考模型中十分重要的一层，其功能涉及到的具体内容有以下几点。

（1）成帧。数据链路层要将网络层的数据分成可以管理和控制的数据单元，称其为帧（Frame）。每一个数据帧都包含头部控制信息和尾部控制信息。

（2）物理地址寻址。数据帧在不同的网络中传输时，需要标识出发送数据帧和接收数据帧的结点。在数据链路层是用媒体访问控制（Media Access Control，MAC）地址来标识发送方和接收方的，如图 2–7 所示。结点 1 要发送数据给结点 4，从数据链路层来看，数据被封装成很多数据帧，其中每个数据帧的头部控制信息中都包含有数据的来源地址（A 的 MAC 地址）和目标地址（D 的 MAC 地址）。这样，工作在数据链路层的网络设备（如交换机）就可以根据数据帧的地址来对数据帧进行有针对性的转发，让接收方能够正确地接受到数据。

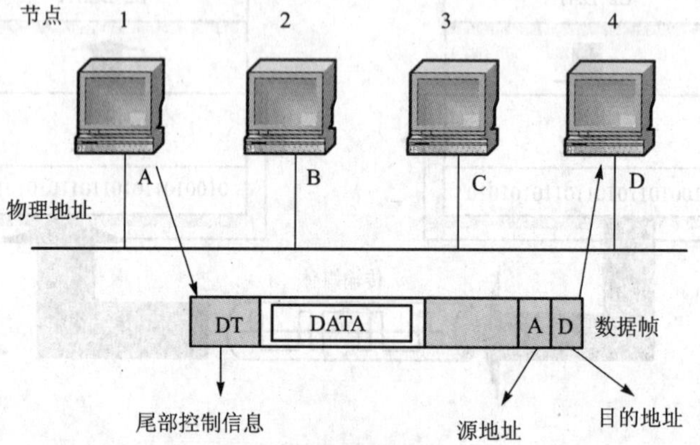

图 2–7　物理地址寻址

（3）流量控制。数据链路层对发送数据帧的速率必须进行控制，如果发送的数据帧太多，就会使目的结点来不及处理而造成数据丢失。

（4）差错控制。为了保证物理层传输数据的可靠性，数据链路层需要在数据帧中使用一些控制方法，检测出错或重复的数据帧，并对错误的帧进行纠错或重发。

（5）接入控制。当两个或者更多的结点共享通信链路时，由数据链路层确定在某一时间内该由哪一个结点发送数据，接入控制技术也称为媒体访问控制技术。

3. 网络层

OSI 参考模型中的下面三层是面向数据通信的，可以称之为通信子网，而网络层（Network Layer）就是通信子网的最高层，它在数据链路层提供服务的基础上向资源子网提供服务。该层的数据单元名称是数据包。路由器（Router）即工作在网络层。

网络层的功能及地位如图 2–8 所示，其中主要的功能有以下几点：

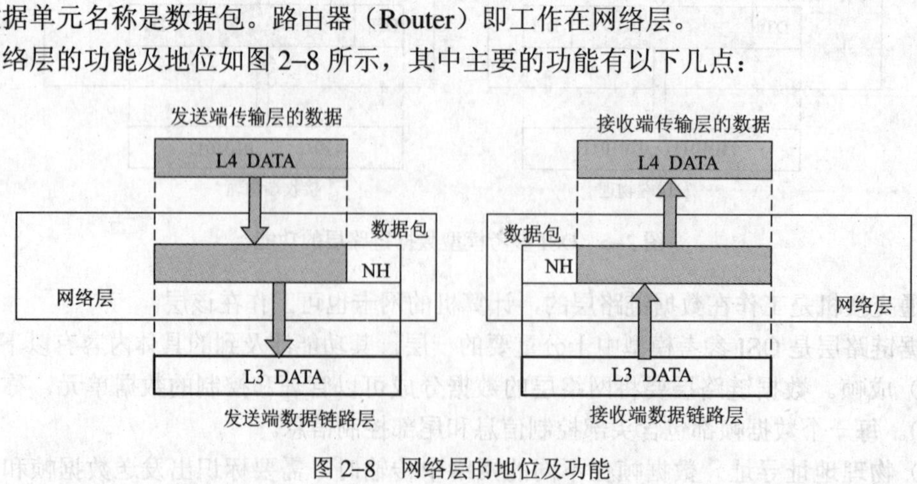

图 2–8　网络层的地位及功能

（1）逻辑地址寻址。数据链路层的物理地址只是解决了在同一个网络内部的寻址问题，如果一个数据包从一个网络跨越到另外一个网络时，就需要使用网络层的逻辑地址（即 IP 地址，该内容将在后面介绍）。

（2）路由功能。数据从发送方计算机到接收方计算机之间往往有多条可用的传输路径，路由选择就是根据一定的原则和算法在传输通路中选出一条通向目的结点的最佳路径。

（3）流量控制。在数据链路层中介绍过流量控制，在网络层同样也存在流量控制问题。

（4）拥塞控制。在通信子网中，由于出现过量的数据包而引起网络性能下降的现象称为拥塞。网络层需要采取一定的措施防范出现拥塞的情况，以使网络能正常高效率地工作。

4. 传输层

传输层（Transportation Layer）位于 OSI 参考模型的中间，起承上启下的作用。它的功能是从会话层接收数据，形成报文（Message），并且在必要时把它分成若干分组，然后交给网络层进行传输。

OSI 的低三层主要是面向数据通信的，因此基于低三层通信协议构成的网络通常称为通信网络（或通信子网），支持用户信息在同一个网络的端到端。而 OSI 的高三层面向用户，面向信息处理（资源资源的功能）。

5. 会话层

会话层（Session Layer）允许不同机器上的用户建立会话关系，它主要针对远程访问。主要任务包括会话管理、传输同步以及数据交换管理等。会话层一般都是面向连接的，例如，当文件传输到中途时建立的连接突然断了，是从文件的开始重传还是断点续传，由会话层来完成。

6. 表示层

表示层（Presentation Layer）关心的是所传输的信息的语法和语义，用一种通用的抽象语法描述信息，从而实现不同系统之间的信息交换。主要包括数据格式的变换、数据加密与解密、数据压缩与恢复等。

7. 应用层

应用层（Application Layer）是 OSI 参考模型中直接面向用户和应用程序的一层，为网络用户或应用程序提供各种服务，如文件传输服务、电子邮件服务、网络管理服务和远程登录服务等。

2.3 TCP/IP 参考模型

传输控制/网际协议（Transmission Control Protocol/Internet Protocol，TCP/IP）是 Internet 最基本的协议，简单地说，就是由底层的 IP 协议和 TCP 协议组成的。1973 年 TCP/IP 协议诞生，随着 ARPANET 逐渐发展为 Internet，TCP/IP 逐渐成为标准网络通信协议。TCP/IP 所采用的参考模型和 OSI 参考模型不同，只分为 4 个层次，从下往上分别是网络接口层、网络层、传输层和应用层，如图 2–9 所示。

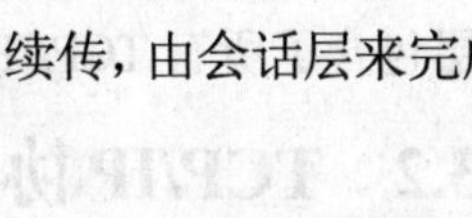

图 2–9 TCP/IP 参考模型

2.3.1 TCP/IP 模型各层的功能

1. 网络接口层

TCP/IP 模型的最低层是网络接口层，也被称为网络访问层，它包括了能使用 TCP/IP 与物理网络进行通信的协议，且对应着 OSI 的物理层和数据链路层。 该层屏蔽了网络的物理结构。

2. 网络层

网络层主要负责将源主机的数据分组（Packet）发送到目的主机。该层定义了正式的数据分组格式和协议，即网络互联协议（IP）以及互联网控制信息协议（ICMP）、地址解析协议（ARP）和反向地址解析协议（RARP）。

网络层的主要功能包括：处理来自传输层的分组发送请求；处理转发接收到的数据报；进行流量控制和拥塞控制等。

3. 传输层

主要功能是使发送方和接收方主机上的对等实体可以进行会话。该层定义了两个端到端的协议，即传输控制协议（Transmission Control Protocol，TCP）和用户数据报协议（User Datagram Protocol，UDP）。

4. 应用层

负责为用户提供一组常用的应用程序和服务，如远程登陆、文件传输、电子邮件等。应用层包含了所有 TCP/IP 协议簇中的高层协议，如 FTP，SMTP，HTTP，SNMP，DNS 等。

2.3.2 TCP/IP 协议集

TCP/IP 协议是目前广泛使用的协议，准确地说，它是一个协议集合，包含了一系列具体的协议，如图 2–10 所示。

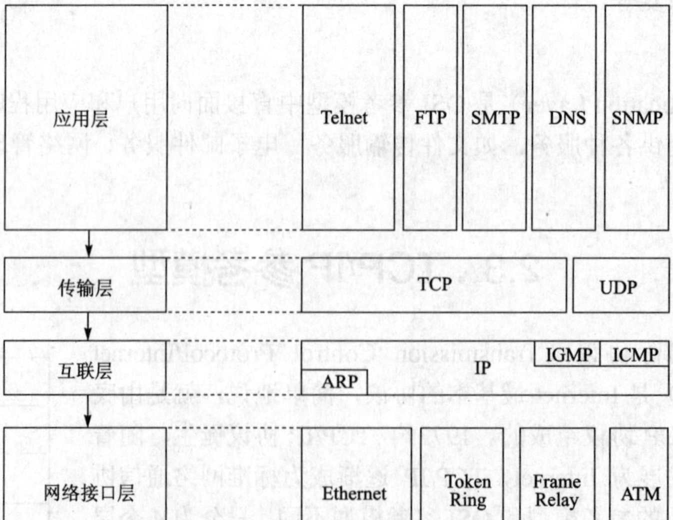

图 2–10 TCP/IP 协议集

1. 网络层协议

（1）网际协议。网际协议 IP（Internet Protocol，IP）是 TCP/IP 的心脏，也是网络层中最重要的协议。IP 协议定义了 IP 数据报格式，如图 2–11 所示。并且对数据报寻址和路由、数据报分片和重组、差错控制和处理等做出了具体规定。

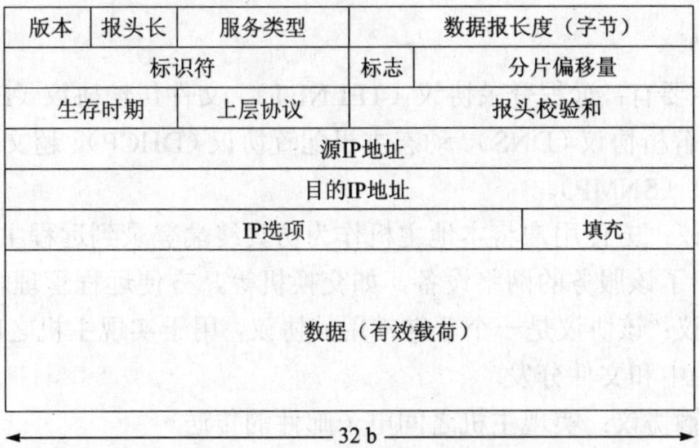

图 2–11　IP 协议规定的数据报格式

IP 协议的任务是对数据包进行相应的寻址和路由，并从一个网络转发到另一个网络。如果将网络上的 IP 数据报比喻成行驶的汽车，那么 IP 协议就相当于互联网中的交通规则，发送方按规则装载数据，路由器按规则转发数据，接收方按规则拆卸数据。

（2）互联网控制信息协议。互联网控制信息协议（Internet Control Message Protocol，ICMP），用于在 IP 主机和路由器之间传递控制消息。控制消息是指网络通不通、主机是否可达、路由是否可用等网络本身的消息。常用的 Ping 命令就是使用 ICMP 协议来测试网络连通性的。

（3）网际主机组管理协议。IP 协议只是负责网络中点到点的数据包传输，而点到多点的数据包传输则要依靠网际主机组管理协议（Internet Group Management Protocol，IGMP）来完成。

（4）地址解析协议。在局域网中，发送方计算机必须知道接收方计算机的物理地址。所谓“地址解析”就是在主机发送数据帧前，根据目标主机已知的 IP 地址找到其物理地址的过程。地址解析协议（Address Resolution Protocol，ARP）就是一种完成“地址解析”任务的通信协议。

2. 传输层协议

传输层有 TCP 和 UDP 两个协议，它们都向应用层提供数据传输服务。

（1）传输控制协议。TCP 协议是传输层的一种面向连接的通信协议，它通过确认和重传技术可提供可靠的数据传送。大多数应用层协议都使用 TCP 所提供的服务，如 HTTP，FTP，SMTP 等。TCP 协议的特征有以下 4 方面。

① 面向连接：即传输数据前，应用程序需要先建立一个到目标主机的连接；建立连接的过程是通过“三次握手”来实现的。

② 完全可靠性：通过确认和重传技术，保证发送方的数据都能被接收方正确完整地接收。

③ 全双工通信：可以同时双向传送数据。

④ 数据流接口：建立的 TCP 连接类似于一个管道，只保证数据从一端流到另一端，但

不关心数据内容。

（2）用户数据报协议。UDP 协议是一种面向无连接的协议，因此，它不能提供可靠的数据传输，而且 UDP 不进行差错检验，必须由应用层的应用程序来实现可靠性机制和差错控制，以保证端到端数据传输的正确性。由于其具有速度快的优势，UDP 也有较为广泛地应用，如即时通信和 DNS 等。

3. 应用层协议

应用层的协议主要有：远程登录协议（TELNET）、文件传输协议（FTP）、简单邮件传输协议（SMTP）、域名解析协议（DNS）、动态主机配置协议（DHCP）、超文本传输协议（HTTP）和简单网络管理协议（SNMP）。

① 远程登录协议：方便用户将本地主机作为仿真终端登录到远程主机上运行应用程序，也可以用于登录开启了该服务的网络设备，如交换机等，方便远程管理。

② 文件传输协议：该协议是一个非常常用的协议，用于实现主机之间文件的传送，方便大面积地进行文件集中和文件分发。

③ 简单邮件传输协议：实现主机之间电子邮件的传送。

④ 域名解析协议：用于实现域名与 IP 地址之间的映射。

⑤ 动态主机配置协议：实现对主机的地址分配和配置工作。

⑥ 超文本传输协议：用于 Internet 中的客户机与 WWW 服务器之间的数据传输。

⑦ 简单网络管理协议：实现网络的管理。

2.4 OSI 参考模型与 TCP/IP 参考模型的比较

OSI 参考模型和 TCP/IP 参考模型的层次对比如图 2–12 所示。OSI 参考模型和 TCP/IP 参考模型除了以上的优点外，还具有各自的缺点。

2.4.1 OSI 参考模型的缺点

OSI 参考模型和 TCP/IP 参考模型的层次对比如图 2–12 所示。OSI 参考模型概念清楚，

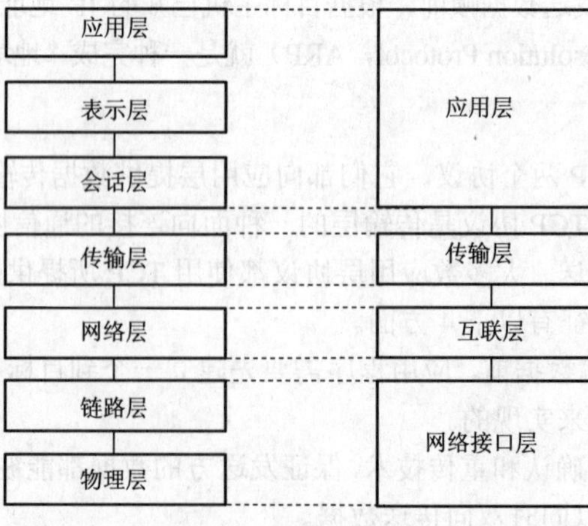

图 2–12 OSI 参考模型和 TCP/IP 参考模型的对比

但模型和协议都存在缺陷，例如其会话层和表示层对于大多数应用程序都没有用，如寻址及流量控制等功能的在各层重复出现，结构和协议复杂等，所以 OSI 参考模型并没有形成产品。

2.4.2 TCP/IP 参考模型的缺点

TCP/IP 模型虽然在现实生活中广泛得到应用，但是没有明显区分服务、接口和协议的概念；没有明确区分物理层和数据链路层，但这两层的功能是不同的；网络接口层根本不是一个通常意义的层，只是一个接口。所以，TCP/IP 也并不是十分完美的。

2.4.3 一种建议的参考模型

OSI 的七层协议体系结构既复杂又不实用，但其概念清楚，TCP/IP 协议得到了全世界的承认，但实际上并没有一个完整的体系结构。因此在学习网络的体系结构时通常采用一种折中的办法，形成一种原理体系结构，如图 2–13 所示。

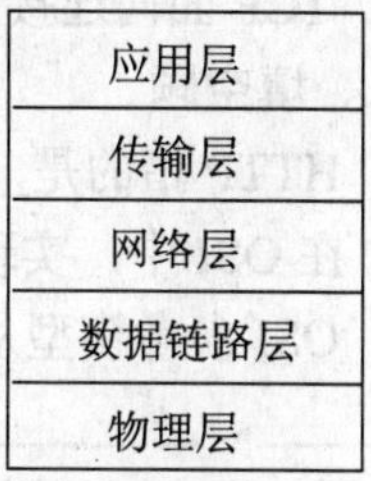

图 2–13 一种建议的参考模型

本章小结

本章主要讲述了以下一些内容。

（1）计算机网络之所以要采用分层体系结构，其目的在于在统一原则指导下进行计算机网络的设计、建造、使用和发展。将计算机网络体系结构划分层次，可以将大问题划分为很多小问题，以便问题得以解决。

（2）协议是计算机系统必须共同遵守的规约，包含语法、语义、时序三个部分。

（3）OSI 参考模型从下往上可以分为物理层、数据链路层、网络层、传输层、会话层、表示层、应用层，大家要对数据的传输过程有一定了解，并掌握各层功能。

（4）TCP/IP 参考模型是目前的事实标准，从下往下可以分为网络接口层、网络层、传输层、应用层。

（5）TCP/IP 协议是目前使用最广泛的协议，准确说是一个协议集合，大家应该掌握 TCP/IP 协议集中所包含的具体内容，并了解各协议的作用。

习 题 二

一、选择题

1. 在 OSI 参考模型中，第 N 层和其上的 N+1 层的关系是（　　）。

A. N 层为 N+1 层提供服务　　B. N+1 层将 N 层数据分段

C. N 层调用 N+1 层提供的服务　　D. N 层对 N+1 层没有任何作用

2. 下列那一项不属于 OSI 物理层的功能（　　）。

A. 定义硬件接口的电气特性　　B. 定义硬件接口的加密特性

C. 定义硬件接口的功能特性　　D. 定义硬件接口的机械特性

3. 在 OSI 参考模型中，处于数据链路层与传输层之间的是（　　）。

A. 物理层　　　B. 网络层　　　C. 会话层　　　D. 表示层

4. TCP/IP 体系结构中的 TCP 和 IP 所提供的服务分别为（　　）。

A. 链路层服务和网络层服务　　　B. 网络层服务和传输层服务

C. 传输层服务和应用层服务　　　D. 传输层服务和网络层服务

5. 下列关于 TCP 和 UDP 说法正确的是（　　）。

A. 两者都是面向连接的　　　B. 两者都是面向非连接的

C. TCP 面向连接而 UDP 面向非连接　　　D. TCP 面向非连接而 UDP 面向连接

二、填空题

1. HTTP 指的是__________协议。

2. 在 OSI 中，实现差错控制和流量控制功能的层次是________。

3. OSI 参考模型从下往上的七层分别是________、________、________、________、________、________、________。

4. 在 TCP/IP 层次模型中，从下到上分别是________、________、________、________。

5. TCP/IP 协议集中，网络层的协议主要有________、________、________、RARP 和 IGMP。

6. OSI 参考模型中，路由选择实现于________。

7. 网络协议的三要素是________、________、________。

8. 局域网中，将 IP 地址映射到 MAC 地址的协议是________。

9. 实现域名和 IP 地址之间解析的协议是________。

10. Internet 的核心协议是________。

三、问答题

1. OSI 参考模型有哪几层？简述各层功能。

2. TCP/IP 参考模型有哪几层？请简述各层功能。

3. TCP 和 UDP 两个协议都是传输层协议，它们有什么区别？

4. TCP/IP 协议集中，各层的协议都主要有哪些？

5. 简述 TCP/IP 应用层中主要协议的功能。

第 3 章　局域网技术

本 章 提 示

本章主要介绍了局域网的拓扑结构、介质访问控制方法，重点讲解了目前主流的交换式局域网技术。

教 学 要 求

掌握常见的拓扑结构及其特点，了解 3 种媒体访问控制方法，理解交换机的地址学习和数据转发过程。

内 容 框 架 图

- 局域网的特点、拓扑结构
- IEEE 802协议标准
- 局域网媒体访问控制技术
- 以太网的概念及特点
- 交换式以太网的概念及原理

3.1　局域网概述

局域网是根据网络覆盖范围大小区分所提出的一种网络，指的是覆盖范围较小的网络。从 20 世纪 70 年代末开始，微型计算机发展迅速并逐渐得到广泛地应用，这就促进了计算机局域网技术的飞速发展，并形成计算机网络中非常重要的一个领域。随着局域网体系结构和协议标准的研究、操作系统的不断发展、光纤和无线通信技术的进步，局域网技术特征和性能参数也在发生不断变化。局域网技术已经在企业、机关、学校乃至家庭中得到了广泛应用，因此十分有必要掌握局域网的相关知识。

3.1.1　局域网的主要特点

（1）局域网一般只覆盖有限的地理范围。例如一个办公室、一栋楼或一所学校、一个工厂等。

（2）局域网具有较高的数据传输速率。传输速率一般在 10～1 000 Mbps。

（3）误码率低。由于加工技术的进步，在高传输速率下双绞线的误码率大约为 10^{-6}，而光纤更是达到了 10^{-10} 的低误码率。

（4）组建局域网成本很低，易实现。在现有计算机的基础上组建一个简单的小型局域网只需要购置集线器或交换机、双绞线，然后将他们连接起来，进行简单地配置即可。

3.1.2 局域网的拓扑结构

网络拓扑结构对整个网络的设计、功能、可靠性和成本等方面有重要影响，网络拓扑结构与传输介质及介质访问控制方法一起构成了影响局域网性能的三要素。局域网的常见拓扑结构有总线型、环形、星型和树型。

1. 总线结构

网络中的结点都连接在一个公共总线（Bus）上就形成了总线型拓扑，如图 3–1 所示。总线型拓扑结构具有以下特点。

（1）所有结点都通过网卡直接接在总线上，结构比较简单，添加结点到总线上或者从总线上去掉一个结点都比较方便。

（2）所有结点都通过总线发送和接收数据，总线是被所有结点共享的，所以称总线为“共享介质”。

（3）总线中采用广播方式进行数据传输。当一个结点发送数据时，不管是发给哪一个结点的，总线上的所有结点都会收到数据，只是在正常情况下，结点不会处理目标地址不是自己的数据帧，但这却给网络嗅探和监听带来了机会，影响了网络安全性。

（4）在任何时刻总线上仅仅允许一个结点有效地发送数据，如果同时有两个结点发送数据，则会产生冲突，因此，必须采用介质访问控制方法来解决总线冲突的问题。

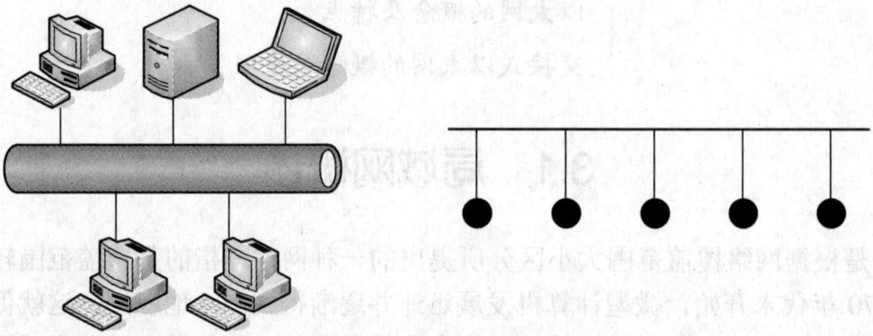

图 3–1 总线型拓扑结构

2. 环形结构

所有结点都通过接口连接在传输介质上，并形成一个闭合的环形，就形成了环形拓扑结构，如图 3–2 所示。环形拓扑结构具有以下特点。

（1）数据在环中总是沿着一个方向进行传输。

（2）网络中所有结点都共享一条环路，因此也要解决介质访问控制的问题。

（3）添加或减少结点不很方便，扩展性差。

（4）任何一点或线段故障会殃及全网，可靠性较差。

（5）故障不易检测，维护困难。

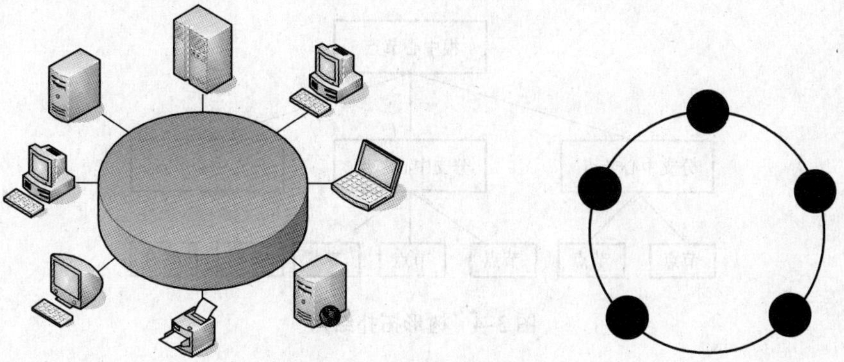

图 3–2　环形拓扑结构

3. 星形结构

每一个结点都通过传输介质与集线器或交换机相连就构成了星形结构，如图 3–3 所示。但要注意，集线器连接的网络只是物理上是星形结构，逻辑上仍然是总线结构，交换机连接的网络才是真正意义上的星形结构。星形结构具有以下特点。

（1）任何几点之间的通信都要经过中心结点。

（2）网络结构简单，结点的增加和减少都比较方便，易于扩展。

（3）网络性能依赖于中心结点，中心结点故障会影响全网。

（4）交换机连接的星形局域网又叫交换式局域网，能在多对结点之间建立并发的通信连接，交换机各端口之间不存在冲突问题。

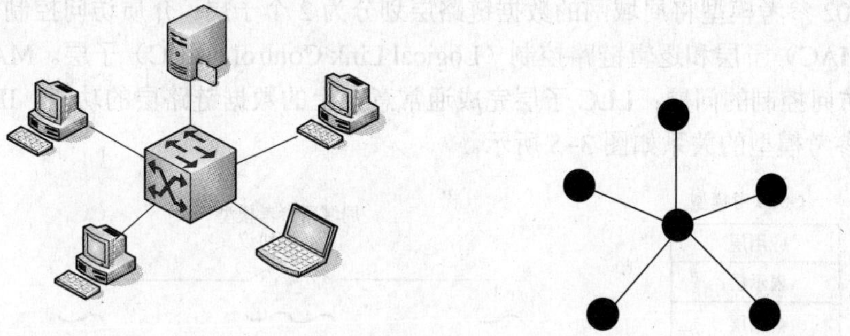

图 3–3　星形拓扑结构

4. 树形结构

树型拓扑结构又称为层次结构，为星形结构的扩展，所以也叫多层星形。如图 3–4 所示。树形拓扑结构具有以下特点。

（1）通过使用光纤和高速交换机，可以大大地扩展局域网的范围，连接较多结点。

（2）网络结构简单，增加和减少结点方便，易于增容。

（3）有一个根结点和若干分支结点，便于分级管理和控制。

（4）当某个分支中心结点出现故障时，只影响与之连接的结点；根中心结点出现故障时，与分支中心结点相连的结点之间的通信不受影响。

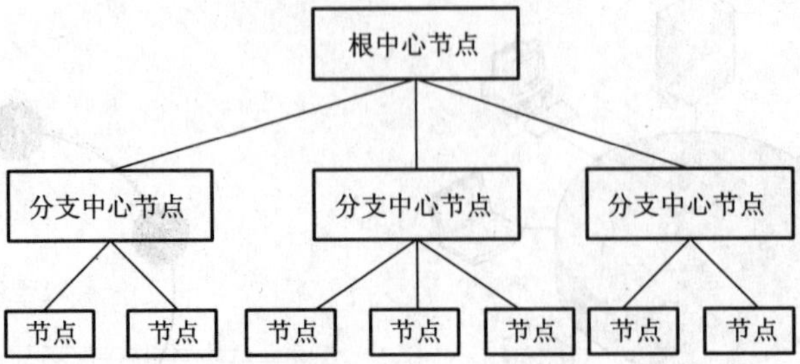

图 3–4 树形拓扑结构

3.2 IEEE 802 局域网标准与以太网

3.2.1 IEEE 802 参考模型

1980 年 2 月美国电气和电子工程师学会（IEEE）成立了局域网标准化委员会，称为 IEEE802 委员会，从事局域网标准化工作。IEEE802 委员会提出了局域网的体系结构，即著名的 IEEE802 参考模型，并形成了一系列的标准，称为 IEEE802 标准。

局域网只是一个计算机通信网，并不存在路由选择问题，因此它不需要网络层，而只需要最低的两个层次。但由于局域网的种类很多，其介质访问控制方法也各不相同，为了使局域网中数据链路层的功能更加便于实现，为高层提供一致服务，屏蔽介质访问控制方法的差异，IEEE802 参考模型将局域网的数据链路层划分为 2 个子层：介质访问控制（Media Access Control，MAC）子层和逻辑链路控制（Logical Link Control，LLC）子层。MAC 子层解决多用户介质访问控制的问题；LLC 子层完成通常意义上的数据链路层的功能。IEEE802 参考模型与 OSI 参考模型的关系如图 3–5 所示。

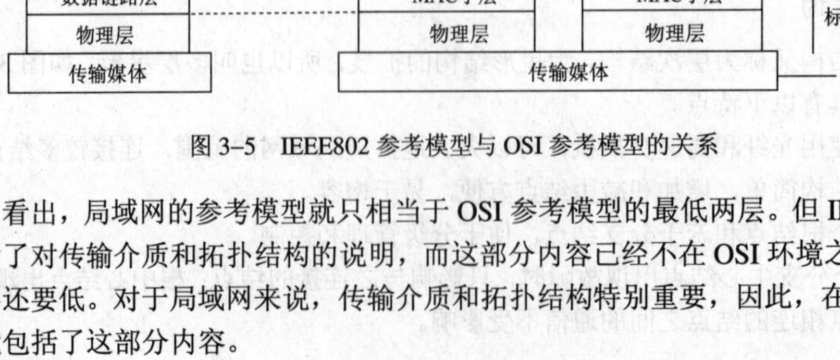

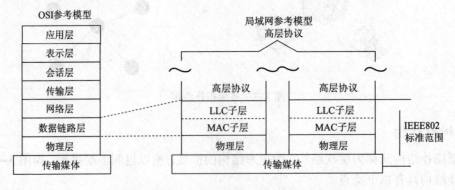

图 3–5 IEEE802 参考模型与 OSI 参考模型的关系

可以看出，局域网的参考模型就只相当于 OSI 参考模型的最低两层。但 IEEE802 参考模型还包含了对传输介质和拓扑结构的说明，而这部分内容已经不在 OSI 环境之内，比 OSI 的最低两层还要低。对于局域网来说，传输介质和拓扑结构特别重要，因此，在 IEEE802 参考模型中就包括了这部分内容。

在IEEE802参考模型中，物理层涉及到通信在信道上传输的原始比特流，它的主要作用是确保在一段物理链路上二进制位信号的正确传输。物理层的主要功能包括信号的编码/解码、同步前导码的生成与去除、二进制位信号的发送与接收。

介质访问控制子层是数据链路层的一个功能子层，MAC 子层构成了数据链路层的下半部，它直接与物理层相邻。MAC子层是与传输介质有关的一个数据链路层的功能子层，它主要制定管理和分配信道的协议规范。

逻辑链路控制子层也是数据链路层的一个功能子层。它构成了数据链路层的上半部，与网络层和 MAC 子层相邻。LLC 子层在 MAC 子层的支持下向网络层提供服务。它可运行于所有IEEE802局域网和城域网的协议之上。LLC子层与传输介质无关，它独立于介质访问控制方法，隐藏了各种局域网技术之间的差别，向网络层提供一个统一的格式与接口。LLC子层的作用是在 MAC 子层提供的介质访问控制和物理层提供的比特服务的基础上，将不可靠的信道处理为可靠的信道，确保数据帧的正确传输。

3.2.2 IEEE 802标准

IEEE802 委员会为局域网制定了一系列标准。广泛使用的有以太网（Ethernet）、令牌环（Token Ring）网、无线局域网和虚拟网等。由于新技术的产生和发展，不断有新的标准制定和添加进去。IEEE 802标准系列包含以下部分：

IEEE 802.1 局域网概述、体系结构、网络管理和网络互联；

IEEE 502.2 逻辑链路控制LLC；

IEEE802.3 CSMA/CD媒体访问控制标准和物理层技术规范；

IEEE802.4 令牌总线媒体访问控制标准和物理层技术规范；

IEEE802.5 令牌环网媒体访问控制方法和物理层技术规范；

IEEE802.6 城域网访问控制方法和物理层技术规范；

IEEE802.7 宽带技术；

IEEE802.8 光纤技术；

IEEE802.9 综合业务数字网（ISDN）技术；

IEEE802.10 局域网安全技术；

IEEE802.11 无线局域网媒体访问控制方法和物理层技术规范；

IEEE802.12 优先级高速局域网（100VG-AnyLAN）；

IEEE802.14 电缆电视（Cable-TV）；

IEEE802.15 无线个人局域网；

IEEE802.16 无线城域网。

IEEE标准之间的关系如图3–6所示。

3.2.3 以太网的概念

以太网指的是由 Xerox 公司创建并由 Xerox， Intel 和 DEC 公司联合开发的基带局域网规范。以太网络使用CSMA/CD媒体访问控制技术（该技术将在下一节介绍），并以10 Mb/s的速率运行在多种类型的电缆上。以太网是当今现有局域网采用的最通用的通信协议标准。以太网可以采用不同的传输介质达到不同的速度，如表3–1所示。

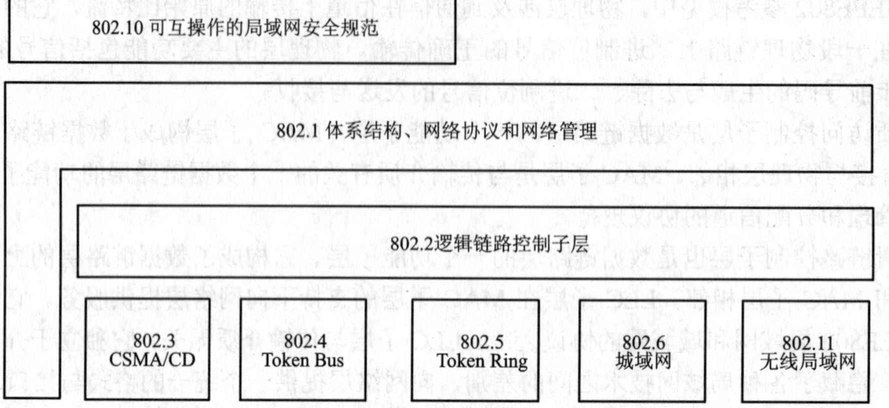

图 3–6 IEEE 标准之间的关系

表 3–1 以太网的相关标准

以太网标准	IEEE 规范	批准时间（年）	主要使用的传输介质	速度（Mbps）	物理拓扑	站（网段）	网段长（m）
10Base5	802.3	1983	50 欧姆粗同轴电缆	10	总线	100	500
10Base2	802.3a	1988	50 欧姆细同轴电缆	10	总线	30	185
10Base-T	802.3i	1990	100 欧姆 2 对 3 类、4 类、5 类或超过 5 类非屏蔽双绞线	10	星形	1024	100
100Base-TX	802.3u	1995	2 对 100 欧姆 5 类或超 5 类非屏蔽双绞线	100	星形		100
100Base-FX	802.3u	1995	多模/单模光缆	100	星形		2000

以太网具有以下技术特性：

（1）以太网采用基带传输技术；

（2）以太网所构成的拓扑结构主要是总线型和星形；

（3）以太网的标准是 IEEE802.3，它使用 CSMA/CD 介质访问控制方法；

（4）以太网是一种共享型网络，网络上的所有站点共享传输媒体和带宽；

（5）以太网是广播式网络；

（6）以太网的数字信号采用曼彻斯特编码方案；

（7）以太网支持多种速率。

3.3 共享式局域网的介质访问控制方法

所谓共享式局域网就是网络中的结点全部使用公用的传输介质进行数据传输的局域网。因为是共享介质，当两个以上结点同时发送数据的时候，就会因数据信号的叠加而产生错误，这就是所谓的“冲突”或“碰撞”。显然，共享式局域网中必须要有一种方法尽可能保证传输介质上只有一个结点传输数据，而一旦发生冲突要能发现和处理，这种方法就是“介质访问控制方法”。从另外一个角度讲，介质访问控制方法用于解决在共享介质的局域网中，某一时刻哪一个结点具有介质的使用权或访问控制权的问题。局域网中常用的介质访问控制方法有带冲突检测的载波侦听多路访问控制（Carrier Sense Multiple Access/Collision Detect，CSMA/CD）、令牌环、令牌总线（Token Bus）。

3.3.1 带冲突检测的载波侦听多路访问控制

CSMA/CD，适用于总线型和树形拓扑结构的网络。CSMA/CD 有效地解决了介质共享、信道分配和信道冲突等问题，是目前局域网中最常采用的一种介质访问控制方法。在 CSMA/CD 中，每个结点没有可预约的发送时间，即发送是随机的，网络中无集中控制结点，各结点平等争用发送时间。CSMA/CD 有两方面的含义：一是载波侦听多路访问，即 CSMA；二是冲突检测，即 CD。

载波侦听多路访问可以用下面的算法来描述。

（1）一个结点要发送数据，先侦听总线上是否有其他结点发送的信号。

（2）如果总线空闲，则发送数据。

（3）如果总线繁忙，则再等待一定时间间隔再去侦听。

采用 CSMA 算法控制信息的发送时，由于通道有传播延迟，可能出现总线有 2 个以上结点侦听到总线上没有信号存在，而先后发送数据帧，会产生冲突。由于 CSMA 算法没有检测冲突的功能，即使冲突已经发生，仍然要将已破坏的数据发送完毕，浪费时间，使总线的利用率降低。为解决这个问题，提出这样一种方法：即在发送数据的同时进行冲突检测，以便及时发现冲突，停止发送，这就是 CSMA/CD 介质访问控制方法。CSMA/CD 要求某结点发送数据的同时继续侦听信道，判别信道上是否存在“冲突”，如果检测到冲突，则立即终止数据传输过程，同时发送一个阻塞信号，即“加强冲突”信号，保证“冲突”被网上所有结点检测到。发送“加强冲突”信号后，执行退避算法，等待随机时间后重新发送。

CSMA/CD 整个过程可以简单地总结为“先听后发，边听边发，冲突停止，随机延迟后重发”。以太网就采用了 CSMA/CD 的介质访问控制方法，其发送数据和接收数据的过程如图 3–7 和图 3–8 所示。

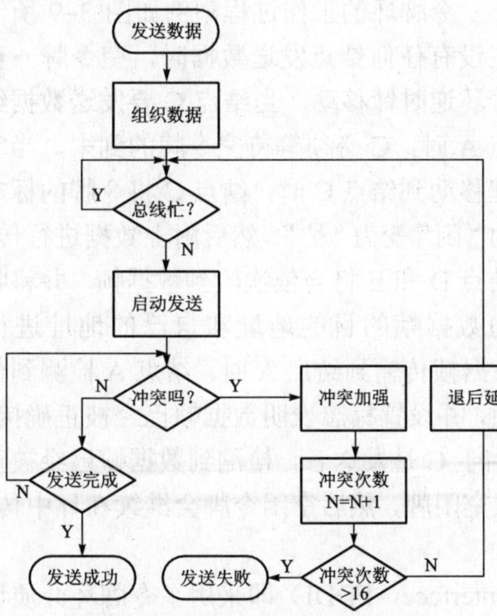

图 3–7 以太网的数据发送过程

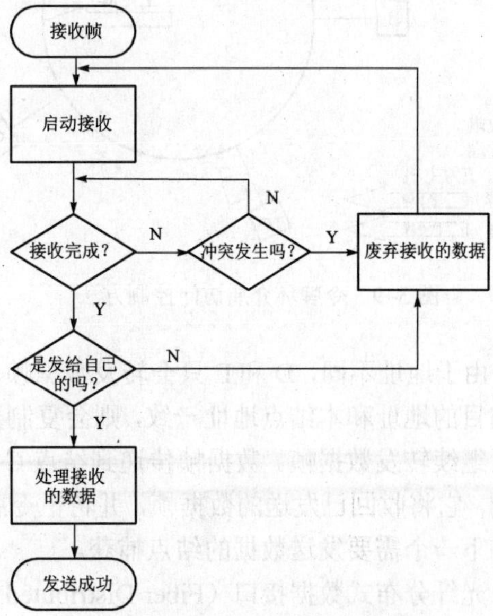

图 3–8 以太网的数据接收过程

从图中可以看出，以太网中的结点不论是发送数据还是接收数据，都要不断侦听总线状态，一旦在发送或接收的过程中检测到冲突，都要重新发送或接收。

在以太网中发送数据和接收数据都会涉及到 MAC 地址。联入网络的每个结点都有一个世界上唯一的物理地址，被称为介质访问控制地址，该地址存储在网络接口卡中，用于标识计算机的身份。MAC 地址长度为 48 位二进制数，但通常写成十六进制数，如“00-E0-A0-0C-DF-0D”。

值得注意的是，由于以太网是一种广播式网络，所以结点会收到发给其他结点的数据帧，只是该结点会通过读取数据帧中所包含的目标地址进行判断数据是否是发给自己的，只有发给自己的数据帧才会进行处理，如果数据帧的目标地址和自己的 MAC 地址不一致，则会抛弃收到的数据帧。

3.3.2 令牌环

令牌环介质访问控制方法最早是由美国贝尔实验室于 1969 年推出的。20 世纪 70 年代初，IBM 公司开发成功令牌环（Toking Ring），并在很长一段时间一直是 IBM 的网络标准，并被所有的 IBM 计算机所支持。令牌环网络在实际应用中确实是“环”形网络，只不过由于使用所谓多站接入单元的设备，可以实现星形的布线。

在令牌环网中，所有结点通过接口连接成环形拓扑结构。所有结点的数据发送都由在环中传递的“令牌”进行控制。令牌也称为权标，是一种特殊的 MAC 控制帧，总是沿着环单向传递，结点必须持有令牌才能发送数据。当各结点都没有数据发送时，令牌的形式为 01111111，称为空闲令牌。当一个结点要发送数据时，需要等待令牌的到来并持有它，将其形式改成 01111110，令牌即成为忙令牌，同时将数据附在令牌后面构成数据帧发送到环上。

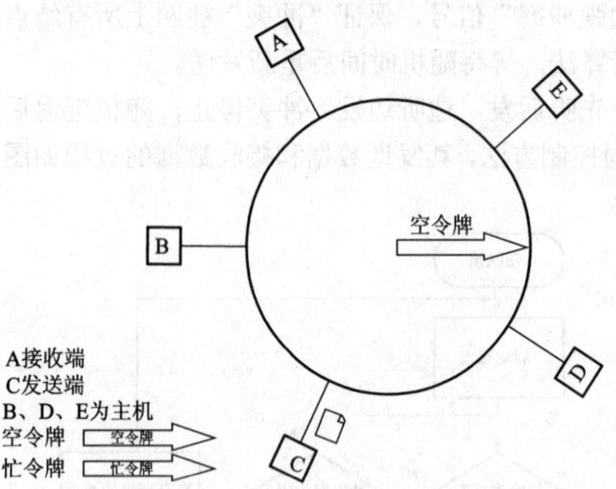

图 3–9 令牌环介质访问控制方法

令牌环的工作过程举例如图 3–9 所示，在没有任何结点发送数据时，空令牌一直沿着环逆时针移动，当结点 C 要发送数据给结点 A 时，C 必须等待空令牌的到来，当空令牌移动到结点 C 时，结点 C 将令牌的标志位由“闲”变为“忙”，然后附上数据进行传输。结点 D 和 E 将会依次收到数据帧，并将收到的数据帧的目的地址和自己的地址进行比较，由于地址不同，D 和 E 只会转发数据帧。当数据帧传输到结点 A 时，结点 A 检测到数据帧的目的地址和本结点地址一致，则会复制数据帧，并设置标志表明数据帧已经被正确接收，然后继续转发数据帧。数据帧传递到结点 C 时，由于 C 是发送者，检测到数据帧已经被正确收到，它将收回已发送的数据帧，并将忙令牌改成空闲牌，然后空闲令牌会继续在环中传递，等待下一个需要发送数据的结点捕获。

光纤分布式数据接口（Fiber Distributed Data Interface，FDDI）即采用了令牌环介质访问控制方法。

3.3.3　令牌总线

总线型以太网的介质争用策略，使得它不适用于实时控制应用。令牌环中的令牌绕网一周的最大时间延迟虽然有确定值，但在轻载时性能不太好。而令牌总线介质访问控制方法就是在综合了前两种介质访问控制方法的优点基础上形成的一种介质访问控制方法。

令牌总线局域网类似于令牌环局域网，介质访问采用令牌方式，结点在发送数据之前必须先捕获到令牌，但它的拓扑结构与令牌环不同，采用总线拓扑结构，使用同轴电缆作为总线。

令牌总线局域网如图 3–10 所示，其技术要点如下：

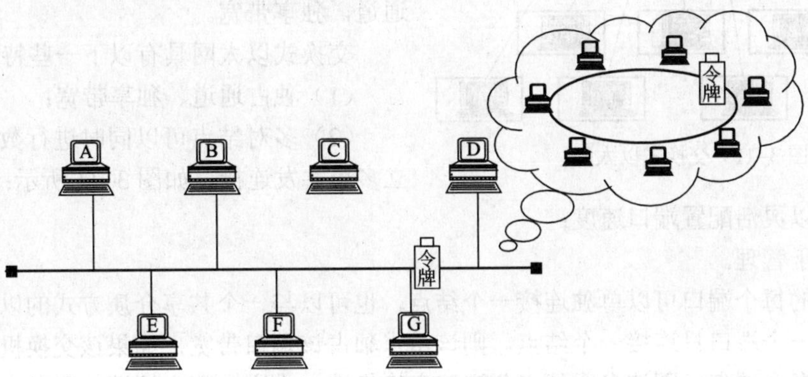

图 3–10　令牌总线介质访问控制方法

（1）连接在总线上的各结点按地址组成一个逻辑环。

（2）网络中有唯一令牌，并按照确定顺序在逻辑环上移动。

（3）只有持有令牌的结点才有权向总线上发送数据。

（4）不持有令牌的结点只能侦听总线或接收信息和令牌。

3.4　交换式局域网

3.4.1　交换式局域网的提出

传统的局域网技术建立在“共享介质”的基础上，多个结点共享一条公共通信传输介质，通过介质访问控制方法来保证每个结点都能“平等”地使用公用总线资源。随着局域网规模的扩大，结点数量增加，冲突现象会变得非常频繁，局域网的数据吞吐量会急剧下降。

总得来说，共享式局域网存在以下主要问题：

（1）共享介质造成网络中所有结点竞争和共享带宽，随着结点增加，网络性能急剧下降；

（2）覆盖地理范围有限，不能满足现在大型局域网的需求；

（3）网络总带宽固定，冲突和碰撞造成带宽的浪费；

（4）不能支持多速率，传统局域网中的设备必须保持相同的传输速率。

为解决共享式网络的问题，人们提出了网络分段的方法。所谓分段就是将大型的局域网分割成很多小的以太网（网段），每个网段内部使用 CSMA/CD 维持段内通信，而各个网段之间通过交换设备进行沟通。

值得注意的是：局域网交换机只是以太网交换机一种，还有其他标准的交换机，例如，令牌环交换机等。但是，在实际应用中，几乎都使用以太网交换机，其他类型的交换机很少见到，故本书所说的交换机一般都指的是以太网交换机。

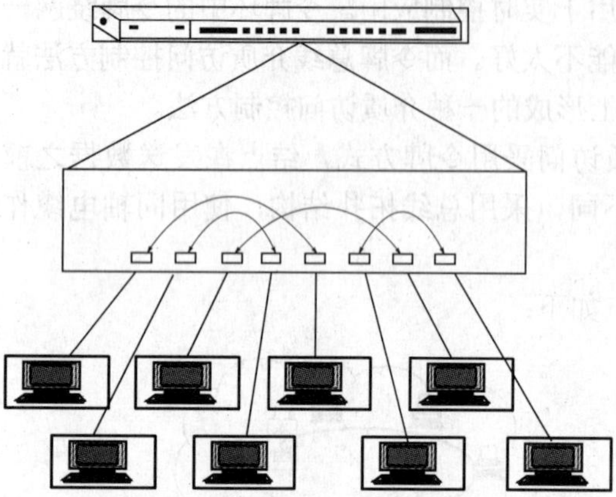
图 3-11 交换式以太网

交换式以太网的核心设备是以太网交换机。交换机的每个端口都可以为与之相连的结点提供专用的带宽，这样每个结点就可以独占通道，独享带宽。

交换式以太网具有以下一些特点：

（1）独占通道、独享带宽；

（2）多对结点可以同时进行数据通信，建立多个并发连接，如图 3-11 所示；

（3）可以灵活配置端口速度；

（4）便于管理。

交换机的每个端口可以单独连接一个结点，也可以与一个共享介质方式的以太网集线器连接。如果一个端口只连接一个结点，则该结点独占该端口带宽，如果该交换机端口通过集线器再连接多个结点，则该多个结点共享该交换机端口带宽，那么该端口网段也会存在冲突问题。

3.4.2 交换机的工作原理

交换式以太网的核心设备是以太网交换机（Ethernet Switch），如图 3-12 所示。以太网交换机是目前局域网最常用的联网设备，工作在物理层和数据链路层，可以看做为多端口的网桥。三层交换机又叫路由交换机，即具有路由器的部分功能，可以工作在网络层。如果没有明确声明，本身所说的交换机都指的是二层交换机。交换机的主要功能特性表现在：网络分段，将冲突域限制在细分的网段之内；在各网段之间转发数据帧；为各端口提供独享带宽。

图 3-12 以太网交换机

1. 交换机的地址学习

普通的以太网交换机工作在数据链路层，而该层的数据帧都包含数据的源地址和目的地址，交换机的地址学习是通过读取帧的源地址并记录帧进入交换机的端口进行的，最终会形成一个“端口/MAC 地址映射表”，如图 3-13 所示。通过映射表，交换机知道每个计算机所在的端口。

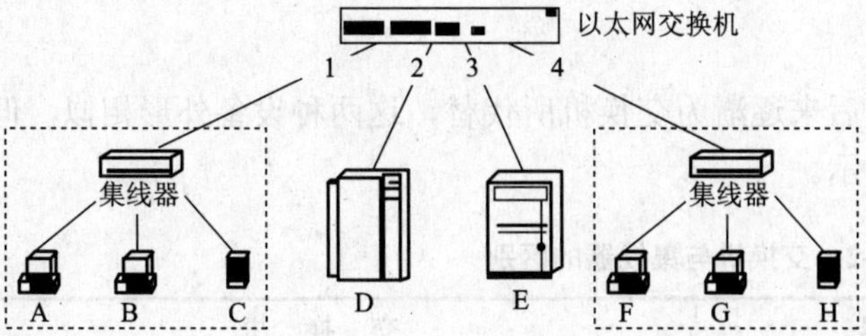

地址映射表		
端口	MAP地址	计时
1	00-30-80-7C-F1-21(A)	…
1	52-54-4C-19-3D-03(B)	…
1	00-50-BA-27-5D-A1(C)	…
2	00-D0-09-F0-33-71(D)	…
4	00-00-B4-BF-1B-77(F)	…
4	00-E0-4C-49-21-25(H)	…

图 3–13　交换机的地址学习

2. 交换机的交换过程

交换机在经过地址学习之后，会记录各 MAC 地址和端口的对应关系，便于以后有针对性地转发数据帧。这里以结点 E 发送数据给结点 B 为例说明交换机的交换过程，如图 3–14 所示。结点 E 封装的数据帧中包含有数据帧的源地址（E 的地址）和目的地址（B 的地址），数据帧从 6 号端口进入交换机，交换机读取数据帧的头部控制信息，发现目标地址是 52-54-4C-19-3D-03，而该地址在映射表中对应的是 4 号端口，交换机将数据从 4 号端口转发出来，这样其他端口的结点都不会收到结点 E 发给 B 的数据，但是由于结点 C 和结点 B 通过共享式设备接在同一个交换机端口上的，所以结点 C 会收到发给 B 的数据，只是在正常情况下，结点 C 自己检查到目标地址不是自己，会抛弃收到的数据。

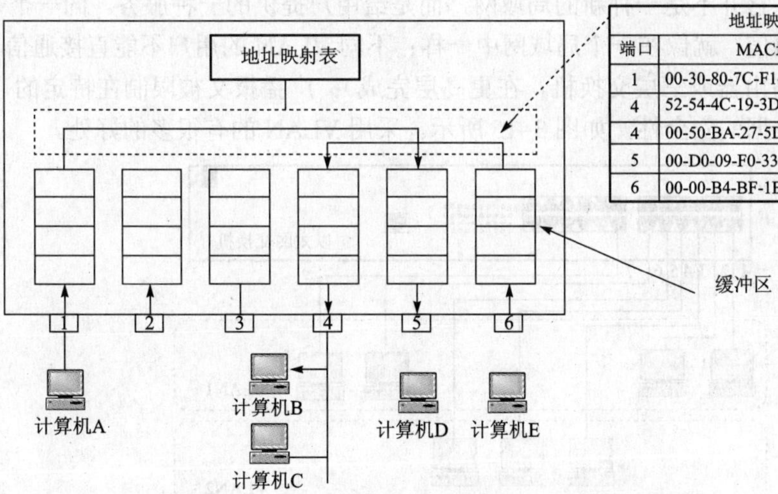

地址映射表		
端口	MAC地址	计时
1	00-30-80-7C-F1-21(节点A)	…
4	52-54-4C-19-3D-03(节点B)	…
4	00-50-BA-27-5D-A1(节点C)	…
5	00-D0-09-F0-33-71(节点D)	…
6	00-00-B4-BF-1B-77(节点E)	…

图 3–14　交换机的数据转发过程

3. 交换机的数据转发方式

（1）直接交换。交换机接收到到帧后检测目的地址，然后立即转发出去，不进行错误检测，延时短。

（2）存储转发交换。交换机要完整接收站点发送的数据，并进行错误检查，数据无误才转发出去，延时长。

（3）改进的直接交换。在收到数据的前 64 字节后，只检查头部字段是否正确，正确则转发出去。

4. 交换机与集线器的区别

集线器是早期常用的网络设备，后来逐渐为交换机所代替，这两种设备外形相似，但其工作原理有本质的区别，如表 3–2 所示。

表 3–2 交换机与集线器的区别

区 别	集 线 器	交 换 机
拓扑结构	物理星型、逻辑总线型	物理上逻辑上都是星形
OSI 中工作层次	物理层	数据链路层或更高
工作原理	广播式、冲突域	根据数据帧的目的地址将转发到相应端口，不存在冲突，不会无条件广播
带宽	所有端口共享集线器带宽	每个端口独占带宽
传输方式	半双工，要么发送，要么接收	全双工，故吞吐量大

3.4.3 虚拟局域网

1. 虚拟局域网的概念

虚拟局域网（Virtual Local Area Network，VLAN）是由一些局域网网段构成的与物理位置无关的逻辑子网。它并不是一种新的局域网，而是给用户提供的一种服务。同一个 VLAN 内的用户可以自由通信，就像在一个局域网中一样；不同 VLAN 的用户不能直接通信（他们的通信需要依赖于路由器或三层交换机，在更高层完成）；广播报文被限制在特定的 VLAN 内部，提高了用户数据的安全性，如图 3–15 所示。采用 VLAN 的有很多的好处。

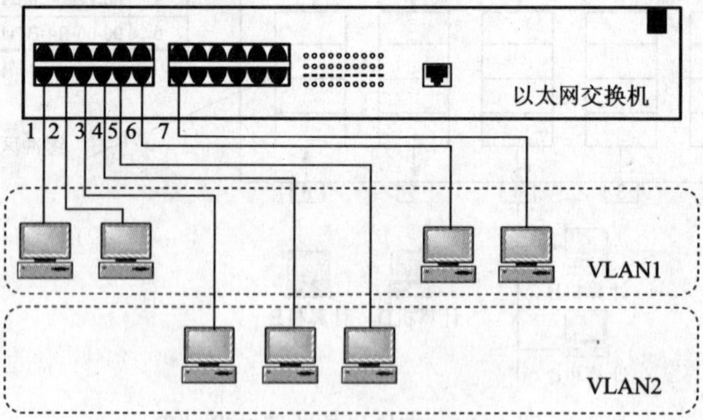

图 3–15 虚拟局域网

（1）方便网络管理。管理员只需要配置交换机就可以决定将一个用户划分到哪个 VLAN 中。

（2）限制广播域，节省带宽。一个 VLAN 是一个广播域，广播数据不会传播到其他 VLAN 中，可以防止广播风暴。

（3）增强局域网的安全性。信息只会在本 VLAN 中传播。

（4）可以灵活构建虚拟工作组。

2. VLAN 的组网方法

VLAN 的组网方法包括静态 VLAN 和动态 VLAN。

（1）静态 VLAN。将以太网交换机上的一些端口划分到一个 VLAN。这些端口一直保持这种配置关系直到人工改变它们。值得注意的是虚拟局域网既可以在单台交换机中实现，也可以跨越多个交换机，如图 3–16 所示。

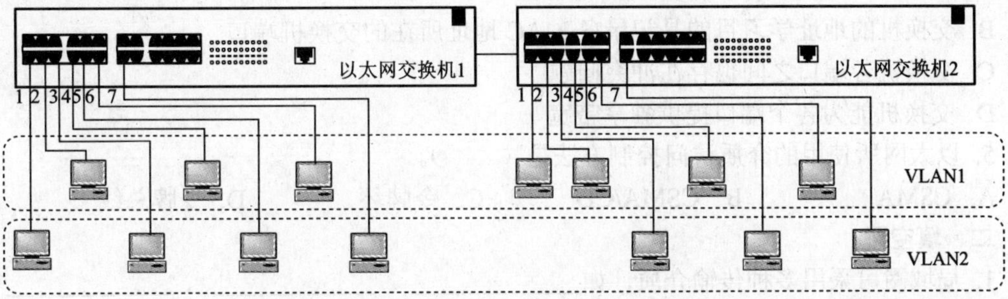

图 3–16　跨越多个交换机组建虚拟局域网

（2）动态 VLAN。所谓的动态 VLAN 是指交换机上端口是动态分配的，动态分配的原则以 MAC 地址、逻辑地址或数据包的协议类型为基础，一个端口不会固定的划分到一个 VLAN 中。例如：可以将 MAC 地址为 00-30-80-7C-F1-21，52-54-4C-19-19-3D-03 和 00-50-BA-27-5D-A1 的计算机划分为 VLAN1，则不管这些计算机连接到交换机的哪一个端口，位置怎样变化，只要 MAC 地址不变，仍属于 VLAN1 的成员。

本章小结

通过本章的学习，应该牢固掌握以下一些知识点。

（1）局域网的 4 种常见拓扑结构：总线形、环形、星形和树形，不同的结构具有不同的优缺点。

（2）传统的共享介质网络中，为避免和解决冲突，引入了“CSMA/CD”的介质访问控制方法，其要点可以总结为“先听后发，边听边发，冲突停止，随机延迟后重发”。

（3）交换式以太网具有高安全、高速度的优势，大家应深入理解交换机的学习逻辑和数据转发过程。

（4）集线器和交换机在不同的时期作为主流的网络设备，它们的工作原理截然不同，大家应能掌握其区别。

（5）虚拟局域网是交换式以太网的一种扩展运用，大家应了解其组建原理。

习　题　三

一、选择题

1. 一座大楼内的一个计算机网络系统属于（　　）。

A. LAN B. MAN C. WAN D. PAN

2. 若网络形状是由站点连接站点的链路组成的一个闭合的环，则称这种拓扑结构为（ ）。

A. 星形结构 B. 总线结构 C. 环形结构 D. 树形结构

3. 在 IEEE8202 局域网标准中，以太网所对应的标准是（ ）。

A. IEEE802.3 B. IEEE802.5 C. IEEE802.8 D. IEEE802.11

4. 关于交换机的说法不正确的是（ ）。

A. 普通的二层交换机工作在数据链路层

B. 交换机的地址学习目的是记录各 MAC 地址所在的交换机端口

C. 交换机各端口之间也存在冲突问题

D. 交换机能为各个端口提供独享带宽

5. 以太网所使用的介质访问控制方法是（ ）。

A. CSMA B. CSMA/CD C. 令牌环 D. 令牌总线

二、填空题

1. 局域网可采用多种传输介质，如______、______、______等。

2. 组建局域网通常采用 3 种拓扑结构，分别是______、______、______。

3. 局域网所采用的传输方式是______。

4. 以太网采用______介质访问控制方法，而 FDDI 采用______介质访问控制方法。

5. MAC 的中文全称叫______。

6. 集线器组建的局域网，其拓扑结构从物理上看是______，逻辑上是______。

7. 共享总线的局域网中，如果两台计算机同时发送数据，将产生______。

8. CSMA/CD 的要点可以总结为先听后发、______、______、随机延迟后重发。

9. VLAN 指的是______。

10. 相对于交换机各个端口独享带宽而言，集线器的各个端口处于同一个______域中。

三、问答题

1. 什么是“以太网”，其特征有哪些？

2. 集线器和交换机有什么区别？

3. 交换机为什么能“有针对性”地转发数据到目标计算机所在端口？

4. 什么是 VLAN？

5. 简述 CSMA/CD 介质访问控制方法的原理。

第 4 章　广域网接入技术

本 章 提 示

本章主要对广域网技术的概念、系统结构、原理作了介绍，通过对各种广域网技术功能的区分，体现其技术在各应用领域的前景。

教 学 要 求

掌握广域网的基本概念、结构组成及原理，了解公用电话交换网，数字数据网，综合业务数字网，数字用户线路，公用分组交换网，帧中继等技术的基本知识及相关功能。

内 容 框 架 图

- 广域网接入技术
  - 广域网技术概述
  - 常见的广域网接入技术
    - 公用电话交换网
    - 数字数据网
    - 综合业务数字网
    - 数字用户线路
    - 公用分组交换网
    - 帧中继
    - 卫星通信技术

4.1　广域网技术概述

20 世纪 80 年代以来，广域网在规模上超越城市、省界、国界、洲界的范畴，最终形成世界范围的计算机互联网络。在技术上也有诸多突破，例如，硬件设备的快速更新，多路复用技术与交换技术的不断发展，使广域网技术日臻成熟，为广域网解决传输带宽这一“瓶颈”问题展现了美好的前景。

1. 广域网的概念

广域网是将地理位置上相距较远的诸多计算机系统，通过不同的通信线路按照网络协议相连，从而实现各计算机之间相互通信的计算机系统的集合。

广域网由交换机、路由器、网关、调制解调器等多种数据交换硬件及数据连接设备组成。具有技术复杂性强、管理复杂、类型多样化、连接多样化、结构多样化、协议多样化、应用多样化的特点。

2. 广域网的类型

广域网能够连接距离较远的结点。根据实际情况的不同，建立广域网的方法也有区别，综合使用情况，广域网可以被划分为：电路交换网、分组交换网和专用线路网等。

（1）电路交换网。电路交换网是面向连接的网络，是指依据需求建立连接并允许专用这些连接直至它们被释放的一个过程。电路交换网包含一条物理路径，并支持网络连接过程中两个终点间的单连接方式。典型的电路交换网是电话拨号网和综合业务数字网。

（2）分组交换网。分组交换网是电路交换网之后的一种新型交换网络，主要用于数据通信。分组交换是一种存储转发的交换方式，它将报文划分成一定长度的分组，以分组为存储转发，因此，它比电路交换的利用率高，而具有实时通信的能力。典型的分组交换网是X.25 网、帧中继网等。

（3）专用线路网。专用线路网是指两个终点之间建立一个安全永久的通信信道。不需要经过任何建立或拨号进行连接，属于点到点连接的网络。典型的专用线路网采用专用模拟线路、E1 线路等。

3. 广域网与局域网的比较

广域网是由多个局域网连接而成的。通过使用各种网间互联设备，如中继器、网桥、路由器等，通过以上设备可以将局域网扩展成广域网。

局域网与广域网不同之处在于以下 4 方面：

（1）使用范围。局域网的网络通常分布在楼宇内部，涉及范围较小。广域网的网络分布通常为地区、国家、洲际的范围。

（2）复杂程度。局域网的结构简单且规则，硬件数量相对较少，可控性、管理性及安全性比较好。广域网由于硬件构成、使用协议、运用的业务不同，管理和控制都比局域网复杂，安全性相对较低。

（3）通信速率。局域网的通讯速率较高，一般能达到 10 Mbps，100 Mbps，甚至 1 000 Mbps。误码率相对较低。而广域网的通讯速率与多种因素相关。信息传播过程中，由于途经多个中间链路和中间结点，传输的误码率要比局域网高。

（4）通信质量。局域网信息传输的延时较小，传输的带宽较大，线路的稳定性较强。广域网信息传输的延时较大，线路稳定性较弱。

4.2 常见的广域网接入技术

4.2.1 公用电话交换网（PSTN）

1. 公用电话交换网的概念

公共交换电话网是一种应用于全球语音通信的电路交换网络， 自 1876 年贝尔发明电话开始，公共交换电话网分别经历了磁石交换、空分交换、程控交换、数字交换等阶段。随着信息技术的不断提高，数字化技术逐步取代原有的交换技术，现在的公共交换电话网绝大多数是数字化的网络。在众多的广域网互联技术中，通过公用电话交换网进行互联的成本最低，但其数据传输质量及传输速度相对较差，而且公用电话交换网的网络资源利用率也比较低。

2. 公用电话交换网的结构

在公共交换电话网的系统结构中，主要包含交换系统和传输系统两个部分。交换系统的主要交换设备为电话交换机，根据电子技术在不同时期的发展，电话交换机也由早期的磁石式、步进制、纵横制交换机，衍变为现在广泛应用的程控交换机。传输系统主要分为传输方式和传输设备，当前的主要传输方式已经发展为同步数字体系（SDH），而传输线缆方面主要以光纤取代铜线来改进传输性能。

当两个主机或路由器设备需要通过公用电话交换网进行连接时，公用电话交换网为前者提供一个虚拟的专用通道，这个通道由若干个电话交换机和传输电缆连接组成。在整个信息传输的过程中，通信两端的接入点使用调制解调器实现信号的模/数和数/模转换。通过这个虚拟的专用通道，可以实现两端信息的自由交换。值得注意的是，当主机或路由器的连接要求未结束时，虚拟专用通道会一直存在，其网络带宽不能被其他设备占用。只有当主机或路由器的连接要求结束时，相关的虚拟专用通道才会被释放。这直接导致该种电路交换方式对网络带宽的利用不充分。

3. 公用电话交换网的应用

图 4–1 以 PSTN 连接两个局域网的网络为例，可以看到通过各局域网的 Modem 与 PSTN 相连，能实现两个局域网的互连。但局域网的互连只是 PSTN 应用的一个部分，PSTN 还可以运用于拨号上 Internet/Intranet/LAN、两个或多个 LAN 之间的网络互连、广域网之间的互连等领域。虽然 PSTN 在数据传输时有其不足，但从目前 xDSL 技术的发展情况来看，短期内 PSTN 不会被淘汰或替代，如果提高通讯速度，PSTN 技术还将拥有更为广阔的发展空间。

4.2.2　数字数据网

1. 数字数据网的概念

数字数据网（DDN）是利用数字信道传输数据信号的数据传输网，应用于计算机之间的通信，传送数字化传真、数字化语音，数字化图像或其他数字化信号。是一个传输速率较高、网络延时较小、全透明、高流量的数据传输网络。DDN 可提供永久性和半永久性连接的数据传输通道。永久性连接的数据传输信道是指通过建立固定连接，形成传输速率固定的专用带宽。半永久性连接的数据传输信道则由网络管理员根据申请调整其传输速率、传输数据的目的地和传输路由。DDN 的通信速度可以根据需要在 2.4 Kbps～2 Mbps 选择。如果用 DDN 方式接入 Internet，传输速率可以达到 64 Kbps～2 Mbps。

2. 数字数据网的结构

数字数据网由数字传输电路和数字交叉复用设备构成。利用光缆传输电路满足数字传输需要，利用数字交叉连接复用设备对数字电路进行半固定交叉连接和子速率的复用。如图 4–2 所示，典型的数字数据网功能由以下部分实现。

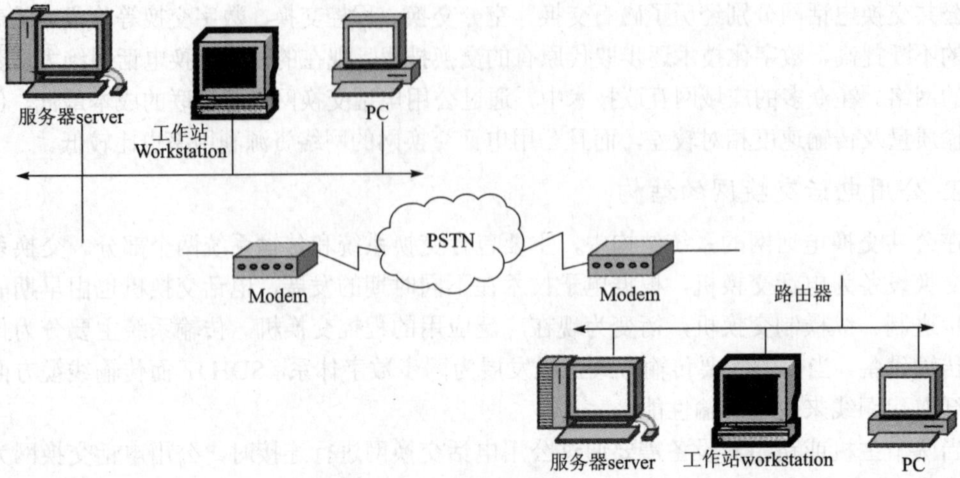

图 4–1 PSTN 连接两个局域网

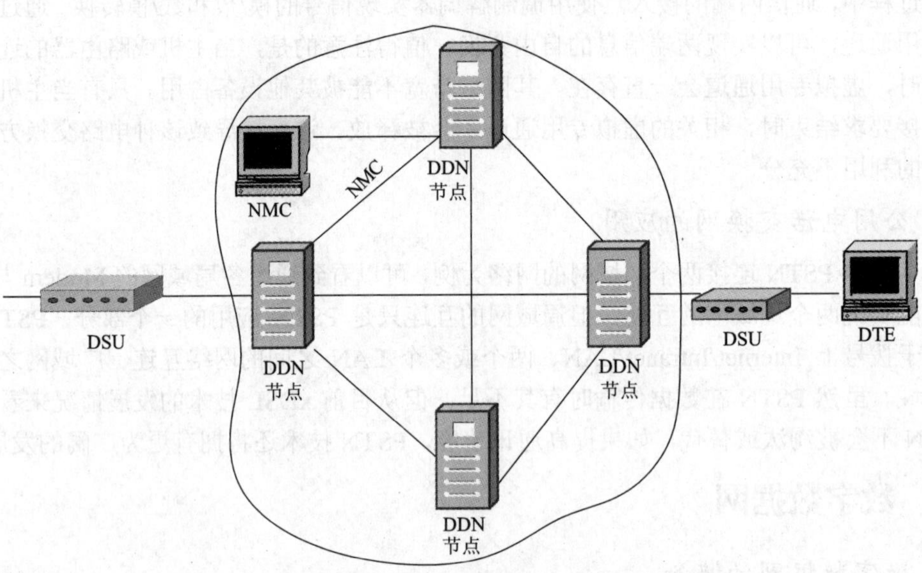

图 4–2 DDN 网络结构示意图

（1）数据终端设备（DTE），即接入 DDN 网的终端设备可以是局域网，通过路由器连至对端，也可以是一般的异步终端或图像设备，以及传真机、电传机、电话机等。DTE 和 DTE 之间是全透明传输。

（2）数据业务单元（DSU），即调制解调器或基带传输设备，以及时分复用、语音/数字复用等设备。通过 DTE 和 DSU 的组合能完成相关设备的接入和接出。

（3）网管中心（NMC），能够进行网络结构和业务的配置，实时地监视网络运行情况，进行网络信息、网络结点告警、线路利用情况等收集及统计报告。

3. 数字数据网的应用

数字数据网能提供传送速率范围在 200 b/s～2 Mb/s 内的中高速数据通信支持。如局域网互联、大中型主机互联等。数字数据网可以为分组交换网、公用计算机互联网等提供中继电路。

也可以提供点对点及一对多的技术支持，适用于各种机构组建相关的专用网。还可以为语音、G3 传真、图像、智能用户电报等通信需求提供支持。如图 4–3 所示，通过 DDN 技术对企业总部与各办事处及公司分部的局域网进行互联，从而实现公司内部数据传送、企业邮件服务、话音服务等功能.随着信息技术的发展，DDN 的应用范围从提供端到端的数据通信扩大到提供多种通信技术支持，正在成为多功能而又多应用的传输网络。在将来的应用中，统计复用的引入，提高系统的开放性和交互能力以及硬件设备的变革，这都是促进数字数据网发展的重要因素。

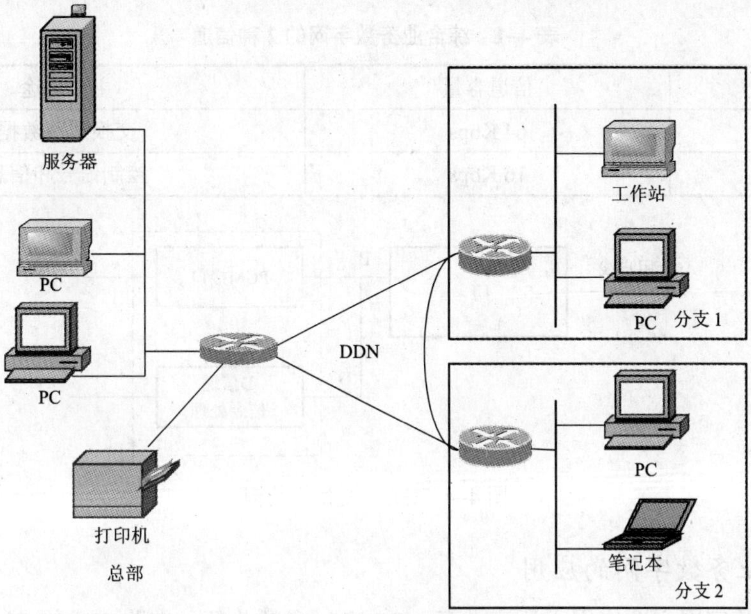

图 4–3　企业系统的互联

4.2.3　综合业务数字网

1. 综合业务数字网的概念

综合业务数字网（ISDN）是以综合数字电话网（IDN）为基础，逐步发展为一个数字电话网络国际标准，是一种典型的电路交换网络系统。它通过铜缆作为传输介质，能以很高的速率和质量传输语音和数据。形成了支持语音和非语音传送的多种能力。区别于抗干扰能力较差的模拟线路，综合业务数字网是全部数字化的电路，能够提供更稳定的数据服务和更高的连接速度。

2. 综合业务数字网的结构

综合业务数字网能提供标准的终端到网络的接口，使各类不同的终端能够接入到综合业务数字网网络中。实现为多个终端提供多种通讯的综合技术支持。综合业务数字网有 2 种信道，分别是 B 信道和 D 信道，B 信道用于数据和语音信息的传输，D 信道用于信号和控制，某些情况下也能用于数据的传输。标准的终端到网络的接口根据信道使用情况分为 2 种类型（如表 4–1 所示），即基本速率接口类型和一次群速率接口类型。基本速率接口利用原有电话网的通信线路作为 ISDN 的线路，并专门规定了相应接口。基本速率接口由 2 个 B 通路和 1 个 D 通路组成。B 通路的速率达 64 kb/s，D 通路的速率为 16 Kb/s，终端最高速率为

64×2+16=144（Kb/s）。一次群速率接口由 30 个分立的或组合的 B 信道和一个 D 信道组成，终端最高速率达 64×30+16=2.048（Mbps）。ISDN 交换机应用以上两种标准，分为数字用户线路终端 LT 和交换机终端 ET 功能块。如图 4–4 所示，其中 LT 负责终端线路的传输；ET 负责终端数字的接入控制，将 B 通路（64 Kb/s）中的信息通过 PCM 接口复用到 PCM 总线上，与其他 L/T 设备以同样的方式接入网络，对 D 通路中的控制信令进行处理，将请求和响应经过翻译之后送到交换机的控制部分，并将控制部分的命令转换成 D 通路信令送往终端。

表 4–1 综合业务数字网的 2 种信道

信道	信道容量	主要用途
B	64 Kbps	交换线路数据
D	16 Kbps	控制信号和信息

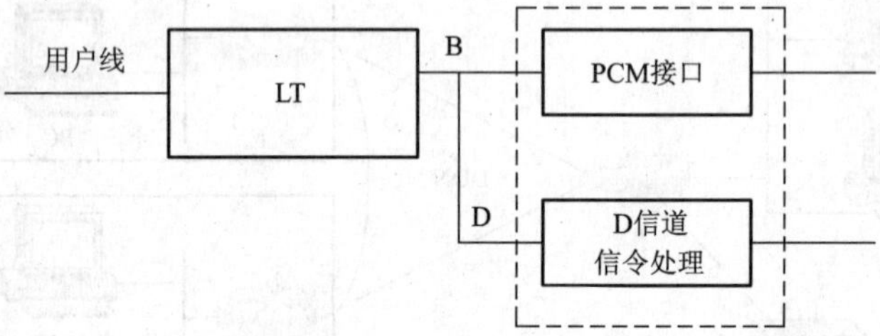

图 4–4 ISDN 交换机结构

3. 综合业务数字网的应用

综合业务数字网主要应用于语音业务、3.1 kHz 音频业务、电路方式的 64 Kb/s 不受限数字信息业务。在具体的使用上可应用于语音/数据综合通信、局域网的扩展和互联、桌面电视会议系统等领域。以桌面电视会议系统举例，ISDN 具有支持两个或两个以上的用户之间进行可视文件、图像数据图表的信息交换能力，图 4–5 中可视终端可以使用标准的 ISDN 基本接

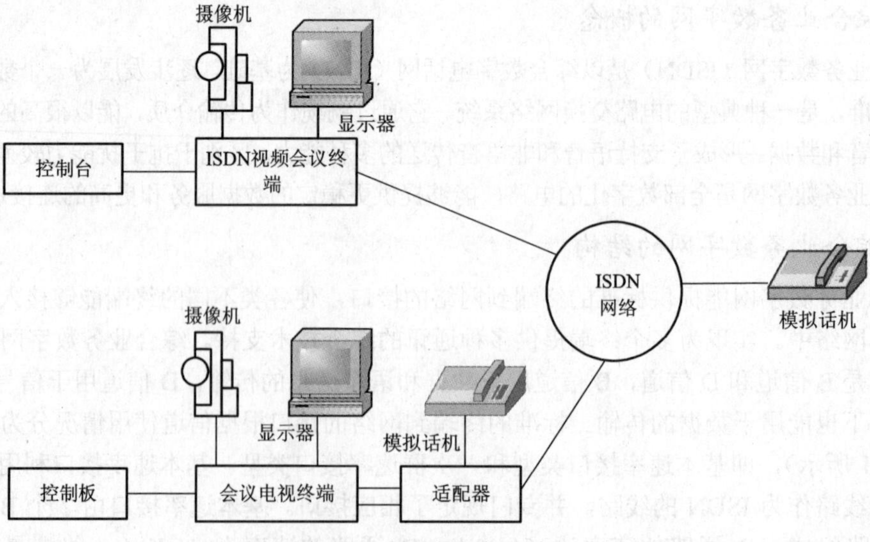

图 4–5 桌面电视会议系统

口接入 ISDN 网络，完成信息的交换。但是，综合业务数字网络也存在着一定的缺点，影响了其使用的广泛性，那就是网络速率不够理想。为了解决这一问题，B-ISDN 这种能够提供综合业务的宽带数字网络开始出现，在一定程度上弥补了综合业务数字网的不足，有着较强的发展潜力。

4.2.4　数字用户线路

1. 数字用户线路的概念

数字用户线路（xDSL）是以铜制电话双绞线作为传输载体的传输技术，可以允许语音信号和数据信号同时在一条电话线上进行传输。可在 PSTN 的终端环路上支持对称与非对称两种传输模式。数字用户线路可用于电话交换站与终端之间的连接，不能用于交换站之间的连接。xDSL 技术包括高数据速率 DSL（HDSL）、单线路 DSL（SDSL）、甚高数据速率 DSL（VDSL）、不对称 DSL（ADSL）和速率自适应 DSL（RADSL）等。针对具体使用情况，各传输技术在信号传输速度和距离，上行速率和下行速率的对称性上，存在着差异。

2. 数字用户线路的原理及应用

在 xDSL 技术未出现之前，电话系统设计的功能为传送话音信息，传送频率范围在 300 Hz～3.4 kHz。但电话网到最终用户的铜缆有能力提供更高的带宽，根据电路质量和设备的复杂度不同，可以从最低频率到 200～800 kHz。通过利用 xDSL 技术，增加电话线路的附加频段，可在电话系统上传送大量的数据。xDSL 通常将 0.3～4 kHz 的频段范围用于提供话音传输功能，其他范围的频率用于传送数据。数字用户线路包含了多种传输技术，不同的系统构成标志着其不同的设计原理。

（1）ADSL 技术。ADSL 又称为非对称数字用户环路，非对称主要体现在上行速率（最高 640 Kbps）和下行速率（最高 8 Mbps）的非对称性上。ADSL 技术能对现有的市话铜缆进行充分的利用，实现以往一些低速率下无法实现的网络应用。实用于高速的数据接入，视频点播，网络互联服务，远程教学等领域。图 4–6 为局域网内 ADSL 技术的应用。

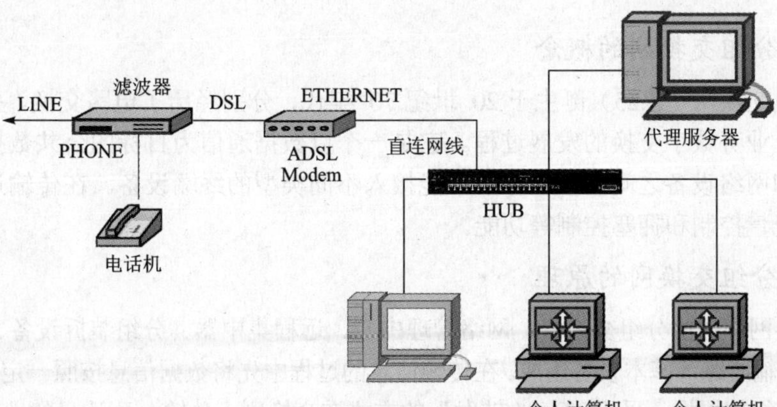

图 4–6　ADSL 技术的应用

（2）RADSL 技术。RADSL 又称为速率自适应数字用户线路。是 ADSL 技术的一种变型，应用前调制解调器测试线路，将速率调整为线路能够承载的最高速率以适应实际需要。RADSL 利用一对双绞线进行传输，支持同步和非同步传输方式，速率自适应，根据双绞线质量和传输距离动态地提交 640 Kbps～22 Mbps 的下行速率，以及从 272 Kbps～1.088 Mbps 的上行速率。能同时进行数据和语音的传输。当下载信息需求远大于上载信息需求时，RADSL 可以作为一种理想的技术进行应用，例如网上高速冲浪、视频点播、远程局域网络等方面的运用。

（3）HDSL 技术。HDSL 又称为高速数字用户环路，是一种对称的 xDSL 技术，利用已有电话线铜缆中的两对或三对双绞线来提供全双工的 1.544 Mbps（T1）或 2.048 Mbps（E1）数字连接能力，传输距离在 5 km 之内。HDSL 充分利用已有电缆实现扩容，可以满足传输 384 Kbps 和 2 048 Kbps 宽带信号的需求。现阶段 HDSL 还不能传输 2 048 Kbps 以上的信息，传输距离也存在局限。HDSL 技术应用于数据通信支持，能够为蜂窝基站与中心站之间提供 E1 信道，为用户交换机与市话局提供传输信道。适用于园区网络互联及多媒体高速传输等领域。

（4）SDSL 技术。SDSL 又称为单用户高速数字用户环路，也是一种对称的 xDSL 技术。与 HDSL 技术的区别仅在于 SDSL 仅使用一对铜双绞线，且传输速率可调。SDSL 技术的优点在于可以同时使用 Internet 功能和电视电话功能。

（5）VDSL 技术。VDSL 又称为甚高速数字用户环路，通过引入 VDSL 技术，成功解决了 ADSL 技术在提供图像业务方面的带宽十分有限而且成本偏高的难题。VDSL 是传输速率最快的一种 XDSL 技术，采用 DMT 线路码。在一对铜质双绞电话线上的下行速率为 13 Mbps～52 Mbps，上行速率为 1.5 Mbps～2.3 Mbps。传输距离只能控制在几百米内。在应用方面，VDSL 能满足对称高带宽的专线接入需求，也能作为网络接入的中继接口，在特殊 IP 业务需求上也能发挥重要作用。

总的来说，XDSL 技术能够完成多种格式的数据、话音及视频信号从局端到远端的传输任务，不但能加快 Internet 接入的效率，还能减轻交换网的负荷，但只能在短距离内提供高速数据传输是 xDSL 技术的不足。预计在 HDSL 或 ADSL 的技术范畴内，xDSL 技术还将进入新的发展阶段。

4.2.5 公用分组交换网

1. 公用分组交换网的概念

公共分组交换网（X.25）诞生于 20 世纪 70 年代，分别经历了电路交换、报文交换、分组交换和综合业务数字交换的发展过程。它是一个以数据通信为目标的公共数据网。通过定义终端设备和网络设备之间的接口标准，能接入不同类型的终端设备。在传输过程中能实现多路复用，流量控制和拥塞控制等功能。

2. 公用分组交换网的原理

分组交换网一般由分组交换机、网络管理中心、远程集中器、分组装拆设备、分组终端/非分组终端和传输线路等基本设备组成。在传输信息的过程中先将数据信息按照一定的规则分割成若干定长的分组数据报，采用“存储/转发”的方式在交换网上传输，到达目的地后，再组装还原成原先完整的数据信息传送给用户。一条物理电路上可以开放多条虚电路，满足各用户同时使用的需求，X.25 协议保证了数据传输的可靠性，该协议在每一段链路上都执行差错检验和出错重传步骤，满足了数据的安全传输要求，但该差错校验机制也使传输效率受到了一定影响。

3. 公用分组交换网的应用

分组交换技术比较适用于终端到主机的交互式通信及交易处理，有协议转换需求的场合，在跨国通信，保密要求度高和传输基础设施不完善的地区有着广泛的应用。在商业领域，分组交换提供了差错控制功能，能够应用于各种类别的商用系统，如在线式信用卡（POS 机）的验证，从而确保数据在网络中传输的可靠性。近年来，虽然受到了宽带网络技术的冲击，但从实际情况来看，鉴于中国通信基础设施比较薄弱，分组交换网在今后较长一段时间内仍将发挥一定的作用。预计随着更快的交换机处理器的出现，新一代分组交换技术将会出现新的发展前景。

4.2.6　帧中继

1. 帧中继的概念

帧中继（FR）是使局域网及其应用互联的一种协议。帧中继是从 X.25 协议发展而来的，是为解决在地理上分散的局域网实现相互通信的一种通信技术。使用帧中继能体现低网络时延、低设备费用、高带宽利用率等优点。其传输速率可高达 44.6 Mbps。但是，帧中继不适合于传输诸如语音、电视等实时信息，它仅限于传输数据。

2. 帧中继工作原理

帧中继技术本质上仍是分组交换技术，它沿用了分组交换技术把数据组成帧，以帧为单位进行发送、接收和处理。克服了分组交换的开销大及时延长的缺点。帧中继包由一系列的字节所构成，主要分为帧头字段和信息字段。规定允许帧中继按任何通信协议密封信息包。在传输的过程中网络上的每个结点都会检查用户数据之后的两个字节包，以确定这个信息包的完整性。如果检查失败，这个结点就丢弃该信息包。如果检查无误，将该信息包发送到下一个结点。图 4–7 与图 4–8 以局域网与广域网互联的情况为例，分别列出不使用帧中继技术与使用帧中继技术的情况。

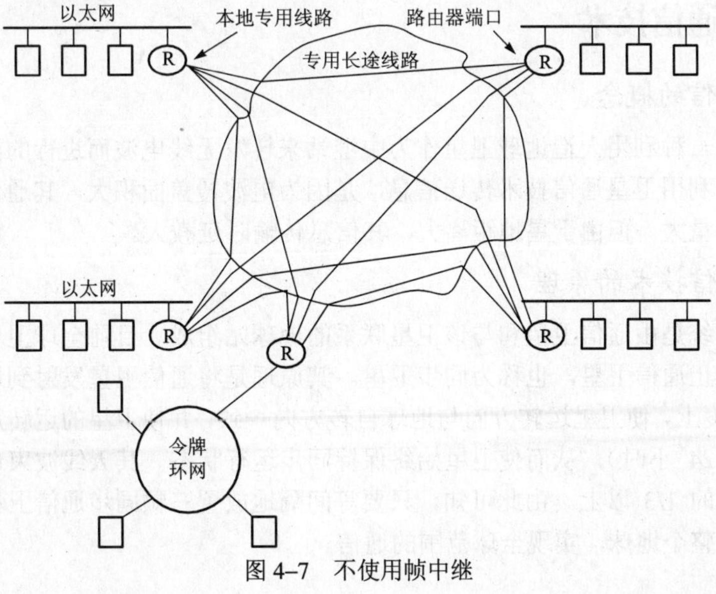

图 4–7　不使用帧中继

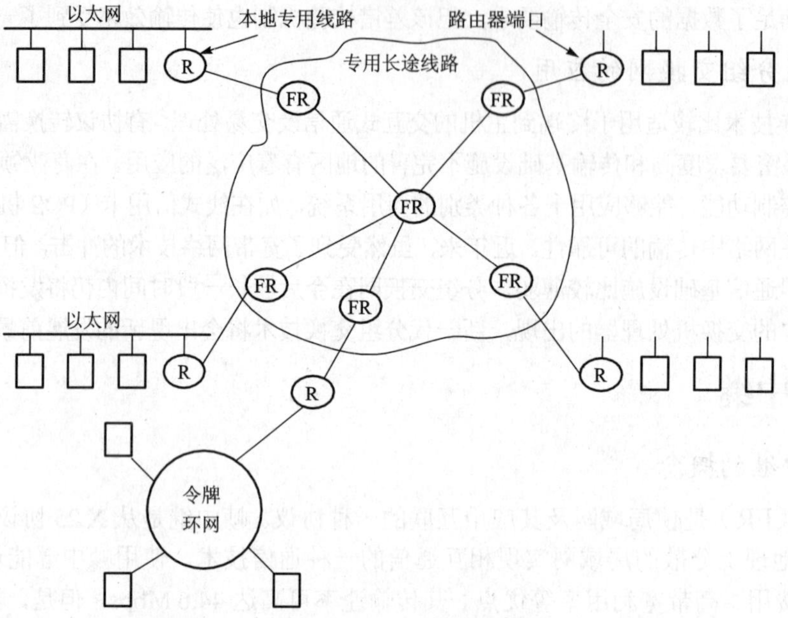

图 4–8 使用帧中继

3. 帧中继的应用

帧中继技术出现之前，局域网的互联一般有 2 种方法，即租用专线和使用 X.25 技术。租用专线成本较高，很难应用于国际连接。X.25 技术协议较为复杂，且容易降低网络的吞吐量。而帧中继技术能有效克服上述困难，其使用光纤作为传输介质，误码率极低，能实现近似无差错的传输，广泛应用于长文件的传输，支持多个低速设备的复用，支持字符交互功能，支持块交互数据功能。由于帧中继的高效率和高透明性，使帧中继技术成为网络互联时的常用选择。

4.2.7 卫星通信技术

1. 卫星通信的概念

卫星通信是一种利用人造地球卫星作为中继站来转发无线电波而进行的两个或多个地球站之间的通信。利用卫星通信技术传送信息，是因为电波覆盖面积大，其通信距离远，传输频带宽，通信容量大。但由于星地距离大，其信息传输时延教大。

2. 卫星通信技术的原理

卫星通信系统是由通信卫星和与该卫星联系的地球站组成。目前全球卫星通信系统中最常用的星体是静止通信卫星，也称为同步卫星。其原理是将通信卫星发射到地球赤道上空约 35 860 km 的高度上，使卫星运转方向与地球自转方向一致，并使卫星的运转周期正好等于地球的自转周期（24 小时），从而使卫星始终保持同步运行状态。其天线波束最大覆盖面可以达到地球表面积的 1/3 以上。由此可知，只要等间隔地放置三颗同步通信卫星，其天线波束就能基本上覆盖整个地球，实现全球范围的通信。

3. 卫星通信技术的应用

卫星通信作为一种重要的通信手段，过去主要用于电话通信及电视广播等方面。现代卫星通信技术的高速发展，加上卫星通信本身所具有的广播式传送及接入方式灵活等特点，使其在互联网、宽带多媒体通信和卫星电视广播等方面得到了迅速发展，基本上已进人数字化发展的阶段。在以后的应用中，应注意充分利用卫星轨道和频率资源，在开辟新的工作频段，综合各种数字业务传输技术方面寻求更宽广的发展方向。

本章小结

广域网技术用来构成能跨越任意远的距离，连接任意多台计算机的网络。一个典型的广域网由通过通信线路互联起来的称为包交换机的电子设备组成。又根据使用情况的不同，分为电路交换网、分组交换网和专用线路网等。根据接入时的技术标准，也分为公用电话交换网、数字数据网、综合业务数字网、数字用户线路、公用分组交换网、帧中继、卫星通信技术等。广域网技术的概念较为广泛，在理解各技术规范的同时，应着重掌握不同标准之间的原理及组成结构，通过其结构特点区分各技术标准的不同。在整理知识要点时，应根据图示，结合各接入技术在不同行业的应用来巩固对广域网技术的掌握。

习　题　四

一、选择题

1. 以（　　）将网络划分为广域网、城域网和局域网。

A. 接入的计算机多少　　B. 接入的计算机类型
C. 拓扑类型　　D. 接入的计算机距离

2. 相对于广域网，局域网的传输误差率（　　）。

A. 很低　　B. 取决于传输介质
C. 比广域网高　　D. 很高

3. Internet 是（　　）类型的网络。

A. 局域网　　B. 城域网　　C. 广域网　　D. 企业网

4. ADSL 标准允许达到的最大下行数据传输速率为（　　）。

A. 1 Mbps　　B. 2 Mbps　　C. 4 Mbps　　D. 8 Mbps

5. 广域网中广泛使用的交换技术是（　　）。

A. 报文交换　　B. 信元交换　　C. 线路交换　　D. 分组交换

二、填空题

1. 广域网可以被划分为：________、________和________ 。
2. 公共交换电话网分别经历了________、________、________、________阶段。
3. DDN 的通信速度可以根据需要在________到________之间选择。
4. 典型的数字数据网功能由________、________、________3 个部分实现。
5. 综合业务数字网有 2 种信道，分别是________和________ 。

6. 在 ISDN 中，B 信道用于________，D 信道用于______。
7. 数字用户线路是以________作为传输载体的传输技术。
8. 数字用户线路可在 PSTN 的终端环路上支持______与______2 种传输模式。
9. HDSL 可以满足传输______和______宽带信号的需求。
10. 公共分组交换网在传输过程中能实现______，______和______功能。

三、问答题

1. 什么是广域网，它具有哪些特点？
2. 试说明 ISDN 的基本意义及其基本特征。
3. 试比较广域网与局域网之间的区别。
4. 简述帧中继网络的应用情况。
5. 试比较 xDSL 各技术间的差异。

第 5 章　Internet 基础知识

本章提示

本章主要对计算机网络中 Internet（互联网）的定义、结构与域名、子网及子网掩码进行知识性讲解，同时介绍一些常用的 Internet 服务。

教学要求

掌握 Internet 的定义、结构、域名及基本应用，了解子网及子网的划分方法，掌握 Internet 的接入方式。

内容框架图

Internet基础知识
- Internet概述
- Internet地址结构与域名
- 子网和子网掩码
- Internet提供的功能与服务
- Internet接入方式

5.1　Internet 概述

Internet 是由使用公用语言互相通信的计算机连接而成的全球网络。Internet 的最早起源于美国国防部高级研究计划署 ARPA（Advanced Research Projects Agency）支持的用于军事目的的计算机实验网络 ARPANET，该网于 1969 年投入使用。由此，ARPANET 成为现代计算机网络诞生的标志，逐渐发展为今天的世界性信息网络。并在当今经济、文化、教育与人类社会生活中发挥着越来越重要的作用。

5.1.1　Internet 的定义与组成

1. Internet 的定义

（1）从网络设计者角度。从设计者角度考虑，互联网是计算机互联网络的一个实例。它是由分布在世界各地的、各种规模的计算机网络，借助路由器相互连接而形成的全球性的互联网络。目前美国高级网络服务（Advanced Network Services，ANS）公司所建设的 ANSNET

为互联网的主干网，其他国家和地区的主干网通过接入互联网主干网而联入互联网，从而构成了一个全球范围的互联网络。

（2）从互联网使用者角度。从使用角度考虑，互联网是一个信息资源网，是由大量计算机通过连接在单一而又无缝的通信系统上而形成的一个全球范围的信息资源网络。互联网的使用者不必关心互联网的内部结构。接入互联网的计算机既可以是信息资源及服务的提供者——服务器，也可以是信息资源及服务的消费者——客户机。

从总体上讲，互联网的定义：互联网是一个由多个网络或网络群体通过网络互联设备连接而成的大型网络。它是具有分层网络互联的群体结构。图 5–1 为 Internet 示意图。

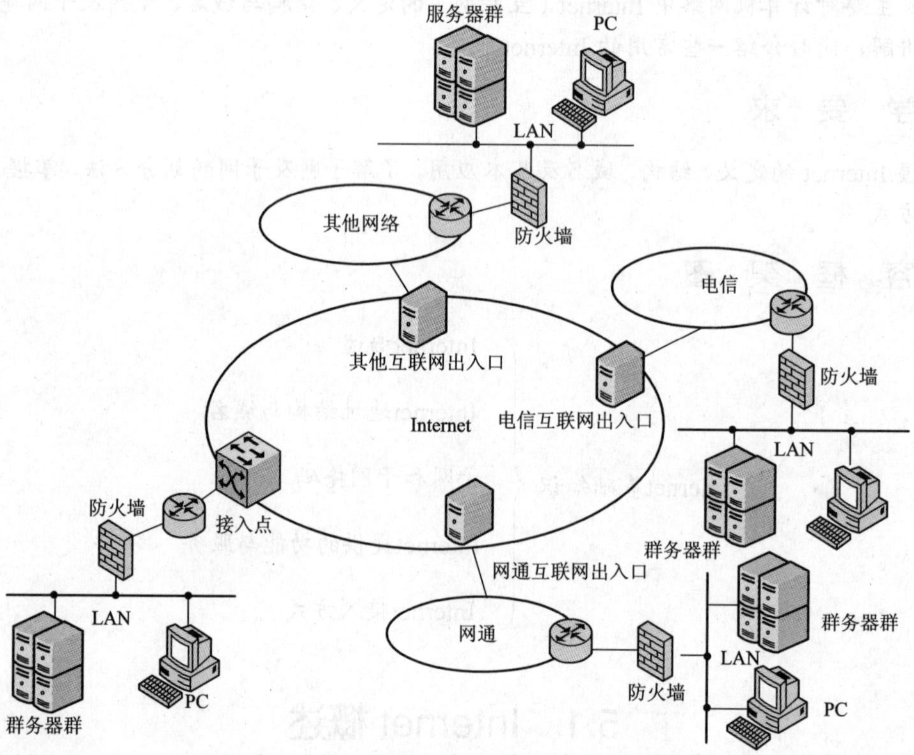

图 5–1 Internet 示意图

2. Internet 的组成

互联网可分为 3 层：主干网、中间层网和底层网。主干网是互联网的基础和支柱网络层，一般由国家或大型公司投资组建；中间层网由地区网络和商用网络构成；底层网则主要由企业网和校园网构成。

采用 3 层结构的原因主要是在各层中通信所需要的数据传输速率不同。在主干网上，需要传输大量数据，所以数据传输速率要求很高，需要使用传输距离远、数据传输速率高且误码率低的通信线路和通信设备，当然这就需要较高的投资。中间层网和底层网所需要的通信条件相对低一些，根据不同的条件要求选用不同的设备和线路，不仅可以合理投资，而且有利于保障系统的安全性。图 5–2 为互联网体系结构示意图。

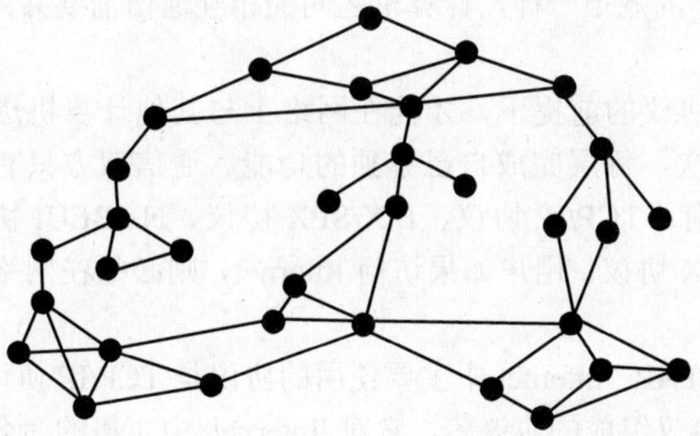

图 5–2 互联网体系结构示意图

互联网主要由通信线路、路由器、服务器与客户机、信息资源 4 部分组成。

（1）通信线路。通信线路是互联网的基础设施，没有通信线路就没有互联网。它包括各种有线线路及无线信道等。通过通信线路，客户机和服务器可接入局域网，局域网或城域网可接入互联网。

（2）路由器。互联网不同网络之间的互联是靠一种称为路出器的设备来实现的。数据从源端主机传送到目的端主机，通常要经过多个网络。当数据从一个网络传到路由器时，路由器要判断信息发送目的地，并根据网络当时的状态选择一条到达目的地的最佳路径，并将数据发送出去。如果线路繁忙，则要将数据先缓存在路由器中，适当的时候再发送。

（3）服务器与客户机。服务器是接入互联网的重要设备，它一般由高性能计算机承担，既可以是巨型机，也可以是笔记本电脑。服务器是互联网的信息资源和服务的载体，为客户机提供不同的信息服务和其他服务，如电子邮件服务、文件传送服务、网上购物和消息发布等。客户机是互联网的末端设备，一台普通的计算机，安装各类互联网服务软件（如 IE 浏览器等）就可以作为客户机访问互联网。

（4）信息资源。互联网上的信息资源极为丰富，而且在不断地增加和更新，包括科学、教育、文化、军事、商业、医疗、卫生、娱乐以及政府管理等各个方面。信息形式包括文本、图形、图像、声音、视频等多种类型。信息资源是互联网最重要的资源之一，也是用户最为关心的问题。因此，如何组织好互联网上的信息资源，方便用户查询、获取和使用，是互联网发展过程中需要不断解决的问题。

5.1.2 Internet 物理结构与 TCP/IP

1. Internet 的物理结构

Internet 的物理结构是指与连接 Internet 相关的网络通信设备之间的物理连接方式，即网络拓扑结构。网络通信设备包括网间设备和传输媒体（数据通信线路）。常见的网间设备有：多协议路由器、网络交换机、数据中继器；常见的传输媒体有：双绞线、同轴电缆、光缆、无线媒体。

2. Internet 的协议结构与 TCP/IP

（1）网络协议。网络协议即网络中（包括互联网）传递、管理信息的一些规范。如同人与人之间相互交流是需要遵循一定的规矩一样，计算机之间的相互通信需要共同遵守一定的规则，这些规则就称为网络协议。

一台计算机只有在遵守网络协议的前提下，才能在网络上与其他计算机进行正常的通信。网络协议通常被分为几个层次，每层完成自己单独的功能。通信双方只有在共同的层次间才能相互联系。常见的协议有：TCP/IP 协议、IPX/SPX 协议、NetBEUI 协议等。在局域网中用得的比较多的是 IPX/SPX 协议。用户如果访问 Internet，则必须在网络协议中添加 TCP/IP 协议。

（2）Internet 的协议结构与 TCP/IP。Internet 中主要使用的协议是 TCP/IP 协议，它是一组通信协议的代名词，是由一系列协议组成的协议簇，它对 Internet 中主机的命名机制、主机寻址方式、信息传输规则以及各种均做了详细规定，称为互联网协议集。

TCP/IP 是一种网络通信协议，它规范了网络上的所有通信设备，尤其是一个主机与另一个主机之间的数据往来格式以及传送方式。TCP/IP 是 Internet 的基础协议，也是一种计算机数据打包和寻址的标准方法。在数据传送中，可以形象地理解为有两个信封，TCP 和 IP 就像是信封，要传递的信息被划分成若干段，每一段塞入一个 TCP 信封，并在该信封面上记录有分段号的信息，再将 TCP 信封塞入 IP 大信封，发送上网。在接受端，一个 TCP 软件包收集信封，抽出数据，按发送前的顺序还原，并加以校验，若发现差错，TCP 将会要求重发。因此，TCP/IP 在 Internet 中几乎可以无差错地传送数据。 对普通用户来说，并不需要了解网络协议的整个结构，仅需了解 IP 的地址格式，即可与世界各地进行网络通信。

5.2 Internet 地址结构与域名

互联网是由很多个使用不同技术及提供各种服务的物理网络互联而成的。连入互联网的所有计算机都要遵循一定的规则，这个规则就是 TCP/IP。网际协议 IP 是 TCP/IP 的心脏，也是网络层中最重要的协议，用于屏蔽各个物理网络的细节和差异。

5.2.1 Internet 地址结构

1. IP 地址的分类

Internet 网络上每台主机都必须有一个地址，称为 IP 地址。Internet 网上每一台计算机可以相互通信就是由于它们共享一个唯一的 IP 地址（也称 IP 地址空间）。IP 地址是 Internet 主机的一种数字型标识。它由两部分组成：一部分是网络标识（Net ID），又称网络号；另一部分是主机标识（Host ID），又称主机号。

Internet 上每台主机都被指定了一个主机号，目前所使用的 IP 协议版本规定 IP 的地址长度为 32 位。例如：10001100101110100101000010000001。为便于记忆，将 32 位代码分为 4 节，每节 8 位，然后转换为其对应的十进制代码。于是上面的数字就对应：140.186.81.1。其网络标识为 140.0.0.0；主机标识为 186.81.1。这种便于记忆的 8 位一节，分 4 节表示 IP 的方法称为“点分十进制表示法”，每一节的十进制数值在 0～255。

Internet 的网络地址可分为 5 类（A 类、B 类、C 类、D 类和 E 类），每类网络中 IP 地址的结构，即网络标识长度和主机标识长度有所不同。表 5–1 为 IP 地址分类示意图。

表 5–1 IP 地址分类示意表

IP 地址网络 ID 分类图示（IP 地址的一般格式为：类别+网络标识+主机标识）								
IP 地址	xxxxxxxx	.	xxxxxxxx	.	xxxxxxxx	.	xxxxxxxx	主要适用范围
A 类	0xxxxxxx	.	<--------------------Host ID------------------>					大型网络
B 类	10xxxxxx	.	xxxxxxxx	.	<----------- Host ID--------->			名地区网管中心
C 类	110xxxxx	.	xxxxxxxx	.	xxxxxxxx	.	<- Host ID->	校园网或企业网
D 类	1110xxxx	多播地址，无网络 ID 与主机 ID 之分						
E 类	11110xxx	实验地址						

从图表可以看出，如果用二进制数来表示 IP 地址的话：

凡是以 0 开始的 IP 地址均属于 A 类网络。A 类网络的 IP 地址的网络标识的长度为 7 位，主机标识的长度为 24 位；A 类网络的第一段数字范围为 0～126。包括 126 个 A 类网络地址，每个 A 类网络地址包括 16777214 台主机。

凡是以 10 开始的 IP 地址均属于 B 类网络。B 类网络的 IP 地址的网络标识长度为 14 位，主机标识长度为 16 位；B 类网络的第一段数字范围为 128～191。包括 16 382 个 B 类网络地址，每个 B 类网络地址包括 65 534 台主机。

凡是以 110 开始的 IP 地址均属于 C 类网络。C 类网络的 IP 地址的网络标识长度为 21 位，主机标识长度为 8 位；C 类网络的第一段数字换算范围为 192～223。包括 2 097 150 个 C 类网络地址，每个 C 类网络地址包括 254 台主机。

请判断 192.168.0.1 属于哪类地址，其网络地址和主机地址各是多少？

需要指出的是 0 和 255 这 2 个地址在 Internet 网络中有特殊的用途，因此，实际上每组数字中真正可以使用的范围为 1～254。

2. 特殊的 IP 地址

除以上 5 类 IP 地址外，还有一些具有特殊用途的 IP 地址。

（1）网络地址

网络地址	网络地址包含一个有效的网络号和一个全为“0”的主机号，用于表示一个网络。

例如：一个 IP 地址为 192.168.10.5 的主机，其主机号为 5，而网络号为 192.168.10.0。

（2）广播地址

广播地址	广播地址包含一个有效的网络号和一个全为“1”的主机号，用于在一个网络中同时向所有工作站进行信息发送。

例如：192.168.10.255 就是一个广播地址，它能向 192.168.10.0 网络中的所有主机广播信息。

（3）回送地址

回送地址	IP 地址 127.0.0.0 是一个保留地址，用于网络软件测试以及本地计算机进程间通信，这个地址称为加送地址。

例如：Ping 127.0.0.1 就是用于测试网卡。

任何程序使用回送地址发送数据，协议软件不进行任何网络传输，立即将之返回。因此，含有网络号 127 的数据报不可能出现在任何网络上。

（4）本地地址

本地地址	本地地址是不分配给互联网用户的地址，专门留给局域网设置使用。

以下列出留用的本地地址：

A 类 10.0.0.0～10.255.255.255

B 类 172.16.0.0～172.31.255.255

C 类 192.168.0.0～192.168.255.255。

3. IP 地址的作用

IP 的基本任务是通过网络传送数据报，并且各个 IP 数据报之间是相互独立的。IP 在传送数据时，高层协议将数据传送给 IP 以便发送，IP 将数据封装成 IP 数据报，将它传送给数据链路层，若目的主机与源主机在同一网络，则 IP 直接将数据报传送给目的主机；若目的主机在远端网络，IP 则通过网络将数据报传送给本地路由器，路由器则通过下个网络将数据报传送至下一个路由器或目的端。网络中的任何一台计算机都必须有一个地址，而且同一个网上的地址不允许重复。在进行数据传输时，通信协议一般需要在所要传输的数据中增加某些信息，而其中最重要的就是发送信息的计算机的地址（源地址）和接收信息的计算机的地址（目标地址）。

5.2.2 域名

因为 IP 地址是一串数字，没有任何意义，非常难记，上网很少直接使用 IP 地址访问某个主机，而是使用主机名。因此，为了向一般用户提供一种直观明了的主机标识符，Internet 于 1984 年采用了域名系统 DNS（Domain Name System）。

1. 互联网的域名体系

互联网的域名结构由 TCP/IP 协议集的域名系统进行定义，其作用是提供域名和 IP 地址的映射—域名解析。域名具有层次结构，DNS 的域名空间结构是一种层次化的树状结构。分为：根域、顶级域、各级子域、主机名。其中顶级域的划分采用了 2 种模式，即组织模式（前 7 个域）和地理模式（其余）。网络信息中心（Network Information Center，NIC）是注册顶级域名的机构。

在组织模式域名中，最右端的末尾都是 3 个字母的最高域字段。由于 Internet 诞生于美国，当时只为美国的几类机构指定了顶级域，延续至今。所以大多数的域名都为美国、北美或与美同有关的机构。组织模式顶级域名如表 5–2 所示。

在地理模式域名中，根据地理位置来命名主机所在的区域。对于美国以外的主机，其最高层次域基本上都是按地理域命名的。地理域指明了该域名源自的国家。在几乎所有的情况下，地理域都是两个字母的同家代码。美国虽然也有地理域，但很少使用，如果在一个域名的末尾没有找到地理域，就可以假定该域名是源自美国的。其他国家的右边第一个域名则代表国家。部分地理模式顶级域名如表 5–3 所示。

表 5–2 组织模式顶级域名

域 名	含 义	域 名	含 义
com	商业机构	org	其他非营利组织
net	网络组织	int	国际机构
edu	教育机构	mil	军事机构
gov	政府部门		

表 5–3 部分地理模式顶级域名

域 名	表示的国家或地区	域 名	表示的国家或地区
ar	阿根廷	it	意大利
at	奥地利	jp	日本
au	澳大利亚	kr	韩国
be	比利时	mo	中国澳门
br	巴西	my	马来西亚
ca	加拿大	mx	墨西哥
cl	智利	nl	荷兰
cn	中国	nz	新西兰
cu	古巴	no	挪威
de	德国	pt	葡萄牙
dk	丹麦	ru	俄罗斯
eg	埃及	sg	新加坡
fi	芬兰	za	南非
fr	法国	es	西班牙
gr	希腊	se	瑞典
hk	中国香港	ch	瑞士
id	印度尼西亚	tw	中国台湾
ie	爱尔兰	th	泰国
il	以色列	gb	英国
in	印度	us	美国

2. 命名规则

DNS 名字包括两部分：第 1 部分叫主机名，如：WWW，FTP，SUPPOT，表述主机的用途；第 2 部分叫域名，如 sina.com.cn，用来表述主机所属的组织以及国家等。最长可以达到 255 个字符。

3. 中国的域名体系

在许多国家的二级域名注册中，也遵守机构性域名的和地理性域名的注册办法。中国互联网络的二级域名也分为组织模式域名和地理模式域名两大类。

国的组织模式域名表示各单位的机构，共 6 个，如表 5–4 所示。

表 5–4 国组织模式二级域名

二级域名	表 示 机 构	二级域名	表 示 机 构
ac	科研院及科技管理部门	net	互联网络、接入网络的信息和运行中心
gov	国家政府部门	com	工商和金融等企业
org	社会团体及民间非营利性组织	edu	教育单位

国的地理性域名使用 4 个直辖市和各省、自治区的名称缩写表示，共 34 个，如表 5–5 所示。

表 5–5 国地理模式二级域名

二级域名	地理区域	二级域名	地理区域
bj	北京市	sh	上海市
tj	天津市	cq	重庆市
sx	山西省	he	河北省
nm	内蒙古自治区	ln	辽宁省
jl	吉林省	hl	黑龙江省
js	江苏省	zj	浙江省
ah	安徽省	fj	福建省
jx	江西省	sd	山东省
ha	河南省	hb	湖北省
hn	湖南省	gd	广东省
gx	广西壮族自治区	hi	海南省
sc	四川省	gz	贵州省
yn	云南省	xz	西藏自治区
sn	陕西省	gs	甘肃省
qn	青海省	ns	宁夏回族自治区
xj	新疆维吾尔自治区	tw	台湾
hk	香港	mo	澳门

4. 域名注册

（1）国内域名注册

1）可以直接登录 www.cnnic.net.cn 进行注册。

2）也可以到中国互联网信息中心 CNNIC 直接办理。

3）注册国内域名的企业，必须提供营业执照（副本）或事业法人证书，或单位依法注册登记的文件复印件（全部一式两份）。

（2）国际域名注册

1）国际域名的注册由专业的注册公司 ICANN（互联网域名与地址管理机构）统一管理。

2）ICANN 的中国代理商是中国频道，现在中国人申请国际域名最方便的方法就是去中国频道，使用中国频道开发的中国第一套全自动域名实时注册系统申请注册。

国内域名的有效期为一年，国际的为两年，期满后可以和注册机构续约。域名注册工作必须由服务商协助才能完成。如果申请了域名而没有及时交费，该域名只能保留 30 天，逾期未交费，则该域名自动失效。同样，第二年应该交费时，如果逾期，域名同样会被注销，因此按时交费是很重要的。

5.3　子网和子网掩码

5.3.1　子网概念

从 IP 地址中知道，每一个 A 类网络能容纳 16 777 214 台主机，这在实际应用中是不可能的。而 C 类网络的网络 ID 太多，每个 C 类网络只能容纳 254 台主机。在实际应用中，一般以子网的形式将主机分布在若干物理地址上。网络上常常需要将大型的网络划分为若干小网络，将这些小网络称为子网。

子网的产生能够增加寻址的灵活性。划分子网的作用主要有 3 点：一是隔离网络广播在整个网络的传播，提高信息的传输率；二是在小规模的网络中，细分网路，起到节约 IP 资源的作用；三是进行网段划分，提高网络安全性。

5.3.2　子网掩码

采用子网屏蔽码划分子网，也称为子网掩码（Subnet Masks）。TCP/IP 协议使用子网掩码判断目标主机地址是位于本地子网，还是位于远程子网。子网掩码同 IP 地址一样，由 4 组，每组 8 位，共 32 位二进制数字构成。其数字之间用“.”分隔。每一类的 IP 地址所对应的默认子网掩码如表 5–6 所示。

表 5–6　默认子网掩码对应表

类　别	默认子网掩码
A	255.0.0.0
B	255.255.0.0
C	255.255.255.0

5.3.3　子网划分

1. 使用默认子网掩码划分子网

划分子网就是使用主机 ID 字节中的某些位作为子网 ID 的一种机制。在没有划分子网时，一个 IP 地址可被转换成 2 个部分：网络 ID+主机 ID。划分子网后，一个 IP 地址就可以分为：网络 ID 十子网 ID 十主机 ID。

子网划分是通过借用 IP 地址的若干位主机位来充当子网地址从而将原网络划分为若干子网而实现的。划分子网时，随着子网地址借用主机位数的增多，子网的数目随之增加，而每个子网中的可用主机数逐渐减少。

将子网掩码与 IP 地址二进制进行逻辑与运算，运算后的结果中，非零的几组数值即为实际的网络 ID。例如，A，B 两台计首机，IP 地址分别为 201.191.65.2 及 201.190.65.3，使用默认子网掩码，均为 255.255.0.0，计算机 A 的网络 ID 如下所示。

201.191.65.2	11001001.	10111111.	01000001.	00000010
255.255.0.0	11111111.	11111111.	00000000.	00000000
201.191.0.0	11001001.	10111111.	00000000.	00000000

故计算机 A 的网络 ID 为 201.191。同理，可计算出计算机 B 的网络 ID 为 201.190。

两台计算机的网络 ID 不同，即使在同—交换机上，也不能直接通信。若要使 A，B 两台计算机能够通信，有两种方法可以实现。

方法一：修改 A，B 任何一台计算机的 IP 地址，使修改后的 IP 地址经子网掩码后，两台计算机的网络 ID 相同。

方法二：在两台计算机之间增加路由器。

2. 使用特殊子网掩码划分子网

子网划分是借助于取走主机位，把这个取走的部分作为子网位。因此这个意味划分越多的子网，主机将越少。

以 C 类子网为例。C 类网络中，若子网占用 7 位主机位时，主机位只剩一位，无论设为 0 还是 1，都意味着主机位是全 0 或全 1。由于主机位全 0 表示本网络，全 1 留作广播地址，这时子网实际没有可用主机地址，所以主机位至少应保留 2 位。

C 类子网划分，根据子网 ID 借用的主机位数，可以计算出划分的子网数、掩码、每个子网主机数，如表 5–7 所示。

表 5–7 C 类子网划分示例表

划分子网数	子网位数	子网掩码（二进制） 11111111.11111111.11111111.X	子网掩码（十进制） 255.255.255.X	每个子网主机数
1～2	1	10000000	128	126
3～4	2	11000000	192	62
5～8	3	11100000	224	30
9～16	4	11110000	240	14
17～32	5	11111000	248	6
33～64	6	11111100	252	2

【例 5.1】若一个网络主机其 IP 地址为 192.168.120.44，设定子网掩码为 255.255.255.248，其网络号、广播号以及该子网的主机 IP 地址范围分别是多少？

解：

首先，根据子网掩码可知，其前三位十进制为 255，转换为二进制为 11111111，和 IP 地址前三位与运算后结果不变，因此不用计算 IP 前三位。

其次，最后一位十进制为 248，转换为二进制为 11111000；IP 地址最后一位十进制为 44，转换为二进制为 101100（不足 8 位前面加 0 补齐）；与运算过程如下。

```
        11111000
与运算）00101100
----------------
        00101000 （网络号）
令：    00101111 （广播号）
```

广播号是从子网掩码 1 和 0 的分界点上起，前面为网络号（Net-id）段，后面为主机号（Host-id）段，令主机号码段全为 1，得出广播号。

再次，将上两个数值转化为十进制，知道网络号末位为 40 广播号末位为 47。即：192.168.120.40（网络号）和 192.168.120.47（广播号）。

最后，该子网的主机 IP 地址范围为网络号与广播号之间的部分为 192.168.120.41～192.168.120.46，共能容纳 6 台主机。

（1）子网划分的步骤或者说子网掩码的计算步骤如下。

① 确定要划分的子网数目以及每个子网的主机数目。

② 求出子网数目对应二进制数的位数 N 及主机数目对应二进制数的位数 M。

③ 对该 IP 地址的原子网掩码，将其主机地址部分的前 N 位置 1 或后 M 位置 0 即得出该 IP 地址划分子网后的子网掩码。

（2）子网划分的快速计算方法如下。

① 选择的子网掩码将会产生多少个子网？

2 的 x 次方−2（x 代表掩码位，即 2 进制为 1 的部分）。

② 每个子网能有多少主机？

2 的 y 次方−2（y 代表主机位，即 2 进制为 0 的部分）。

③ 有效子网是？

有效子网号=256−10 进制的子网掩码。

④ 每个子网的广播地址是？

广播地址=下个子网号−1。

⑤ 每个子网的有效主机分别是？

忽略子网内全为 0 和全为 1 的地址剩下的就是有效主机地址，最后有效 1 个主机地址=下个子网号−2（即广播地址−1）。

5.4 Internet 提供的功能与服务

5.4.1 Internet 提供的功能

Internet 是一个涵盖极广的信息库，它存贮的信息上至天文，下至地理，三教九流，无所不包，以商业、科技和娱乐信息为主。除此之外，Internet 还是一个覆盖全球的枢纽中心，通过它，您可以了解来自世界各地的信息、收发电子邮件、和朋友聊天、进行网上购物、观看影片片断、阅读网上杂志、还可以聆听音乐会。当然，还可以做很多很多其他的事。Internet的功能可以简单概括如下。

1. 信息传播

人们可以把各种信息任意输入到网络中，进行交流传播。 Internet 上传播的信息形式多种多样，世界各地用它传播信息的机构和个人越来越多，网上的信息资料内容也越来越广泛，越来越复杂。目前，Internet 已成为世界上最大的广告系统、信息网络和新闻媒体。现在，Internet除商用外，许多国家的政府、政党、团体利用它进行政治宣传。

2. 通信联络

Internet 有电子函件通信系统，你和他人之间可以利用电子函件取代邮政信件和传真进行联络。你甚至可以在网上通电话，乃至召开电话会议。

3. 专题讨论

Internet 中设有专题论坛组，一些相同专业、行业或兴趣相投的人可以在网上提出专题展开讨论，论文可长期存储在网上，供人调阅或补充。

4. 资料检索

由于有很多人不停地向网上输入各种资料，特别是美国等许多国家的著名数据库和信息系统纷纷上网，Internet 已成为目前世界上资料最多、门类最全、规模最大的资料库你可以自由在网上检索所需资料。目前，Internet 已成为世界许多研究和情报机构的重要信息来源。

总之，Internet 能使现有的生活、学习、工作以及思维模式发生根本性的变化，使人们可以坐在家中就能够和世界交流。有了 Internet，世界真的变小了，Internet 改变人们的生活。

5.4.2 Internet 提供的服务

Internet 是怎样完成上述功能的呢？那就是它所提供的服务了。互联网所提供的服务有很多种，其中大多数都是免费的，但随着互联网的发展，商业化的服务会越来越多。目前比较重要的服务包括万维网（Word Wide Web）WWW 服务、电子邮件服务、远程登录服务和文件传输服务等。

1. WWW 服务

WWW 是基于客户机/服务器方式的信息发现技术和超文本技术的综合。WWW 服务器通过 HTML 超文本标记语言把信息组织成为图文并茂的超文本；WWW 浏览器则为用户提供基于 HTTP 超文本传输协议的用户界面。用户使用 WWW 浏览器通过 Internet 访问远端 WWW 服务器上的 HTML 超文本。

（1）超文本标记语言（HTML）、超文本与超媒体。超文本标记语言，是互联网的标准语言，可以把不同的信息通过链接的方式组织在一起。使用 HTML 语言开发的 HTML 超文本文件一般具有.htm（或.html）后缀。支持不同方式创建 HTML 文档，可用记事本、Microsoft Front page、Dream weaver 等多种编辑器编辑；还可利用一些专门的工具软件来完成各种类型的文件向 HTML 文件的转换。

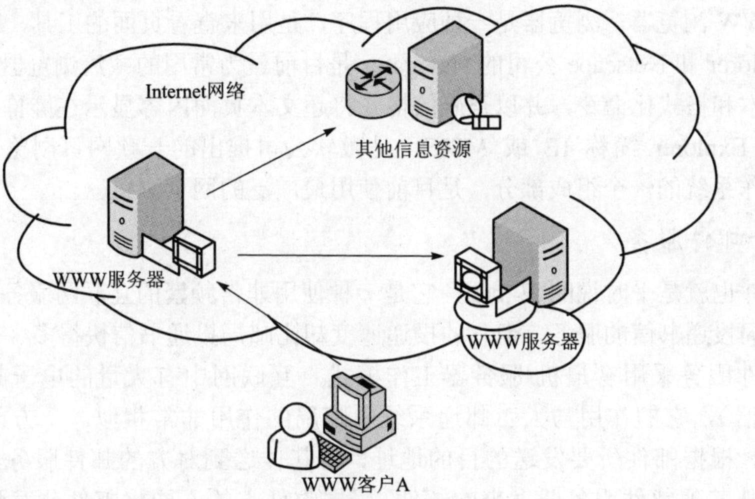

图 5–3　WWW 服务示意图

超文本和超媒体是 WWW 的信息组织形式。一个超文本由多个信息源组成，而这些信息源的数目是不受限制的，得用一个链接可以使用户找到另一个文档。因此，超文本的阅读方式与普通文本的阅读方式是不同的，普通文本一般采用线性浏览；而超文本可采用非线性浏览。

超媒体与超文本的区别在于：超媒体文档包含的信息的表达方式更为丰富，除了文本信息外，还包含了其他的信息表示方式，如图形、声音、动画、视频等。

（2）统一资源定位符（Uniform Resource Locators，URL）。互联网中客户机上的 WWW 浏览器要找到服务器上的 WWW 文档都必须使用统一资源定位符。Web 服务使用统一资源定位符来标识 Web 站点上的各种文档。由于对于不同对象的访问方式不同，所以 URL 还指出读取某个对象时所使用的协议类型。常用形式为

<协议类型>://<主机>:<端口><路径及文件名>。

上式中，<协议类型>主要有如表 5–8 所示的几种。其中，<主机>一项是必须的，<端口>和<路径及文件名>有时可省略。

表 5–8　URL 可指定的协议类型

协 议 类 型	作　　用
http	通过 HTTP 协议访问 WWW 服务器
ftp	通过 FTP 协议访问 ftp 服务器
news	通过 NNTP 协议访问 news 服务器
gopher	通过 GOPHER 协议访问 gopher 服务器
telnet	通过 TELNET 协议远程登录
file	在所联的计算机上获取文件

例如，http://www.baidu.com :80/news/3271.html。

↓　↓　↓　↓

<协议类型>　<主机> <端口> <路径及文件名>

（3）WWW 浏览器。浏览器是一种应用程序，是用来查看页面的工具，Microsoft 公司的 Internet Explorer 和 Netscape 公司的 Navigator 是目前最为常用的主流浏览器。它根据页面的要求解释文本和格式化命令，并以正确的格式将超文本页面内容显示在屏幕上。

Internet Explorer 简称 IE 或 MSIE，是微软公司推出的一款网页浏览器，它是新版本 Windows 操作系统的一个组成部分，是目前使用最广泛的网页浏览器。

2. 电子邮件服务

电子邮件也就是平时说的 E-mail，它是一种使用非常频繁的互联网服务，它所提供的服务类似于邮局投递书信的服务，但它的投递速度却比邮局投递书信快得多、便宜得多。

电子邮件服务采用客户机/服务器工作模式。互联网中有大量的电子邮件服务器（简称邮件服务器），它的作用与人工邮递系统中邮局的作用非常相似。一方面负责接收用户送来的邮件，根据邮件所要发送的目的地址，将其传送到对方的邮件服务器中。另一方面它负责接收从其他邮件服务器发来的邮件，根据收件人的不同将邮件分发到相应的电子邮箱中。

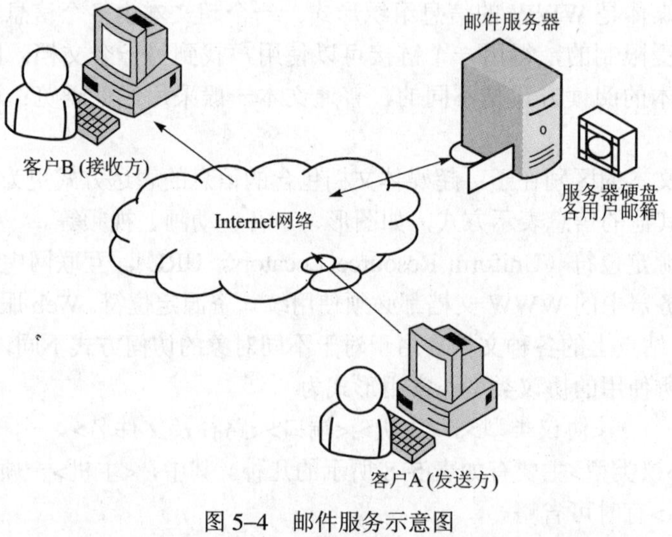

图 5–4 邮件服务示意图

如果某个用户要利用一台邮件服务器发送或接收邮件，则该用户必须在该服务器中申请一个合法的账号，包括用户名和密码。一旦用户在一台邮件服务器中拥有了账号，即在该台邮件服务器中拥有了自己的电子邮箱（简称邮箱）。其他用户可以向该邮件地址发送邮件，并由邮件服务器分发到邮箱中。邮箱是在邮件服务器中为每个合法用户开辟的一个存储用户邮件的空间，类似人工邮递系统中的信箱。不同之处在于：人工邮递系统中信箱是公用的，而电子邮箱是私人的，需要同时拥有用户名和密码才能登录。

在互联网中每个用户的邮箱都有一个全球唯一的邮箱地址，即用户的电子邮件地址。E-mail 地址具有统一的标准格式：用户名@主机<域名>。例如，

Rose @ 163.com。

↓ ↓

用户名 主机<域名>

电子邮件应用程序的基本功能有两点：① 创建和发送邮件功能；② 接收、阅读和管理邮件功能。目前最为常用的邮件应用程序为 Outlook Express，简称 OE，是微软公司推出的邮件应用程序，随 Windows 操作系统发售，是目前使用较多的离线浏览器。

3. 远程登录服务

远程登录是指用户使用 Telnet 命令，使自己的计算机暂时成为远程主机的一个仿真终端的过程。仿真终端等效于一个非智能的机器，它只负责把用户输入的每个字符传递给主机，再将主机输出的每个信息回显在屏幕上。

使用 Telnet 协议进行远程登陆时需要满足三个条件：

- 在本地计算机上必须装有包含 Telnet 协议的客户程序；
- 必须知道远程主机的 IP 地址或域名；
- 必须知道登录标识与口令。

Telnet 远程登录服务分为以下 4 个过程。

（1）本地与远程主机建立连接。该过程实际上是建立一个 TCP 连接，用户必须知道远程主机的 IP 地址或域名。

（2）将本地终端上输入的用户名和口令及以后输入的任何命令或字符以 NVT（Net Virtual Terminal）格式传送到远程主机。该过程实际上是从本地主机向远程主机发送一个 IP 数据报。

（3）将远程主机输出的 NVT 格式的数据转化为本地所接受的格式送回本地终端，包括输入命令回显和命令执行结果。

（4）本地终端对远程主机进行撤销连接。该过程是撤销一个 TCP 连接。

在互联网中，有很多信息服务机构提供开放式的远程登录服务，登录这样的服务器无须事先设置用户账户，使用公开的用户名就可以登录系统。

一旦登录成功，用户就可以像远程主机的本地终端一样进行工作，使用远程主机对外开放的软件、硬件、数据等全部资源。例如，用户可以远程检索大型数据库、数字图书馆的信息资源库或其他信息。

4. 文件传输服务

（1）FTP。文件传输协议（File Transfer Protocol，FTP）使用户可以很容易地与他人分享资源，所以目前仍在广泛使用。它为计算机之间双向文件传输提供了一种有效手段。利用它可以上传（upload）或下载（download）各种类型的文件，包括文本文件、二进制文件，以及语音、图像和视频文件等。

和其他 Internet 应用一样，FTP 也是依赖于客户机/服务器关系的概念。使用 FTP 时必须首先登录，在远程主机上获得相应的权限以后，方可上传或下载文件。也就是说，要想同哪一台计算机传送文件，就必须具有哪一台计算机的适当授权。换言之，除非有用户 ID 和口令，否则便无法传送文件。这种情况违背了 Internet 的开放性，Internet 上的 FTP 主机，不可能要求每个用户在每一台主机上都拥有账号。因此，互联网上大多数 FTP 服务器都提供一种匿名 FTP 服务。

（2）匿名 FTP 服务。匿名 FTP 服务是这样一种机制：用户可通过它连接到远程主机，并从其下载文件，而无需成为其注册用户；系统管理员建立了一个特殊的用户 ID，通常称之为匿名账号，账号名为 anonymous，其口令为 guest，Internet 上的任何人在任何地方都可使用该账号登录。

值得注意的是，匿名 FTP 不适用于所有 Internet 主机，它只适用于那些提供了这项服务的主机。

（3）FTP 客户端应用程序。互联网用户使用的 FTP 客户端应用程序通常有 3 种类型。

① 传统的 FTP 命令行

这种方法是在 MS-DOS 的窗口中自己输入命令，命令较多，不便于记忆，所以一般不常用这种方法。

② 浏览器

在浏览器地址栏输入类似“ftp://主机名”的命令，输入用户名、密码后便可连接至目标主机，进行 FTP 访问。

③ FTP 上传下载工具

现在绝大多数 FTP 服务都通过 FTP 应用软件来完成，如：Cute FTP，Leap FTP，Flash FXP 等。

5. 其他服务

互联网除了以上提到的常规服务外，还有许多其他服务。

（1）搜索引擎。搜索引擎（Search Engines）是一种对互联网上的信息资源进行搜集整理，然后供人们查询的系统，它包括信息搜集、信息整理和用户查询 3 部分。常用的搜索引擎包括雅虎、百度、搜狗、Google 等。

（2）BBS 论坛。BBS 论坛（Bulletin Board System，BBS）提供了一种讨论式的多人交流方式。早期的 BBS 都是字符方式的，现在大多是图文并茂。在这个环境中，人们一般是针对某一主题发表个人的看法，内容可长可短，讨论的主题很宽，主要有理论、技术、观点等。例如，一个关于中小学信息化教育的论坛，左边一列是每一个人发表言论的标题，单击链接可以看到每一标题下的具体内容。

（3）网上聊天室。聊天室（Chat Room）是众多网友聚会的地方，在这里可以海阔天空地泛泛而谈，也可以就某个问题进行深入的探讨，既可以抒发喜悦的情怀，也可以发泄心中的郁闷。当然，在这个虚拟的社区中，还应该遵守一定的道德规范和一些必要的规则。目前基于 Web 方式的聊天室，具有界面友好及登录操作简便等特点，容易被大家接受。

（4）即时信息。即时信息（Instant messaging，IM），指可以在线实时交流的工具，也就是通常所说的在线聊天工具。即时信息早在 1996 年就开始流行了，当时最著名的即时通信工具为 ICQ。ICQ 最初由三个以色列人所开发，1998 年被美国在线收购，现在仍然是最受欢迎的即时聊天工具，到 2003 年年底，全球的 ICQ 用户数量超过 15 亿，其中 60%以上分布在美国之外的世界各国。目前在互联网上受欢迎的即时通讯软件包括：百度 hi，QQ，MSN Messenger，ICQ，阿里旺旺等。

（5）电子商务。电子商务（E-Business）这一信息时代的宠儿，曾在世纪之交掀起了流通领域的一场革命。它代表着全球信息经济发展的趋势和潮流，正在成为全球化经济贸易新的“游戏规则”。目前依托在互联网上的电子商务大致可以分为信息服务、电子货币购物和贸易、电子银行与金融服务 3 方面。电子商务的出现，将有助于降低交易成本、改善服务质量、提高企业的竞争力。目前中国政府正在制定电子商务的法律法规，健全市场体系，大力提高企业的信息化程度，促进电子商务在中国健康发展。

随着互联网技术的日新月异，其提供的新服务越来越多，服务的范围也越来越广。

5.5 Internet 接入方式

接入 Internet 的用户可分为两种类型：一种是作为最终用户来使用 Internet 提供的丰富的信息服务；另一种是出于商业目的而成为 Internet 服务提供商（Internet Server Provider，ISP），即相当于 Internet 的下级代理。

（1）ISP 的作用。ISP 是用户接入 Internet 的入口，它有两方面的作用：

- 为用户提供互联网接入服务；
- 为用户提供各种类型的信息服务，如电子邮件服务、信息发布代理服务等。

目前国内向全社会正式提供商业 Internet 接入服务的主要有 China Net（中国公用计算机互联网，由电信部门管理）和 China GBN（中国金桥信息网，由吉通公司承建并管理）。普通用户（个人或单位）可直接通过 China Net 接人，如网内的 163 用户便是如此，当然也可以选择 China GBN 接人。除此之外，CERNET（中国教育科研计算机网，主控中心设在清华大学网络中心）和 CSTNET（中国科学技术网，由中科院管理）主要供国内的学校、科研院所和政府管理部门接入使用。

（2）接入方式。Internet 的最终用户分为两种。一种是单机个人用户，从事的业务范围比较小；另一种则是公司和单位用户，它们通过把自己的局域网连到 Internet 上，享受 Internet 的服务。在选择了合适的 ISP 后，用户可根据规模及用途等方面的要求，选择不同的接入方式。

目前常用的接入方式大体可分为专线接人方式和拨号接入方式 2 大类。

1）专线接入方式

专线接入方式是指用户与 ISP 之间通过专用线路连接。一些大的公司或单位建有自己的局域网，它们通常直接到当地的 ISP 处租用一条专线，将整个局域网接入 Internet。专线接入又分为模拟专线（Analog Leased Line）接入和数字专线（Digital Leased Line）接入两种。

① 模拟专线接入

模拟专线线路上传输的是模拟信号，信号发送和接收之间要经过两次数字与模拟信号间的转换，必须安装调制解调器等数/模转换设备。所以工作效率较低，可靠性较差。模拟专线一般只用于对传输速率要求不太高或基础设施较差的环境。

② 数字专线接入

数字专线线路上直接传输的是数字信号，一般采用光纤、卫星及微波等作为传输介质。使用路由器等数字设备。数字专线具有传输质量好、传输速率高和传输距离长等优点。

2）拨号接入方式

拨号接入方式是目前使用最为广泛且连接最为简单的一种 Internet 接入方式。用户只需要一台 PC，在安装配置了调制解调器等连接设备后，就可通过普通的电话线接入 Internet。随着技术的发展，拨号接入也出现过两种不同的工作方式：拨号终端方式和拨号 SLIP/PPP 方式。

① 拨号终端方式

拨号终端方式也称为仿真终端方式，利用仿真软件将用户端的计算机仿真成为主机（Host）的一个终端，访问主机上的有关资源。这种接入方式在用户端没有固定的 IP 地址，对 WWW 服务功能的支持也较差，只能使用 E-mail 和文件传输等简单的功能，现在已被拨号 SLIP/PPP 方式所取代。

② 拨号 SLIP/PPP 方式

拨号 SLIP/PPP 方式是两个通信协议，都是用于将一台计算机通过电话线连入 Internet 的远程访问协议。串行线路网际协议（Serial Line Internet Protocol，SLIP）出现的时间较早，功能比较简单。点对点协议（Point-to-Point Protocol，PPP）出现得较晚，与 SLIP 相比，功能较为强大。

注意

普通用户，不管是单位用户还是个人用户，接入 Internet 的方式有很多种，选择什么样的接入方式，取决于用户对网络的需求和在网络上产生的数据流量。

本章小结

本章主要讲述了以下一些内容。

（1）互联网是一个由多个网络或网络群体通过网络互联设备连接而成的大型网络。主要由通信线路、路由器、服务器与客户机、信息资源 4 部分组成。连入互联网的所有计算机都要遵循一定的规则，这个规则就是 TCP/IP。

（2）Internet 网络上每台主机都必须有一个地址，称为 IP 地址。IP 地址是 Internet 主机的一种数字型标识。它由 2 部分组成：一部分是网络标识（Net Id），又称网络号；一部分是主机标识（Host Id），又称主机号。

（3）子网划分是通过借用 IP 地址的若干位主机位来充当子网地址从而将原网络划分为若干子网而实现的。划分子网时，随着子网地址借用主机位数的增多，子网的数目随之增加，而每个子网中的可用主机数逐渐减少。

（4）互联网的域名结构由 TCP/IP 协议集的域名系统进行定义，其作用是提供域名和 IP 地址的映射-域名解析。

（5）两台计算机的网络 ID 不同，即使在同一交换机上，也不能直接通信。若要使 A，B 两台计算机能够通信，有两种方法可以实现。方法一：修改 A，B 任何一台计算机的 IP 地址，使修改后的 IP 地址经子网掩码后，两台计算机的网络 ID 相同。方法二：在两台计算机之间增加路由器。

（6）超文本的阅读方式与普通文本的阅读方式是不同的，普通文本一般采用线性浏览；而超文本可采用非线性浏览。

（7）Internet 是所提供的服务比较重要的服务包括 WWW 服务、电子邮件服务、远程登录服务和文件传输服务等。互联网中客户机上的 WWW 浏览器要找到服务器上的 WWW 文档都必须使用统一资源定位符。

（8）ISP 是用户接入 Internet 的入口，是 Internet 服务提供商。目前常用的接入方式大体可分为专线接人方式和拨号接入方式两大类。

习　题　五

一、选择题

1. 常见的传输媒体有：双绞线、同轴电缆、（　　）、无线媒体。

A. 光缆　　B. 电话线　　C. 微波传输　　D. 电视线路

2. 教育机构使用的顶级域名为（　　）。

A. com　　B. net　　C. edu　　D. gov

3. 某用户在域名为 mail.777.net 的邮件服务器上申请了一个账号，账号名为 wang，那么该用户的电子邮件地址是（　）。

A. mail.777.net@wang　　B. mail.777.net%wang

C. wang% mail.777.net　　D. wang @ mail.777.net

4. 下面说法中正确的是（　　）。

A. HTTP 是超媒体传输协议　　B. HTML 是超文本编程语言

C. ISP 是互联网内容提供者　　D. URL 是统一资源定位器

5. 客户机通过浏览器与 WWW 服务器之间通信，获取网页内容使用的传输协议是（　　）。

A. FTP　　B. POP3　　C. HTTP　　D. SMTP

二、填空题

1. 从使用角度考虑，互联网是一个__________，是由大量计算机通过连接在单一、无缝的通信系统上而形成的一个全球范围的信息资源网络。

2. 互联网可分为 3 层：________、________和________。

3. 互联网主要由________、________、________、________4 部分组成。

4. 顶级域的划分采用了 2 种模式，即________（前七个域）和________（其余）。

5. 目前常用的接入方式大体可分为__________和__________2 大类。

三、问答题

1. 什么是互联网？其组成部分有哪些？

2. IP 地址的分类及其特点？

3. 什么是 URL？其常用的形式是什么？

4. 分别概述 Internet 的服务有哪些？

5. 什么是 ISP？其作用是什么？

第 6 章　网络操作系统及应用

本 章 提 示

本章主要对网络操作系统（Network Operating System，NOS）功能、发展、常用网络操作系统、Windows 2003 Server 安装作了简要阐述，同时介绍了 Windows 2003 Server 文件系统、账号和组的管理、远程桌面及网络共享设置等基本知识。

教 学 要 求

掌握网络操作系统功能、特点，了解其产生与发展历程及常用的网络操作系统，掌握 Windows 2003 Server 安装、文件系统、账号和组的管理、远程桌面及网络共享设置等基本知识。

内 容 框 架 图

计算机网络概论
- 网络操作系统概述
- 网络操作系统的安装
- Windows的文件系统
- Windows 2003 Server账号和组的管理
- Windows 2003的远程桌面及网络共享

6.1　网络操作系统概述

6.1.1　网络操作系统的定义

网络操作系统是网络的心脏和灵魂，是向网络计算机提供特殊服务的操作系统，一般运行在网络服务器上，在整个网络中占主导地位，它指挥和监控整个网络的运转。网络操作系统指的是使网络上的计算机能方便而有效的共享网络资源，为网络用户提供所需的各种服务软件和相关协议的集合，是网络用户与网络系统之间的接口。通常的操作系统具有处理器管理、存储器管理、设备管理及文件管理，而网络操作系统除了具有上述的功能外，还具有提供高效而有可靠的网络通信能力和多种网络服务的功能。

6.1.2　网络操作系统的发展

网络操作系统可分成两类：面向任务型的网络操作系统和通用型的网络操作系统；前者是针对某一种特殊的网络应用要求而设计；后者提供基本的网络服务功能，以满足各个领域应用的需求，例如，NetWare，Windows NT/2000 Server 等。通用型局域网操作系统又可以分为变形级系统和基础级系统两类。变形级系统是在原有单机操作系统的基础上，通过增加网络服务功能所构成的局域网操作系统，基础级系统则是以计算机裸机的硬件为基础，根据网络服务的特殊要求直接利用计算机硬件和少量软件资源进行设计的局域网操作系统。

早期的网络操作系统比较简单，只是在单机操作系统上附加了通信功能。进入 20 世纪 90 年代后，网络操作系统技术迅速发展，功能非常丰富，性能也更加完善，同时也变得更为复杂。纵观十几年网络操作系统的发展，它经历了从对等结构向今天的非对等结构演变的过程，其演变过程如图 6–1 所示。

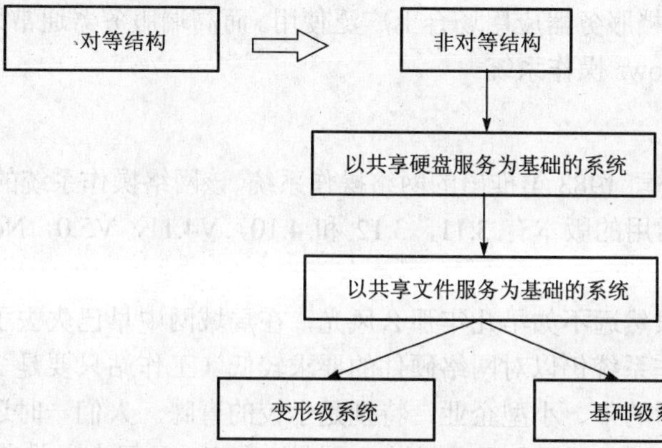

图 6–1　NOS 的演变过程

6.1.3　网络操作系统基本功能

尽管不同的网络操作系统具有不同的特点，但它们提供的网络功能都有很多的相同点。一般来说，网络操作系统的功能（或任务）应有以下几个方面。

1. 网络通信

这是网络最基本的功能。其任务是实现发送方主机和接收方主机之间无差错的数据传输，为此，应具有以下功能：建立和拆除通信线路；控制数据传输；对传输数据进行差错检测和纠正；控制数据传输流量；选择适当的传输路径。

2. 资源管理

对网络中的共享资源（包括硬件和软件）实施有效的管理，协调各用户对共享资源的使用，保证全网范围内对资源的管理和使用，对数据存取方法的一致性，保证信息的安全性，并允许入网计算机自主地工作。

3. 网络服务

为方便用户使用，应向用户提供多种有效的网络服务，主要有：电子邮件服务，文件传输，存取和管理服务，共享硬盘服务，共享打印服务等。

4. 网络管理

网络管理最基本的任务是安全管理。通过“存取控制”保证数据存取的安全性；通过“容错技术”保障系统的可靠性。还应提供对网络性能进行监视、统计、调整、维护及报告等功能。

6.1.4 常用网络操作系统简介

目前局域网中主要存在以下几类网络操作系统。

1. Windows 类

这是全球最大的软件开发商——Microsoft（微软）公司开发的。微软的网络操作系统主要有：Windows NT 4.0，Windows 2000，Windows 2003，这三种网络操作系统主要面向应用处理领域，特别适合于客户机/服务器模式。目前在数据库服务器，部门级服务器，企业级服务器，信息服务器等中低档服务器应用场合上广泛使用。而高端服务器通常采用 UNIX，Linux 或 Solairs 等这些非 Windows 操作系统。

2. NetWare 类

NetWare 是 Novell 公司 1983 年推出的网络操作系统，该网络操作系统的流行比 Microsoft 公司的产品要早。目前常用的版本有 3.11，3.12 和 4.10，V4.11，V5.0，NetWare6 等中英文版本。

NetWare 操作系统虽然远不如早几年那么风光，在局域网中早已失去了当年雄霸一方的气势，但是 NetWare 操作系统仍以对网络硬件的要求较低（工作站只要是 286 机就可以了）而受到一些设备比较落后的中、小型企业，特别是学校的青睐。人们一时还忘不了它在无盘工作站组建方面的优势，还忘不了它那毫无过份需求的大度。且因为它兼容 DOS 命令，其应用环境与 DOS 相似，经过长时间的发展，具有相当丰富的应用软件支持。NetWare 服务器对无盘站和游戏的支持较好，常用于教学网和游戏厅。

3. UNIX 系统

UNIX 系统是由 AT&T 和 SCO 公司推出网络操作系统，目前常用的 Unix 系统版本主要有：Unix SUR4.0，HP-UX 11.0，SUN 的 Solaris8.0 等。UNIX 系统支持网络文件系统服务，提供数据等应用，可以有效的支持多任务和多用户工作，适合在 RISC 等高性能平台上运行，系统稳定和安全性能非常好。但由于它多数是以命令方式来进行操作的，不容易掌握，特别是初级用户。正因如此，小型局域网基本不使用 Unix 作为网络操作系统，Unix 一般用于大型的网站或大型的企及事业局域网中。

4. Linux

这是一种新型的网络操作系统，它的最大的特点就是源代码开放，可以免费得到许多应用程序。目前也有中文版本的 Linux，如 REDHAT（红帽子），红旗 Linux 等。在国内得到了用户充分的肯定，主要体现在它的安全性和稳定性方面，它与 Unix 有许多类似之处。但目前这类操作系统主要应用于中、高档服务器中。

6.1.5 网络操作系统发展方向

当今网络发展的一个重要方向是开放式的网络体系结构。所谓开放式的网络体系结构，是指不同厂家的计算机、不同的操作系统环境和不同的拓扑结构及通信协议的网络可以连成一个统一的环境。这就是网络操作系统厂家提出的新策略——开发一个公共网络操作系统（CNOS）。尽管网络计算处理的主流将不会基于 NOS，但 CNOS 将提供一个易管理的传送基础和系统管理及相应的管理工具，用以桌面集成和后台应用。CNOS 的成功实现将为通用商品、专有产品和异构的多厂家网络计算提供唯一的集成。

在未来的网络操作系统中，原有的基本的服务器技术将发生变化。一方面，由于所存取的数据类型发生了变化，也就是说，不仅仅限于传统的文本，还涉及了高分辨率的图形、图像和声音等；另一方面，由于新的应用软件的发展的需求。因而，网络操作系统中传统的存储、检索和输出技术需要进行更新，而且还要为用户提供更高层次的网络应用 API。新的网络计算模型将迫使销售商将他们的产品开发成一个具有透明性、易管理及具有高速存储能力的应用软件。也就是说，除了提供文件、打印机共享和传输服务外，还应提供高水平的网络 API，以及在此 API 下先进的目录、安全和管理服务；同时，要求这些服务独立于 API 和底层技术。

总而言之，未来的网络操作系统可能将是当今流行的网络操作系统的混合体。因为不存在一个对某一指定需求绝对正确或错误的产品；同时，用户对产品之间互操作性的要求也将增强创建一个混合产品的可行性。不管网络操作系统市场上的“和平共处”达到何种程度，有一点是可以肯定的，即网络计算的成功，将依赖于网络操作系统的高速发展和功能完善。

6.2 Windows Server 2003 系统安装

6.2.1 Windows Server 2003 家族版本介绍

Windows Server 2003 是 Microsoft（微软）公司继 Windows NT，Windows 2000 之后，在网络操作系统市场上的又一里程碑式的产品。在 Windows Server 2003 中继承和发展了 Windows 2000 的优良特性，如安全性、可靠性、可用性和可伸缩性。还融合了 Windows XP 的易用性、人性化和智能化，并在此基础上提供了更丰富的功能和更稳定的内核，非常适合于搭建中小型网络中的各种网络服务。此外，对.NET Framework 1.1 的完美支持是其最大的变化，提供了从开发、部署到管理的最佳解决方案。它是微软精心打造并寄予厚望的一款重要产品。Windows Server 2003 系列由 Windows Server 2003 标准版、Windows Server 2003 企业版、Windows Server 2003 数据中心版、Windows Server 2003 Web 版这 4 款定位不同的操作系统构成。

1. Windows Server 2003 标准版

Windows Server 2003 标准版是专门为小型企业单位和部门提供的一款操作系统。它提供的功能包括：智能文件和打印机共享、安全 Internet 连接、集中式的桌面应用程序部署以及连接职员、合作伙伴和顾客的 Web 解决方案等。

2. Windows Server 2003 企业版

是针对大中型企业而设计的服务器操作系统，它可以运行联网、消息传递、清单和顾客服务系统、数据库、电子商务 Web 站点以及文件和打印服务器等应用程序。

3. Windows Server 2003 数据中心版

Windows Server 2003 数据中心版为了实现最高可伸缩性和可靠性而设计，是针对要求最高级别的企业设计的，它可以为数据库、企业资源规划软件、大容量实时事务处理以及服务器合并提供解决方案。Datacenter 版支持更强大的多处理方式和更大的内存。

4. Windows Server 2003 Web 版

Windows Server 2003 Web 版是为专用的 Web 服务和宿主设计的，它为 ISP、应用程序开发人员以及其他使用或部署特定 Web 功能的人提供了一个单用途得解决方案。Windows Server 2003 Web 版利用了 IIS6.0、ASP.net 和.NET Framework 中的改进，使构建和承载 Web 应用程序、网页和 XML Web 服务更加容易。

6.2.2 Windows Server 2003 功能简介

Windows Server 2003 是一个多任务多用户的操作系统，它能够按照用户的需要，以集中或分布的方式担当各种服务器角色。其中的一些服务器角色包括：

（1）文件和打印服务器；
（2）活动目录（AD）服务器；
（3）Web 服务器和 FTP 服务器；
（4）DNS 服务器和 WINS 服务器；
（5）动态主机配置协议（DHCP）服务器；
（6）邮件服务器；
（7）终端服务器；
（8）远程访问/虚拟专用网络服务器；
（9）流媒体服务器。

由 Windows Server 2003 操作系统建立的服务器，不仅功能强大，而且维护便利，是当今企业级服务器市场上应用得主流产品之一。

6.2.3 Windows Server 2003 安装

1. 硬件要求

在打算将 Windows Server 2003 某个版本安装到计算机上时，必须清楚目标计算机是否满足安装所需的最小硬件配置，Windows Server 2003 各版本对硬件要求如表 6–1 所示。

表 6–1 Windows Server 2003 各版本对硬件要求

版本 \ 要求	推荐 CPU 速度（MHz）	最小内存（MB）	推荐最小内存（MB）	支持处理器数目（个）	最少磁盘空间（GB）
标准版	550	128	256	≤4	1.5

续表

要求 版本	推荐 CPU 速度（MHz）	最小内存（MB）	推荐最小内存（MB）	支持处理器数目（个）	最少磁盘空间（GB）
企业版	733	128	256	≤8	1.5
数据中心版	733	512	1	≤64	1.5
Web 版	550	128	256	≤2 个	1.5

2. 安装方式

Windows Server 2003 常规安装方式可分为 2 种：“升级安装”和“全新安装”。

升级安装可以将 Windows NT，Windows 2000 Server 等操作系统升级到 Windows Server 2003。完成升级安装后，原系统内的用户账户、组账户，系统设置和权限设置都将被保留。原有的应用程序也不需要重新安装。

全新安装就是格式化后安装，要求从头完成系统安装，安装过程较为彻底，但安装完成后要进行驱动安装、应用程序安装、系统配置等工作，工作量较大。

下面就以全新安装为例简单介绍 Windows Server 2003 的安装过程。

3. 安装过程

（1）在启动计算机的时候，进入 CMOS 设置，把系统启动选项改为光盘启动，保存配置后放入系统光盘，重新启动计算机，让计算机用系统光盘启动。启动后，系统首先要读取必须的启动文件，接下来询问用户是否安装此操作系统，按回车键确定安装，按 R 键进行修复，按 F3 键退出安装，如图 6–2 所示。

（2）必须按回车键确认安装，接下来出现软件的授权协议，必须按 F8 键同意其协议方能继续进行，接着搜索系统中已安装的操作系统，并询问用户将操作系统安装到系统的哪个分区中，如果是第一次安装系统，那么用光标键选定需要安装的分区，如图 6–3 所示。

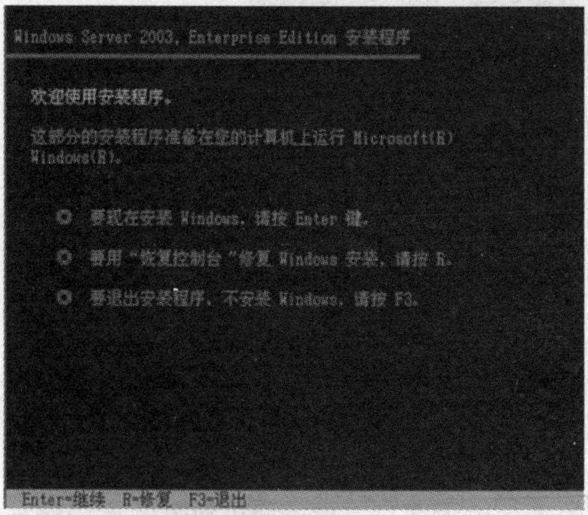

图 6–2　开始安装

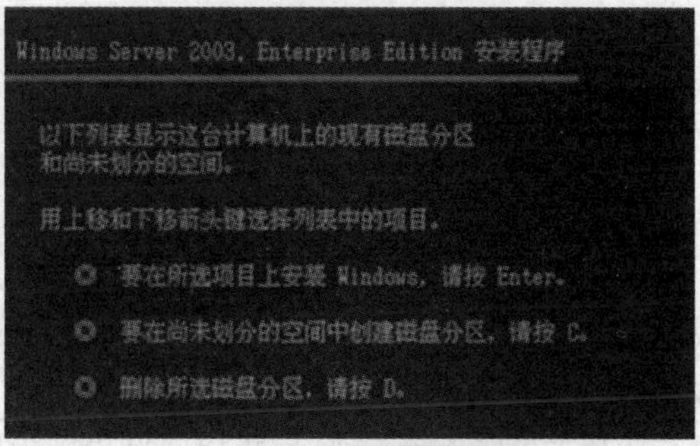

图 6–3　为磁盘分区

（3）在图 6–3 所示界面中按 C 键，并输入分区的大小创建分区。为系统选择所在分区，按回车键后出现图 6–4 所示界面，建议格式化为 NTFS 格式。

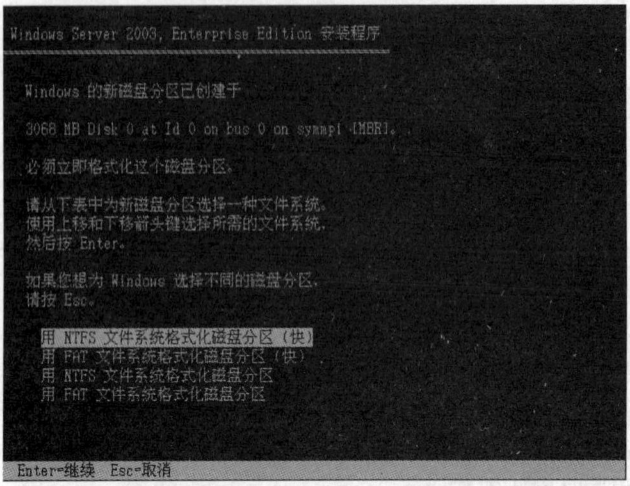

图 6–4 分区格式化

（4）安装程序复制文件到磁盘，如图 6–5 所示。

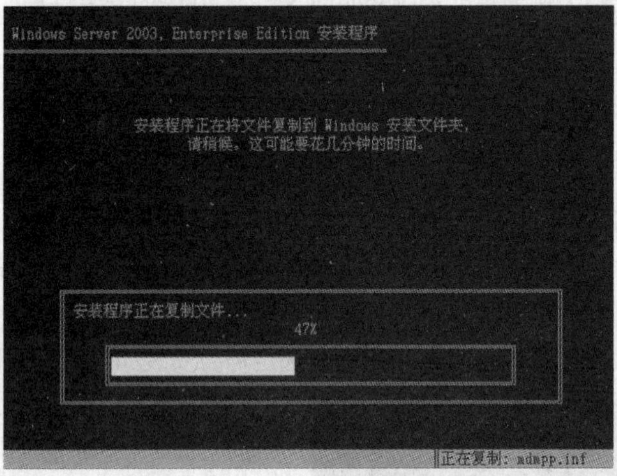

图 6–5 文件复制

（5）文件复制结束后，计算机重启。蓝屏方式下安装结束，进入图形界面下继续安装。如图 6–6 所示。

（6）后面是系统语言选择（一般默认）、用户信息的配置，产品密匙等，如图 6–7 和图 6–8 所示。

（7）接着是选择“授权模式”，如图 6–9 所示。授权访问指得是在服务器操作系统与用户或设备之间的用户或应用程序凭据交换。Windows Server 2003 有两种“授权模式”，即“每服务器”和“每设备或每用户”。

选择“每服务器”，是指将访问许可证分配给当前的服务器，超过授权数量的连接将被拒绝。每服务器的许可证模式适合用于网络中拥有很多客户端，但在同一时间“同时”访问服务器的客户端数量不多时采用，并且每服务器的许可证模式也适用于网络中服务器的数量不多时采用。

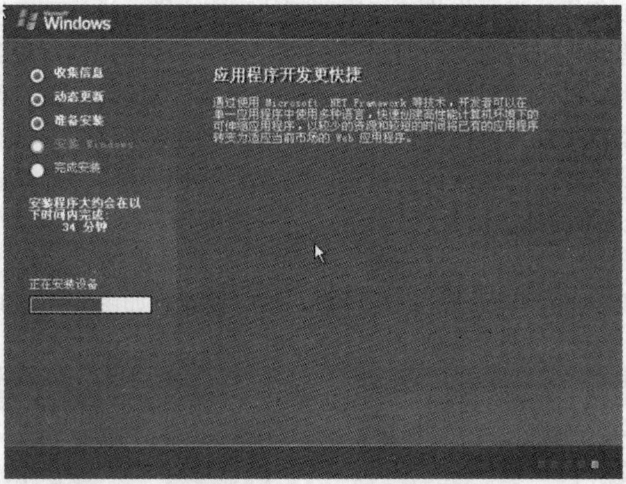

图 6–6　图形界面下的安装

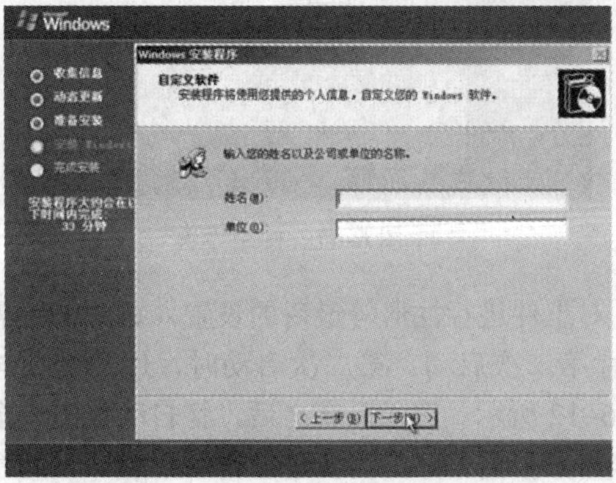

图 6–7　输入姓名和单位

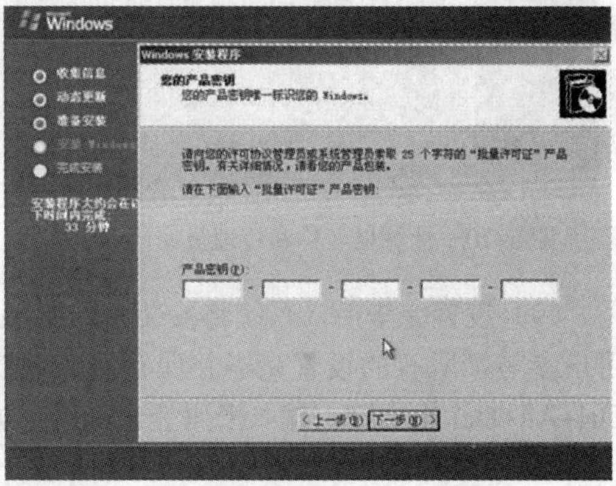

图 6–8　输入产品密匙

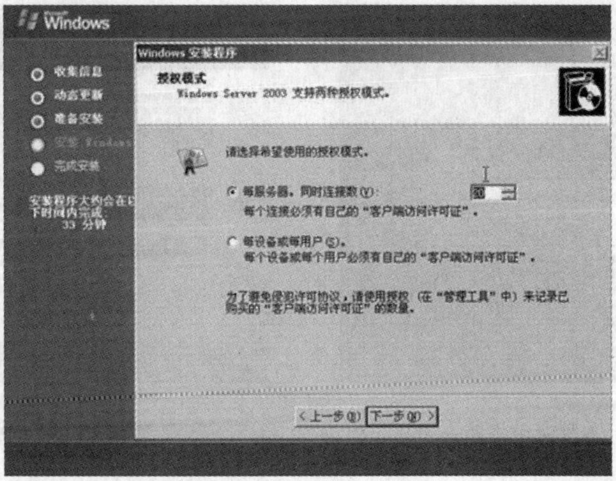

图 6–9　授权模式选择

选择“每设备或每用户”是指将访问许可证放到客户端，该许可证模式适用于企业中有多台服务器，并且客户端“同时”访问服务器的情况较多时采用。每设备或每用户模式中，每个访问或使用服务器的设备或用户都需要单独的客户端访问许可证。使用一个客户端访问许可证，特定的设备或用户可以连接到环境中任何数量的服务器。

一般来讲，建议选择“每服务器”模式，因为用户可以将许可证模式从“每服务器”转换为“每客户”，但是不能从“每客户”转换为“每服务器”模式，以后可以免费转换为“每客户”模式。

（8）接着是计算机名称和管理员密码设置、网络设置，如图 6–10 和图 6–11 所示。

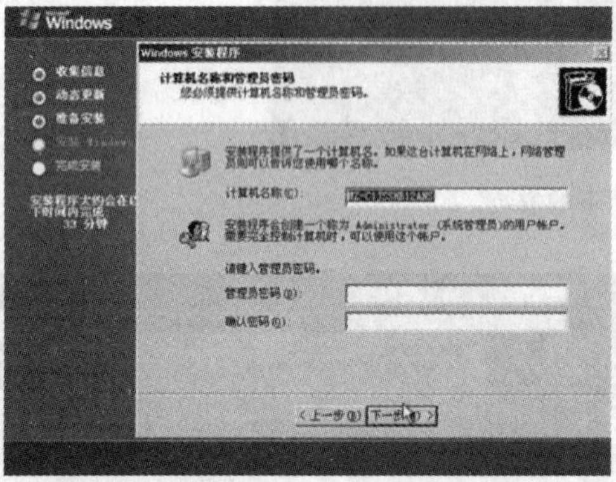

图 6–10　计算机名称和管理员密码设置

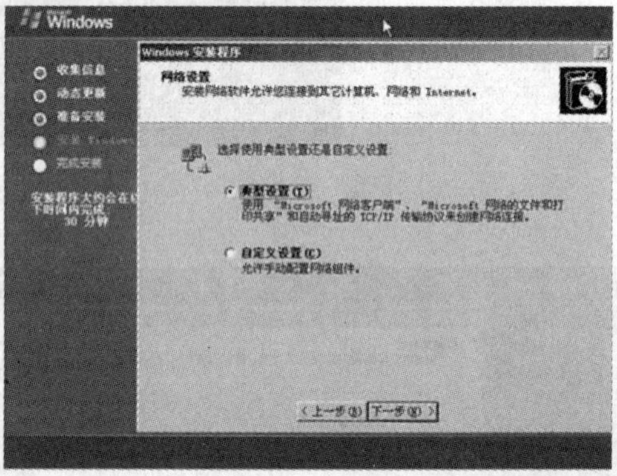

图 6–11　网络设置

（9）设置完毕后，系统将安装开始菜单项、对组件进行注册等最后的设置，这些都无需用户参与，所有的设置完毕并保存后，系统进行第二次启动。第二次启动时，用户需要按 Ctrl+Alt+Del 组合键，输入密码登录系统，如图 6–12 所示。进入系统之后，将自动弹出一个“管理您的服务器”窗口，如图 6–13 所示。这里需要根据自己的需要进行详细配置。至此系统的安装基本结束。

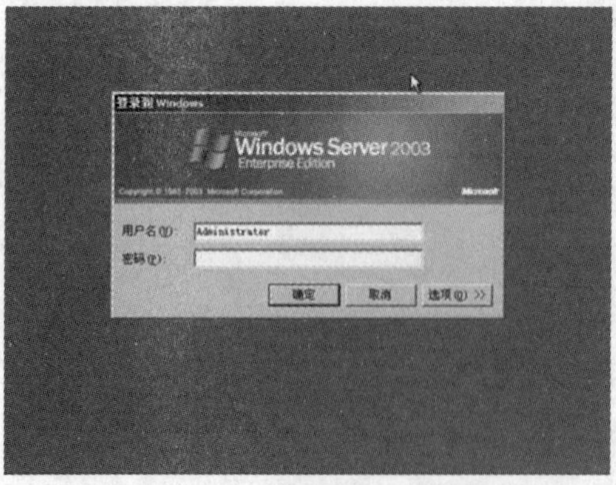

图 6–12　系统登录界面

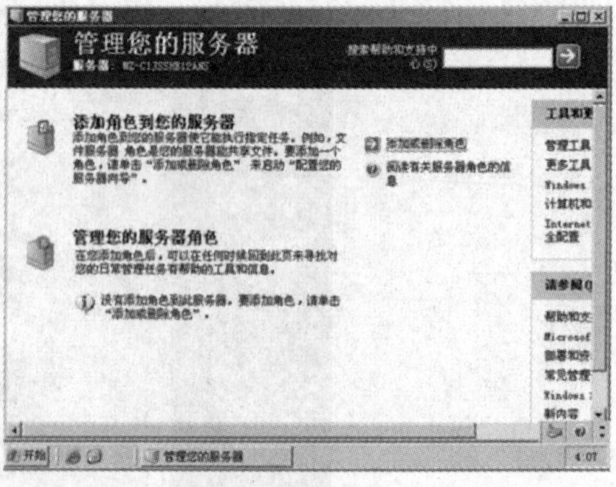

图 6–13　管理服务器界面

6.3　Windows Server 2003 文件系统管理

文件系统是操作系统用于明确磁盘或分区上的文件的方法和数据结构；即指磁盘上信息存储的格式。FAT，NTFS 是目前最常见的两类文件系统。

6.3.1　FAT 文件系统简介

早期的 FAT 文件系统采用 16 位的文件分配表（也称为 FAT16 文件系统），主要用于 DOS，Windows 3.x/95 中，由于其在硬盘分区太大时所分配的簇的容量不科学，只能管理 2 GB 以下的硬盘。随着大容量硬盘的出现，从 Windows 98 开始，FAT32 开始流行。它是 FAT16 的增强版本，可以支持大到 2 TB（2 048 GB）的分区。FAT32 使用的簇比 FAT16 小，从而有效地节约了硬盘空间。

FAT 文件系统是一种最初用于小型磁盘和简单文件夹结构的简单文件系统，它向后兼容，最大的优点就在它适用于所有的 Windows 操作系统。另外，FAT 文件系统在容量较小的卷上使用比较好，因为 FAT 启动只使用非常少的开销。FAT 在容量低于 512 MB 的卷上工作时最好，当卷容量超过 1.024 GB 时，效率就显得很低。而对于 400～500 MB 以下的卷，FAT 文件系统相对于 NTFS 文件系统来说是一个比较好的选择。因此 FAT 是一种适合小卷集、对系统安全性要求不高、需要双重引导的用户选择使用的文件系统。不过对于使用 Windows Server 2003 的用户来说，FAT 文件系统则不能满足系统的要求。

6.3.2　NTFS 文件系统简介

NT 文件系统（NT File System，NTFS），是微软 NT 内核系列操作系统支持的、一个特别为网络和磁盘配额、文件加密等管理安全特性设计的磁盘格式。NTFS 也是以簇为单位来存储数据文件，但 NTFS 中簇的大小并不依赖于磁盘或分区的大小。簇尺寸的缩小不但降低了磁盘空间的浪费，还减少了产生磁盘碎片的可能。NTFS 支持文件加密管理功能，可为用户提供更高层次的安全保证。其优点主要体现在以下几个方面。

（1）具备错误预警的文件系统。

（2）文件读取速度更高效。

（3）具备磁盘自修复功能。

（4）“防灾赈灾”的事件日志功能。

当然，NTFS 还提供了磁盘压缩、数据加密、磁盘配额、动态磁盘管理等功能。所以，一般情况下为一台即将安装 Windows Server 2003 的服务器选择文件系统时，都会选择 NTFS 文件系统。当然，如果操作系统已经安装在了一个非 NTFS 分区上，也可以使用 Convert.exe 将其转换为 NTFS 文件系统，而且已经存在的数据不会丢失，但反之不行。

6.4　Windows Server 2003 账号和组的管理

Windows Server 2003 与 Windows 2000 Server 一样是一个多用户多任务操作系统。只有在用户明确地向计算机表明自己的身份后，计算机才允许用户进入系统，并以此来判断用户所具有的权利和权限。这是保障系统与资源安全的一道重要屏障。因此每一位用户必须要有一个用户账户，以此向计算机表明身份。所以账户是用户登录到域访问网络资源或登录到某台计算机访问该机上资源的标识，它包括账户名和密码。

在管理用户账户过程中，经常要为每位用户设置相应的权利与权限。大多数情况这些操作是相似的，如果始终逐一进行操作是一件费时费事且容易出错的事情。这时候组可以为带来极大的便利。当需要为用户进行操作时只需将它放入相应的组，组是系统中可拥有相同权限的最小单位。组可以方便、系统、有序、高效地对用户进行管理。要给一批用户分配同一个权限时，就可以将这些用户都归到一个组中，只要给这个组分配此权限，组内的用户就都会拥有此权限。

6.4.1 用户账户管理

1. 用户账户简介

在 Windows Server 2003 环境中，有 2 种用户账户。

（1）本地用户账户。本地用户账户信息存储在本地计算机的 SAM 数据库内，当本地计算机用户尝试本地登录时，账户信息在 SAM 数据库经过验证。登录后，用户只能根据权限使用本机信息，如果要使用网络内其他计算机的信息，则必须知道对方计算机本地用户的用户名和密码。

Windows Server 2003 安装完成后，系统已经自己建立了 2 个账户：管理员（Administrator）和来宾（Guest）。Administrator 账户是系统的主宰，具有系统赋予的一切权利，也是系统中权利最高的用户，此用户的功能主要是从事系统的管理工作；而 Guest 主要用于那些临时使用系统的用户，Guest 账户只具有系统最基本的使用权利，如运行程序、使用网络等，不具备修改系统的权限。该账户在默认情况下是被禁用的，需要手动开启。

（2）域用户账户。域用户账户信息存储在域控制器的活动目录中，活动目录是网络中的一个中央数据库，存储各种资源信息。通过活动目录，不但可以迅速定位网络资源，还可以对企业网络进行中央管理。

2. 用户账户创建

（1）启动本地用户。如要将 Guest 账户开启，方法如下。

执行“开始”→“管理工具”→“计算机管理”命令，打开“计算机管理”窗口，在“计算机管理”窗口中，双击“本地用户和组”选项中的“用户”选项，右击 Guest 选项，选择“属性”命令，弹出“Guest 属性”对话框。取消选中“账户已停用”复选框，单击“确定”按钮即可，如图 6–14 所示。

（2）创建本地账户。执行“开始”→“管理工具”→“计算机管理”命令，打开“计算机管理”窗口。如图 6–15 所示。右击“用户”选项，选择“新用户”命令，弹出“新用户”对话框如图 6–16 所示，在“用户名”文本框和“密码”文本框中输入用户名，密码，其他选项根据需要设置，然后单击“确定”按钮，这样新的用户账户就建好了。

（3）创建域用户账户。如果要在一台运行 Windows Server 2003 的计算机上创建账户和组，必须配置 Active Directory（AD）目录服务，并且让该计算机成为域控制器。本例假设给安装了 Windows 2000 Server 操作系统的 Netcentre 计算机安装好了 Active Directory，并创建

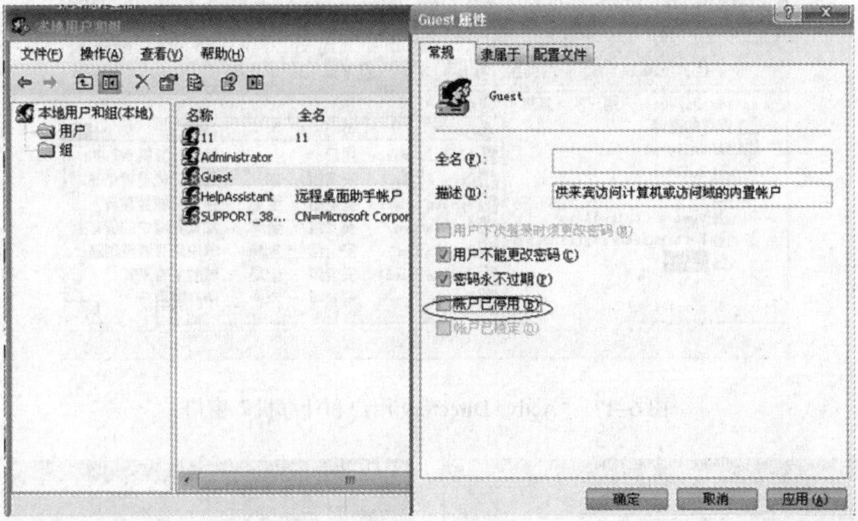

图 6–14　Guest 属性

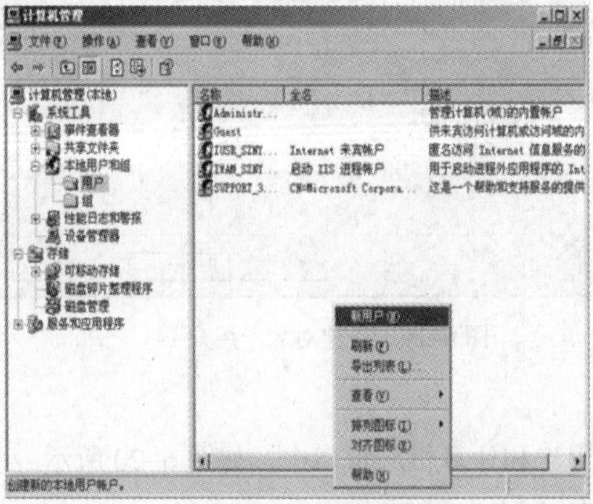

图 6–15　计算机管理

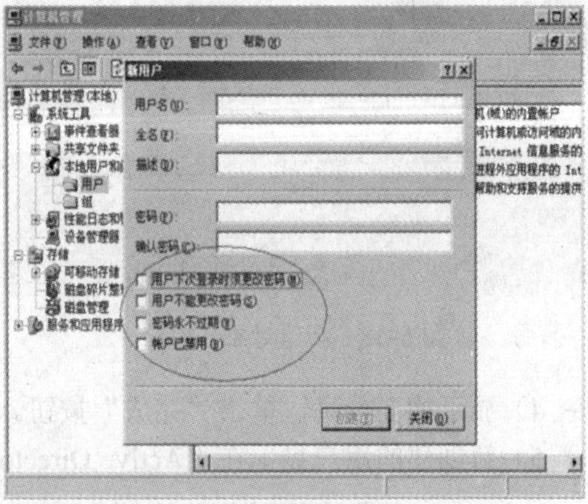

图 6–16　新用户

了一个名为 DAHUA.LOCAL 的域。创建域用户账户步骤如下。

1）执行“开始”→“程序”→“管理工具”→“Active Directory 用户和计算机”命令，打开“Active Directory 用户和计算机”窗口，如图 6–17 所示。

2）右击 Users 选项，执行“新建”→“用户”命令，打开“新建对象—用户”对话框，如图 6–18 所示。在“姓”文本框、“名”文本框和“用户登录名”文本框中输入用户的“姓”、“名”、“用户登录名”，其余文本框中用默认值。单击“下一步”按钮。

3）在“密码”文本框、“确认密码”文本框中输入相应的值，取消选中“用户下次登录时须更改密码”复选框，选中“用户不能更改密码”复选框和“密码永不过期”复选框。单击“下一步”按钮，如图 6–19 所示。

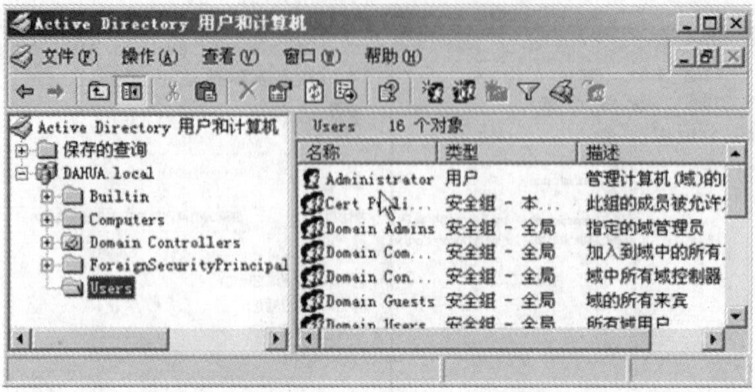

图 6–17 “Active Directory 用户和计算机”窗口

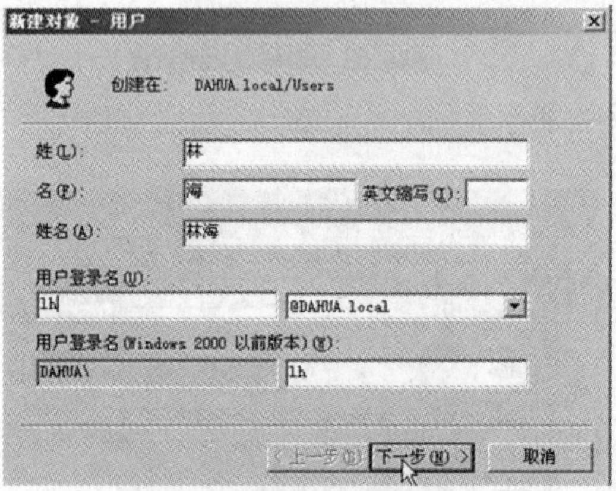

图 6–18 新建对象—用户

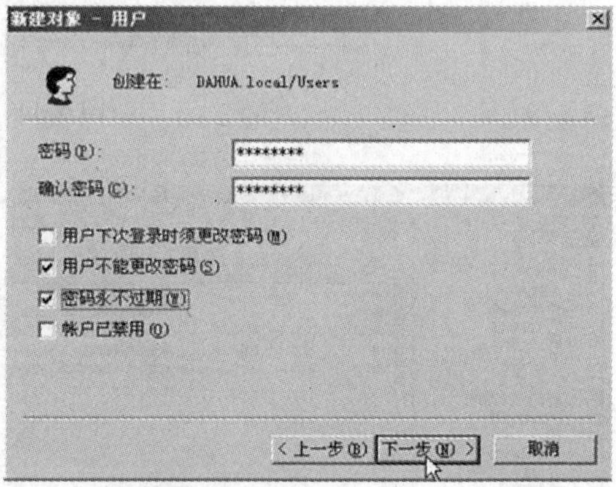

图 6–19 新建对象—用户

4）显示摘要信息，单击“完成”按钮。

5）新创建的用户显示在“Active Directory 用户和计算机”窗口中，如图 6–20 所示。

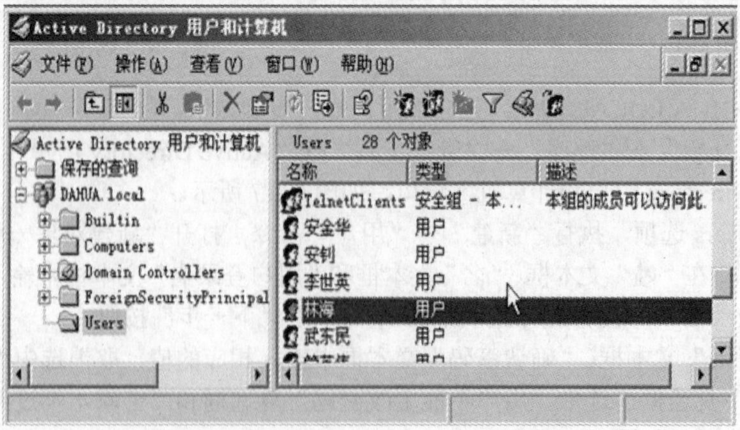

图 6–20 “Active Directory 用户和计算机”窗口

至此，域用户账户已经创建成功。

6.4.2 组管理

组实质是相同权限的用户的集合，组的信息存放在本地安全账户数据库中（SAM）。组一般有两种类型：系统内置组和用户创建的组。

1. 系统内建的本地组账户简介

Windows Server 2003 常见的内置本地组账户如下。

Administrators：管理员组，默认情况下，Administrators 中的用户对计算机/域有不受限制的完全访问权。分配给该组的默认权限允许对整个系统进行完全控制。所以，只有受信任的人员才可成为该组的成员。

Power Users：高级用户组，Power Users 可以执行除了为 Administrators 组保留的任务外的其他任何操作系统任务。分配给 Power Users 组的默认权限允许 Power Users 组的成员修改整个计算机的设置。但 Power Users 不具有将自己添加到 Administrators 组的权限。在权限设置中，这个组的权限是仅次于 Administrators 的。

Backup Operators：该组的成员可以备份和还原服务器上的文件，而不管保护这些文件的权限如何。这是因为执行备份任务的权利要高于所有文件权限。他们不能更改安全设置。默认权限：从网络访问此计算机；允许本地登录；备份文件和目录；忽略遍历检查；还原文件和目录；关闭系统。

Users：普通用户组，这个组的用户无法进行有意或无意的改动。因此，用户可以运行经过验证的应用程序，但不可以运行大多数旧版应用程序。Users 组是最安全的组，因为分配给该组的默认权限不允许成员修改操作系统的设置或用户资料。Users 组提供了一个最安全的程序运行环境。在经过 NTFS 格式化的卷上，默认安全设置旨在禁止该组的成员危及操作系统和已安装程序的完整性。用户不能修改系统注册表设置、操作系统文件或程序文件。Users 可以关闭工作站，但不能关闭服务器。

Guests：来宾组，按默认值，来宾跟普通 Users 的成员有同等访问权，但来宾账户的限制更多。

Everyone：顾名思义，所有的用户，这个计算机上的所有用户都属于这个组。

其实还有一个组也很常见，它拥有和 Administrators 一样，甚至比其还高的权限，但是这个组不允许任何用户的加入，在察看用户组的时候，它也不会被显示出来，它就是 System 组。系统和系统级的服务正常运行所需要的权限都是靠它赋予的。由于该组只有这一个用户 System，也许把该组归为用户的行列更为贴切。

2. 创建用户组

（1）执行“开始”→“程序”→“管理工具”→“Active Directory 用户和计算机”命令，打开“Active Directory 用户和计算机”窗口。

（2）右击 Users 选项，执行“新建”→“组”命令，弹出“新建对象—组”对话框，如图 6–21 所示。在“组名”文本框中输入“设计科”，其他全使用默认值。单击“确定”按钮。

（3）新创建的组显示在“Active Directory 用户和计算机”窗口中，如图 6–22 所示。

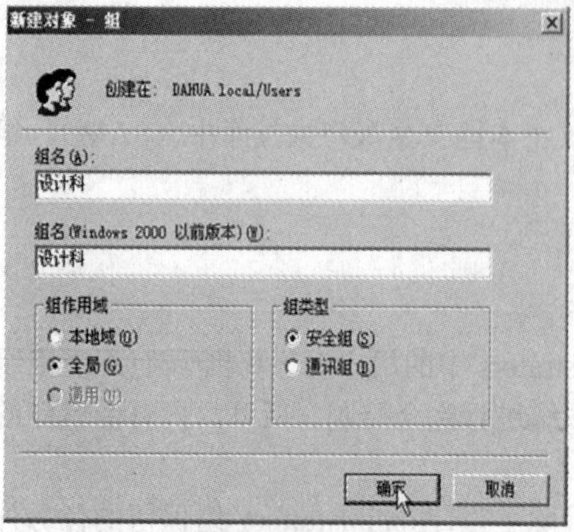

图 6–21 “新建对象—组”对话框

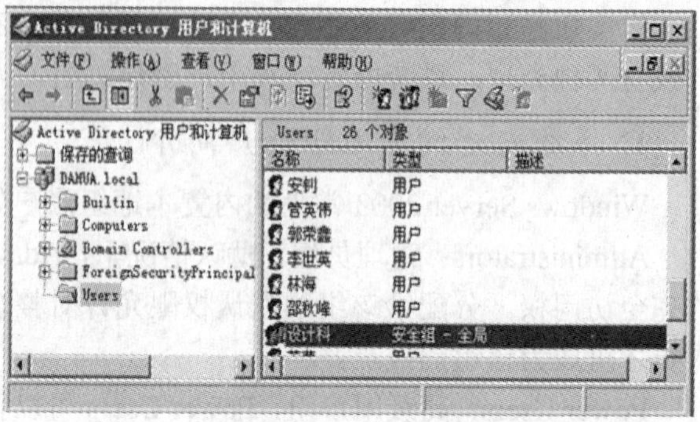

图 6–22 “Active Directory 用户和计算机”窗口

3. 将用户加入组

组建立好了后，就可以将前面建立的用户加入到不同的组中去。例如，将前面建立的“林海”加入到“设计科”，操作步骤如下。

（1）在图 6–23 中，双击组“设计科”，弹出“设计科属性”对话框，如图 6–24 所示。

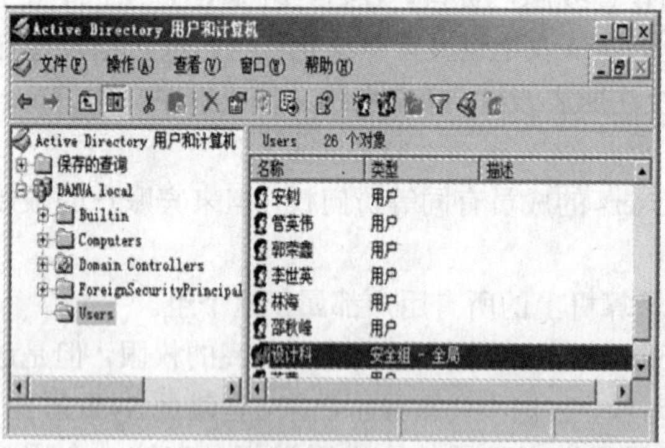

图 6–23 “Active Directory 用户和计算机”窗口

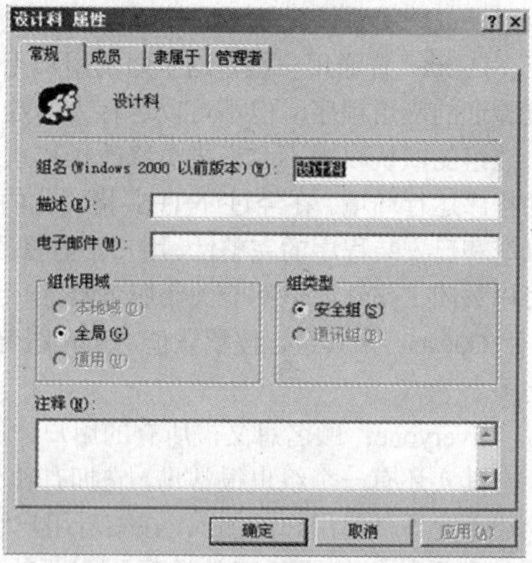

图 6–24 设计科属性

（2）切换至“成员”选项卡，如图 6–25 所示。单击“添加”按钮，弹出“选择用户、联系人或计算机”对话框，如图 6–26 所示。

（3）选择用户“林海”后，单击“确定”按钮，则用户“林海”就加入到“设计科”这个组中，如图 6–27 所示。

4. 将组加入组

为了网络安全稳定运行，必须对用户账户设置一定的权限。一般不单独一个一个设置用户，而是先将用户加入到组，然后直接对组设置权限。例如：前面假如建立了三个组“设计科”、“销售科”和“财务科”，因工作需要，“设计科”必须对计算机和域有完全的控制

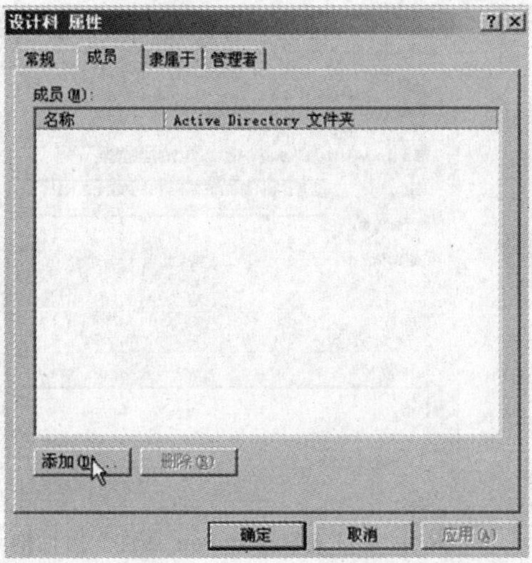

图 6–25　设计科属性

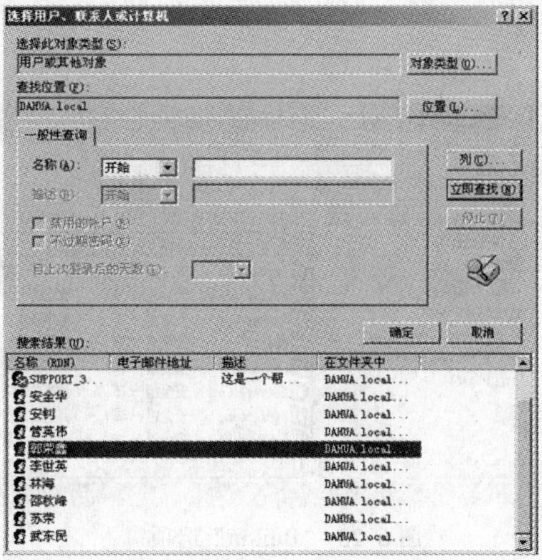

图 6–26　“选择用户、联系人或计算机”对话框

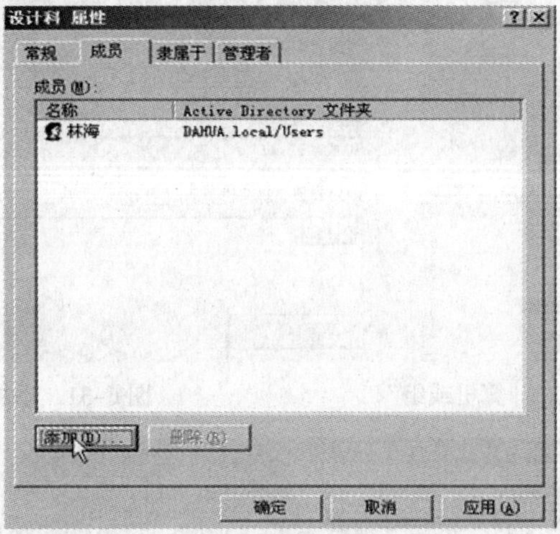

图 6–27　设计科属性

权，那就需要把组“设计科”设成 Administators。同时，对“销售科”和“财务科”的用户权限必须进行一些限制，那就需要把组“销售科”和“财务科”设成 Users。具体操作如下：

（1）执行“开始”→“程序”→“管理工具”→“Active Directory 用户和计算机”命令，打开“Active Directory 用户和计算机”窗口，选中 Builtin 选项，出现如图 6–28 所示窗口。右击 Administrators 组，选择“属性”命令，弹出“Administrators 属性”对话框，如图 6–29 所示。

（2）切换至“成员”选项卡，单击“确定”按钮，显示“选择用户、联系人、计算机或组”对话框，如图 6–30 所示。在图 6–30 中，选中“设计科”，单击“确定”按钮，添加结果如图 6–31 所示，这样就成功地将组“设计科”加入到 Administrators 组中了。

组“销售科”和“财务科”加入到“Users”组的方法和组“设计科”加入 “Administators”组的方法相同，这里就不再累述。其最终的结果如图 6–32 所示。

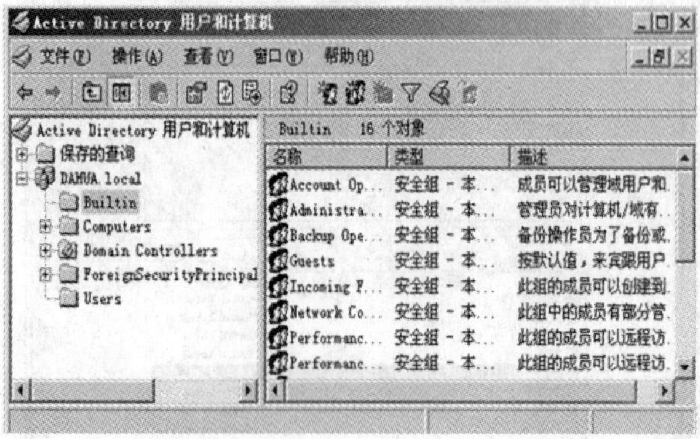

图 6–28 “Builtin”选项

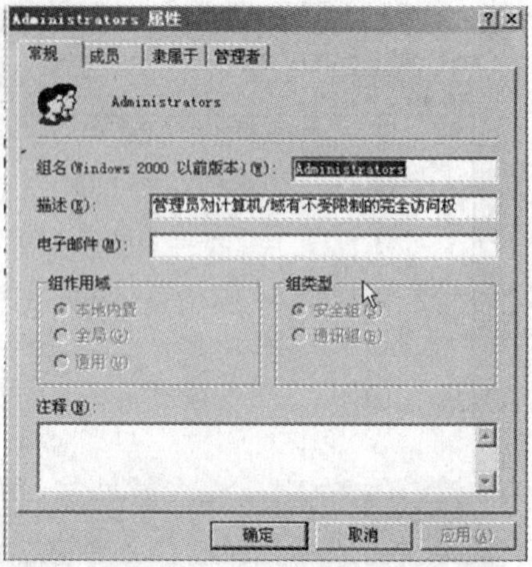

图 6–29 “Administrators 属性”对话框

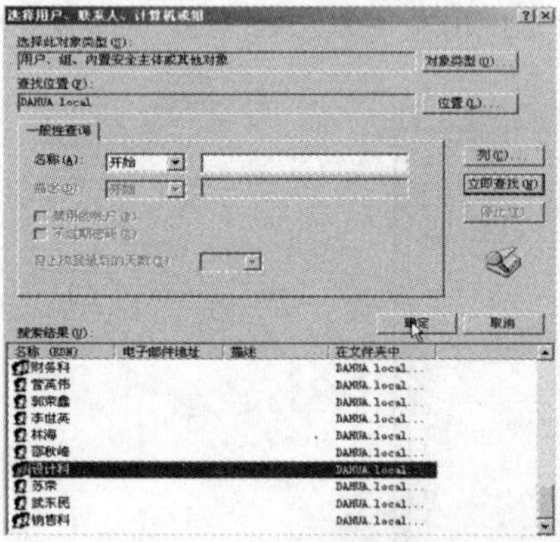

图 6–30 “选择用户、联系人、计算机或组”

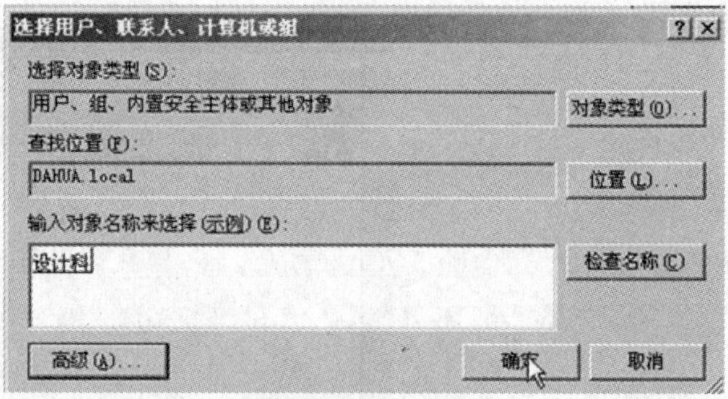

图 6–31 添加成功

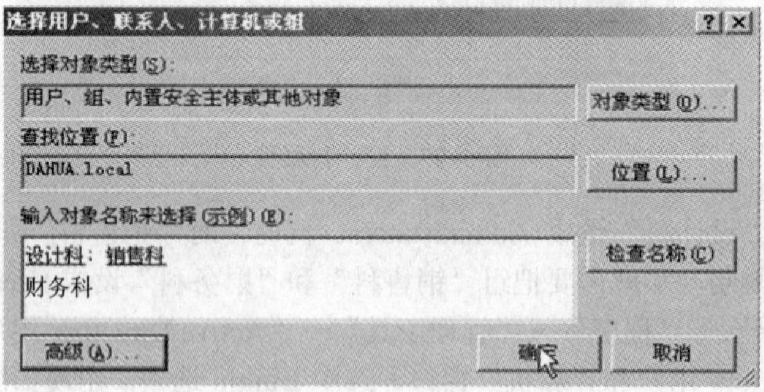

图 6–32 销售科、财务科添加成功

6.5 Windows Server 2003 远程桌面

6.5.1 远程桌面的功能

远程桌面是 Windows Server 2003 中一个比较酷的特性，当某台计算机开启了远程桌面连接功能后就可以在网络的另一端控制这台计算机了，通过远程桌面功能可以实时的操作这台计算机，在上面安装软件，运行程序，所有的一切都好像是直接在该计算机上操作一样。这就是远程桌面的最大功能，通过该功能网络管理员可以在家中安全的控制单位的服务器，而且由于该功能是系统内置的，所以比其他第三方远程控制工具更方便更灵活。

“远程桌面”是 Windows Server 2003 在保留原有的“终端服务”基础上新增的一个可以实施远程控制的模块，它使用 Microsoft 的远程桌面协议（Remote Desktop Protocol，RDP）进行工作。与“终端服务”相比，“远程桌面”在功能、配置、安全等方面有了很大的改善。

6.5.2　启动远程桌面连接

微软操作系统发展至今只有以下三个操作系统可以使用远程桌面功能，他们是 Windows 2000 Server，Windows XP 和 Windows Server 2003。这三个系统开启远程桌面方法各不相同，在这里仅仅介绍 Windows Server 2003 上连接方法。

1. 服务器端设置

服务器端，也就是被控制端计算机。首先要让该服务器允许“远程桌面”连接。设置步骤如下：

（1）执行“开始”→“设置”→“控制面板”→“系统”命令，弹出“系统属性”对话框。

（2）在“系统属性”对话框中的“远程”选项卡下，选中“远程桌面”中的“允许用户远程连接到这台计算机”复选框（如图 6–33 所示）。

（3）到这一步，该台服务器的管理员就可以对这台服务器进行远程控制了。但其他的非管理员账号都还没有远程连接该服务器的权限。此时，可以根据需要再给一些相关的用户账号授权。方法是，在如图 6–33 所示的窗口中，单击“远程桌面”下面的“选择远程用户”按钮。然后，在弹出的“远程桌面用户”对话框中单击“添加”按钮为其他指定用户授权（如图 6–34 所示）；如果相关用户不存在，还可以单击“添加”按钮下面的“用户账户”超链接，直接进入新建用户账号窗口进行用户补充。

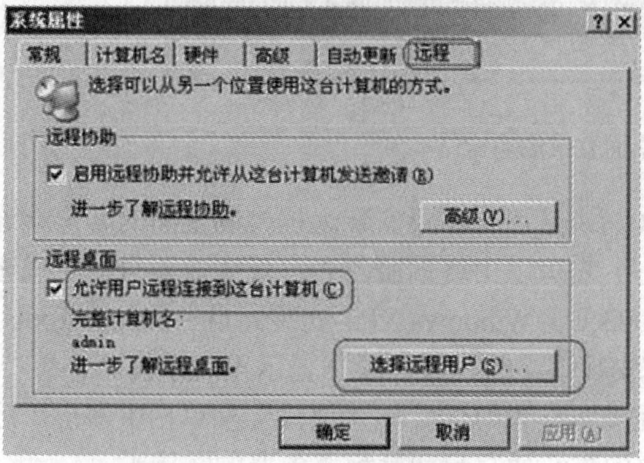

图 6–33　系统属性

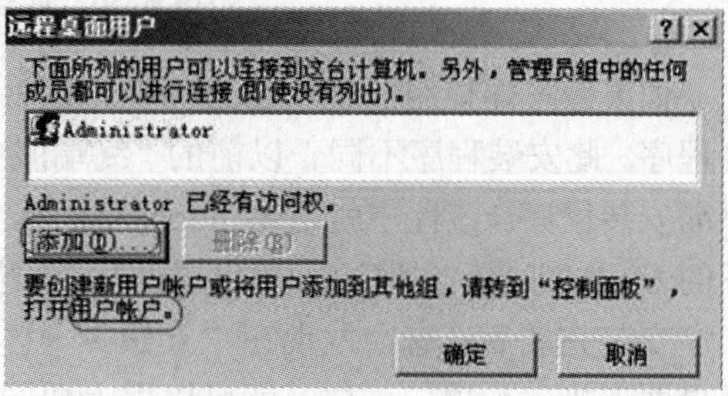

图 6–34　远程桌面用户

2. 客户端远程访问

服务器端设置好了之后，还要对访问的客户端进行必要的设置。

如果客户端使用的是 Windows XP 或者也是 Windows Server 2003，那么访问起来非常简单，不需要安装任何程序。因为它们自身就有“远程桌面”连接的客户端程序。连接方法如下：执行“开始”→“程序”→“附件”→“通信”→“远程桌面连接”命令，会弹出“远程桌面连接”对话框（如图 6–35 所示）。

图 6–35 远程桌面连接

此时，在计算机文本框中输入远程服务器的标识名称或者服务器的 IP 地址。单击“连接”按钮就打开了服务器的远程登录窗口。登录的过程和在本地登录是一样的，在“用户名”文本框和“密码”文本框中输入授权的用户名和口令就可以了。另外，在登录之前，还可以单击“远程桌面连接”对话框中的“选项”按钮对即将登录管理的窗口进行属性设置。比如：远程桌面窗口的大小、使用的颜色数等，登录成功窗口如图 6–36 所示。

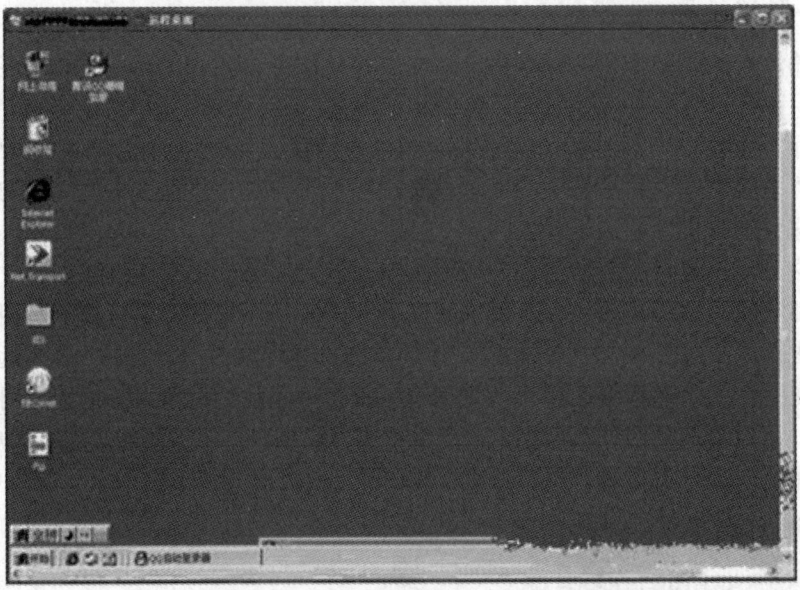

图 6–36 远程桌面登录成功窗口

如果客户端使用的是 Windows 9x/Me/2000 系统，那么还要安装远程控制桌面的客户端连接程序。此安装程序不同于以前的“终端服务”，它可以由终端服务客户端生成器自动生成客户端安装程序。该程序就是 Windows Server 2003（或 Windows XP）安装光盘“SupportTools”下的 Msrdpcli.exe 文件。在客户端以默认设置安装该文件，最后根据提示重启系统。

安装完成后，您会发现在“开始”→“程序”→“附件”→“通信”菜单栏中多出“远程桌面连接”一项。这样，就可以用上面同样的方法建立起和远程服务器的链接了。

6.6 Windows 的网络共享

计算机网络的一个重要功能就是实现资源共享，而网络中的资源包括硬件、软件和诸如文件之类的数据资源。下面就网络中经常使用的这些资源介绍相应的共享设置方法。

6.6.1　共享磁盘和文件夹

1. 共享磁盘

如果要将计算机中的某个磁盘分区设为共享资源供其他用户访问，首先要通过“的电脑”找到欲共享的磁盘，如这里假设要将 C 盘共享，其方法如下所示。

（1）通过在桌面上双击“我的电脑”图标打开“我的电脑”窗口。

（2）右击“本地磁盘（C:）”图标，在弹出的快捷菜单中选择“共享”命令，弹出“本地磁盘（C:）属性”对话框如图 6–37 所示。

（3）在“本地磁盘（C:）属性”对话框中选择“共享”选项卡，如图 6–38 所示，单击“新建共享”按钮。

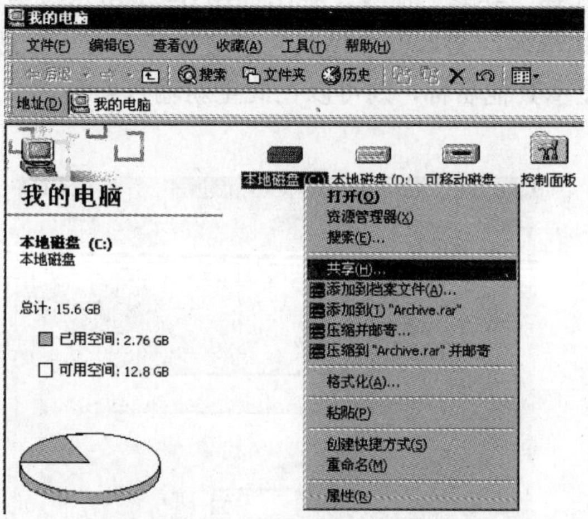

图 6–37　“我的电脑”窗口

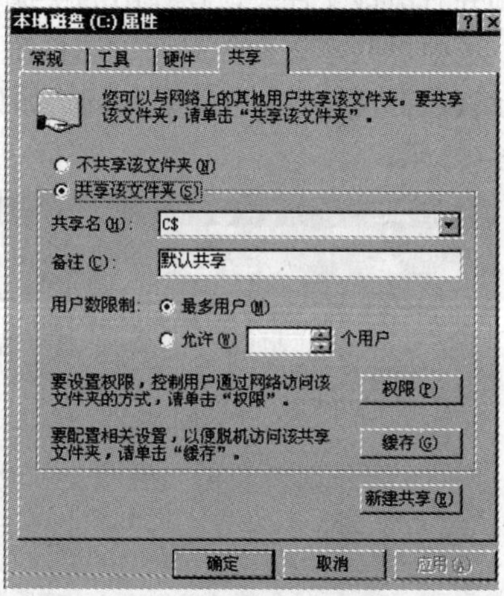

图 6–38　“本地磁盘属性”对话框

（4）在“新建共享”对话框中（如图 6–39 所示），在“共享名”文本框输入共享资源的名称，如“共享的 C 盘”（它是网络其他用户在访问该资源时所看到的名字），“备注”文本框是对共享资源的一些说明，可以不输入内容。同时还可以限制共享资源的最大访问量，如果需要限制共享人数为 5 人，可在“用户数限制”选项区域中，选择“允许”单选按钮，并在文本框处输入值“5”，也可以选择“最多用户”单选按钮。

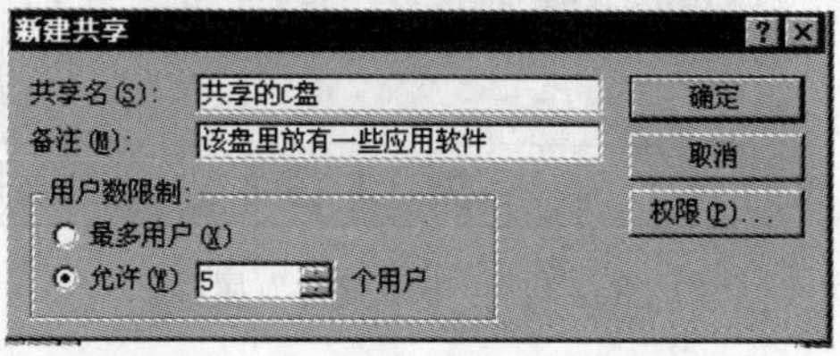

图 6-39　“新建共享”对话框

此外在“新建共享”对话框中还有一项是“权限”按钮，它主要是设置网络用户在访问该共享资源时可以具备的权限，如是否允许用户具有写的权限等，读者可以单击后查看里面的设置内容。

（5）单击“确定”按钮，返回“属性”对话框，再次单击“属性”对话框中的“确定”按钮，返回“我的电脑”窗口。此时 C 盘盘符下将显示手形图案，表示该磁盘被共享了，如图 6–40 所示。

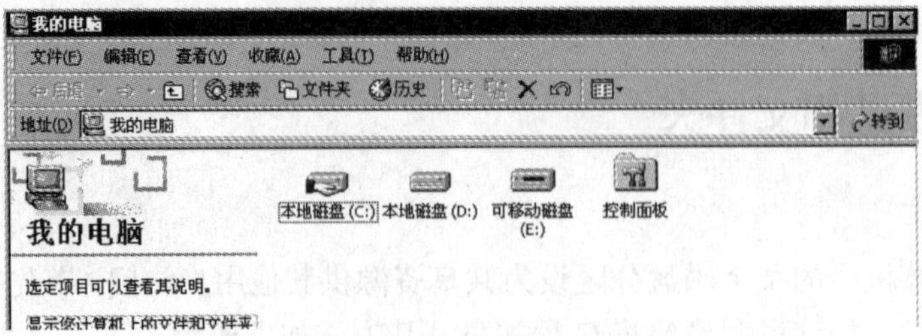

图 6–40 “我的电脑”窗口

2. 共享文件夹

将文件夹设置成共享资源的过程与上述的步骤类似。如现在要将计算机中 C 盘下名为“电子软件”的文件夹设置为共享状态，那么首先也要定位到欲共享的资源，即该文件夹。找到并右击该文件夹，在弹出的快捷菜单中选择“共享”命令，弹出如图 6–41 所示对话框。

选中“共享该文件夹”单选按钮，在“共享名”文本框中输入共享文件夹名称，一般采用默认名称（与原文件夹名相同。如果希望显示其他名称，则可以在此重新输入新名称），如图 6–42 示。

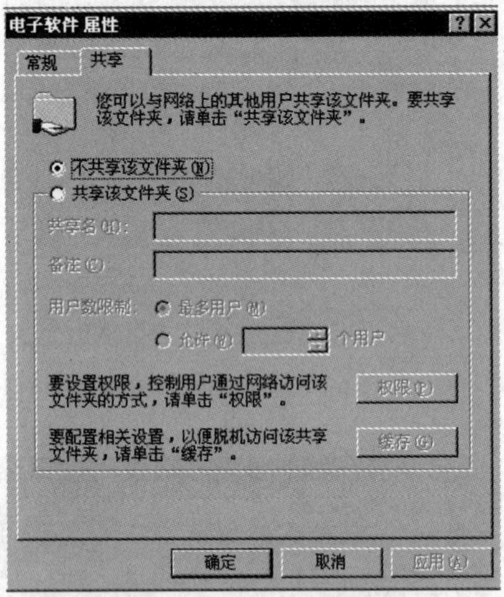

图 6–41 “电子软件”属性

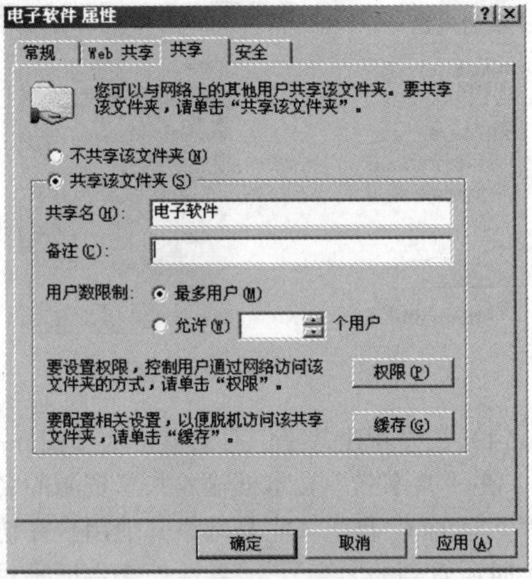

图 6–42 “电子软件”属性

同时也可以设定同时访问该文件夹的人数限制、用户访问时的权限等内容，设定好之后单击“确定”按钮。打开 C 盘，将会发现“电子软件”这个文件夹已被设置为共享状态。

6.6.2 共享打印机

当网络中有一台计算机连接有打印机之后，可以将打印机设置为共享状态提供给网络中的其他用户使用，这样就避免了需要添置多台打印机的状况。用户共享使用某一打印机，既满足了工作需要，又可以节约成本。

将打印机设置为共享资源的步骤比较简单。启动连接了打印机的计算机，但要保证打印机已经被正确安装。执行“开始”菜单中“打印机和传真”命令，打开“打印机和传真”窗口，其中显示已经安装的打印机图标。右击待共享的打印机图标（如“Samsung ML-1660 PCL6”），在快捷菜单中选择“共享”命令，如图 6–43 所示。

在弹出的对话框选择“共享这台打印机”单选按钮，在“共享名”文本框中输入打印机共享使用的名称（这里设置为“共享的打印机”），单击“确定”按钮，如图 6–44 所示。

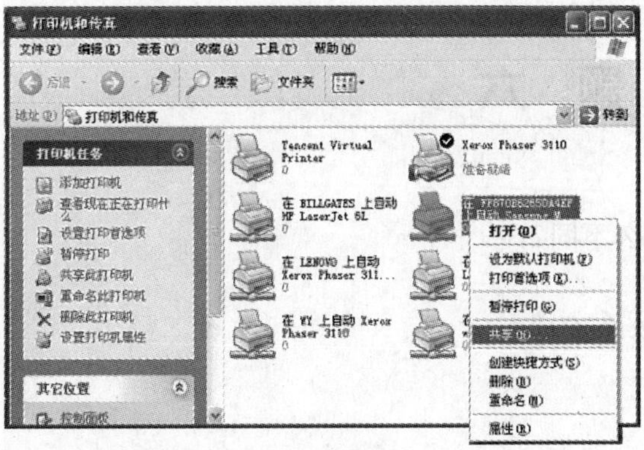

图 6–43 “打印机和传真”窗口

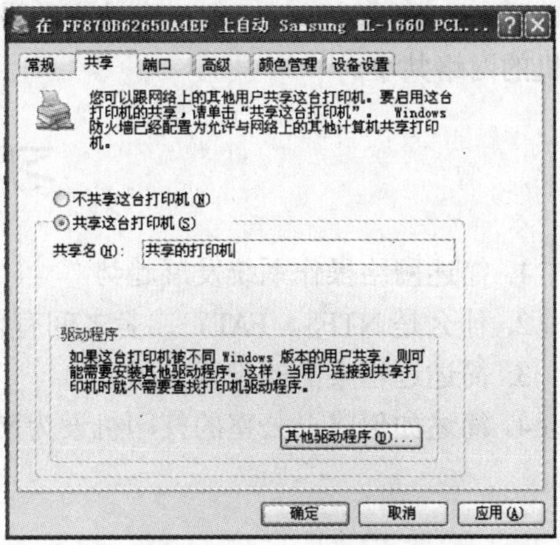

图 6–44 “共享”选项卡

单击“确定”按钮，然后在“打印机和传真”窗口中可以发现该打印机图标被一只小手托起，表示打印机已经被共享，如图 6–45 所示。至此，打印机共享就设置完成了。最后只需要在网络中其他需要使用此打印机的用户计算机上添加网络打印机就能实现打印功能。

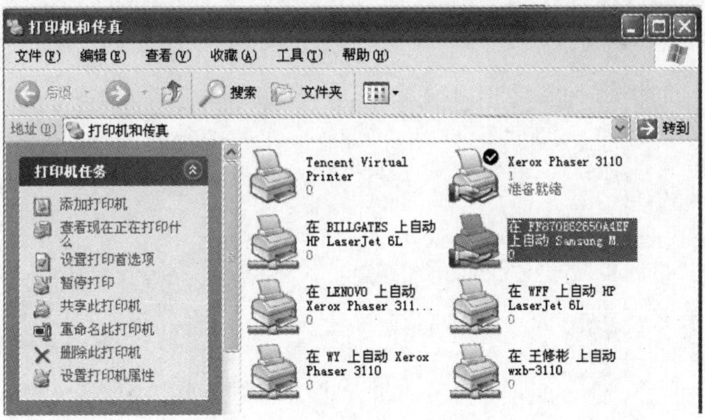

图 6–45 “打印机和传真”窗口

本章小结

本章主要讲述了以下一些内容。

（1）网络操作系统是网络的心脏和灵魂，是向网络计算机提供特殊服务的操作系统，一般运行在网络服务器上，在整个网络中占主导地位，它指挥和监控整个网络的运转。本章还简述了 NOS 的发展方向。

（2）简单介绍了 Windows Server 2003 不同的版本的特点及其安装过程。

（3）阐述了 Windows Server 2003 常用文件系统及其特点。

（4）阐述了用户账号以及组账号的管理。

（5）Windows Server 2003 远程桌面的作用及其设置方法。

（6）Windows Server 2003 中共享的设置，主要包括文件和文件夹共享、驱动器共享和打印机的网络共享。

习 题 六

1. 简述网络操作系统发展趋势。
2. 什么是 NTFS、FAT？二者之间有什么不同？
3. 简述远程桌面的设置步骤。
4. 简述如何将办公室的打印机设为网络共享打印机。

第 7 章　Windows 服务器的建立

本章提示

本章主要对 Windows Server 2003 中常用网络服务的概念、功能、配置和应用作了简要阐述。

教学要求

理解 FTP 服务器、Web 服务器、DNS 服务器、DHCP 服务器的基本概念，会在局域网中安装、配置和应用上述 Windows 服务器，了解流媒体服务器和邮件服务器的配置和应用，了解代理服务器的基本概念和作用。

内容框架图

Windows 服务器的建立
- FTP 服务器的建立
- Web 服务器的建立
- DNS 服务器的建立
- DHCP 服务器的建立
- 流媒体服务器的建立
- 邮件服务器的建立
- 代理服务器的建立

7.1　FTP 服务器的建立

7.1.1　什么是 FTP 服务器

通过 FTP 服务器进行文件传输是目前局域网中应用最广泛的文件传输方式。FTP 作为非常成熟的网络协议之一，能够被绝大多数客户端系统所支持。通过在局域网中搭建 FTP 服务器，局域网用户既可以将自己的文件上传到 FTP 服务器供其他用户共享，同时也可以从 FTP 服务器下载文件。

在 IIS 6.0 发布以前，IIS 所具备的搭建 FTP 服务器的功能非常有限，只能进行较为简单的文件传输和用户身份验证。IIS 6.0 的发布改变了这种情况，因为 IIS 6.0 中集成的 FTP 服务器组件具备搭建隔离用户模式 FTP 服务器的功能，从而能够实现更加高级、以及更加灵活的管理功能。

7.1.2 在 Windows Server 2003 系统中安装 FTP 服务组件

FTP 服务组件是 Windows Server 2003 系统中的 IIS 6.0 集成的网络服务组件之一，默认情况下没有被安装。在 Windows Server 2003 系统中安装 FTP 服务组件的步骤如下所述。

第 1 步，在打开的“控制面板”窗口中双击“添加或删除程序”图标，在打开的“添加或删除程序”窗口中单击“添加/删除 Windows 组件”按钮。

第 2 步，弹出“Windows 组件向导”对话框，在“组件”列表框中选中“应用程序服务器”复选框。在打开的“应用程序服务器”对话框中选中“Internet 信息服务（IIS）”复选框，单击“下一步”按钮，如图 7–1 所示。

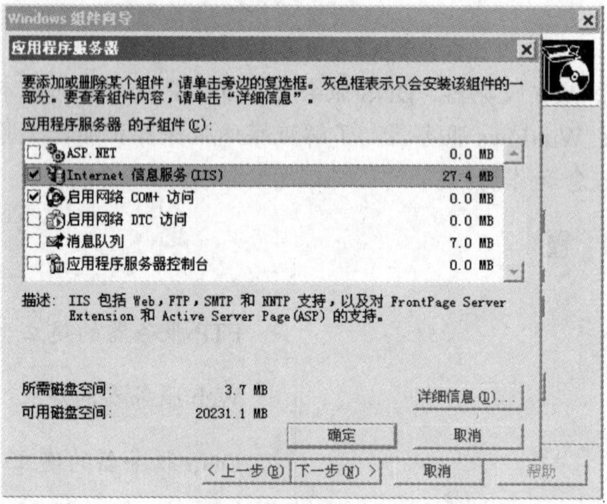

图 7–1 “应用程序服务器”对话框

第 3 步，弹出“Internet 信息服务（IIS）”对话框，在“Internet 信息服务的子组件”列表框中选中“文件传输协议（FTP）服务”复选框，连续单击“确定”按钮，并单击“下一步”按钮，如图 7–2 所示。

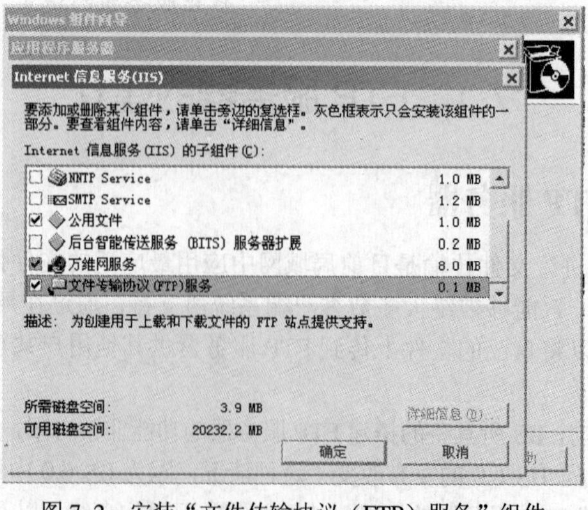

图 7–2 安装“文件传输协议（FTP）服务”组件

第 4 步，“Windows 组件向导”开始安装 FTP 服务组件，安装过程中需要插入 Windows Server 2003 的安装光盘或指定系统安装路径。最后单击“完成”按钮，关闭“Windows 组件向导”对话框。

7.1.3 在 Windows Server 2003 系统中配置 FTP 服务器（1）

在 Windows Server 2003 系统中安装 FTP 服务器组件以后，用户只需进行简单的设置即可配置一台常规的 FTP 服务器，操作步骤如下所述。

第 1 步，在开始菜单中选中“管理工具”→“Internet 信息服务（IIS）管理器”菜单项，打开“Internet 信息服务（IIS）管理器”窗口。在左窗格中展开“FTP 站点”目录，右击“默认 FTP 站点”选项，并选择“属性”命令。

第 2 步，弹出“默认 FTP 站点属性”对话框，在“FTP 站点”选项卡中可以设置关于 FTP 站点的参数。其中在“FTP 站点标识”选项区域中可以更改 FTP 站点名称、监听 IP 地址以及 TCP 端口号，单击“IP 地址”下拉列表框右侧的下拉三角按钮，并选中该站点要绑定的 IP 地址。如果想在同一台物理服务器中搭建多个 FTP 站点，那么需要为每一个站点指定一个 IP 地址，或者使用相同的 IP 地址且使用不同的端口号。在“FTP 站点连接”选项区域可以限制连接到 FTP 站点的计算机数量，一般在局域网内部设置为“不受限制”较为合适。用户还可以单击“当前会话”按钮来查看当前连接到 FTP 站点的 IP 地址，并且可以断开恶意用户的连接，如图 7–3 所示。

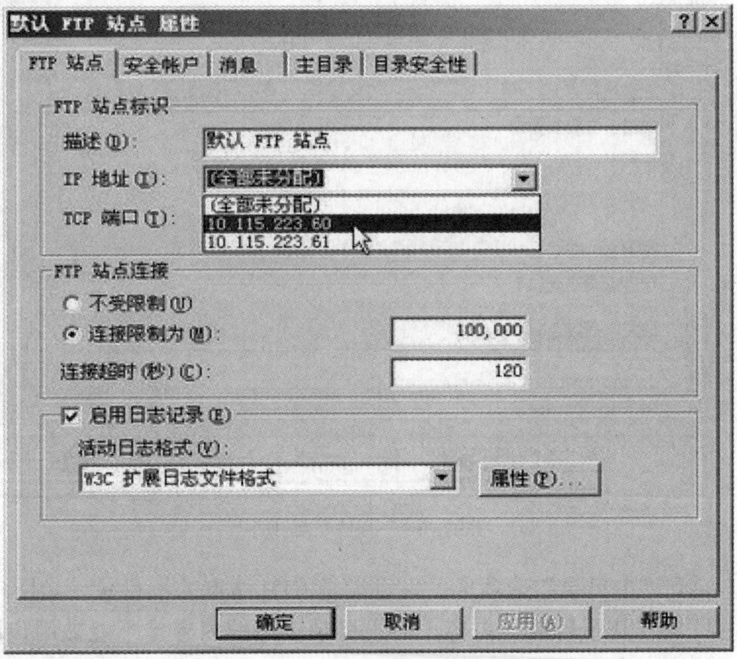

图 7–3　选择 FTP 站点 IP 地址

第 3 步，切换到“安全账户”选项卡，此选项卡用于设置 FTP 服务器允许的登录方式。默认情况下允许匿名登录，如果取消选中“允许匿名连接”复选框，则用户在登录 FTP 站点时需要输入合法的用户名和密码。

小提示：登录FTP服务器的方式可以分为两种类型：匿名登录和用户登录。如果采用匿名登录方式，则用户可以通过用户名anonymous连接到FTP服务器，以电子邮件地址作为密码。对于这种密码FTP服务器并不进行检查，只是为了显示方便才进行这样的设置。允许匿名登录的FTP服务器使得任何用户都能获得访问能力，并获得必要的资料。如果不允许匿名连接，则必须提供合法的用户名和密码才能连接到FTP站点。这种登录方式可以让管理员有效控制连接到FTP服务器的用户身份，是较为安全的登录方式。

第4步，切换到“消息”选项卡，在“标题”文本框中输入能够反映FTP站点属性的文字（如“FTP主站点”），该标题会在用户登录之前显示。接着在“欢迎”文本框中输入一段介绍FTP站点详细信息的文字，这些信息会在用户成功登录之后显示。同理，在“退出”文本框中输入用户在退出FTP站点时显示的信息。另外，如果该FTP服务器限制了最大连接数，则可以在“最大连接数”文本框中输入具体数值。当用户连接FTP站点时，如果FTP服务器已经达到了所允许的最大连接数，则用户会收到“最大连接数”消息，且用户的连接会被断开，如图7–4所示。

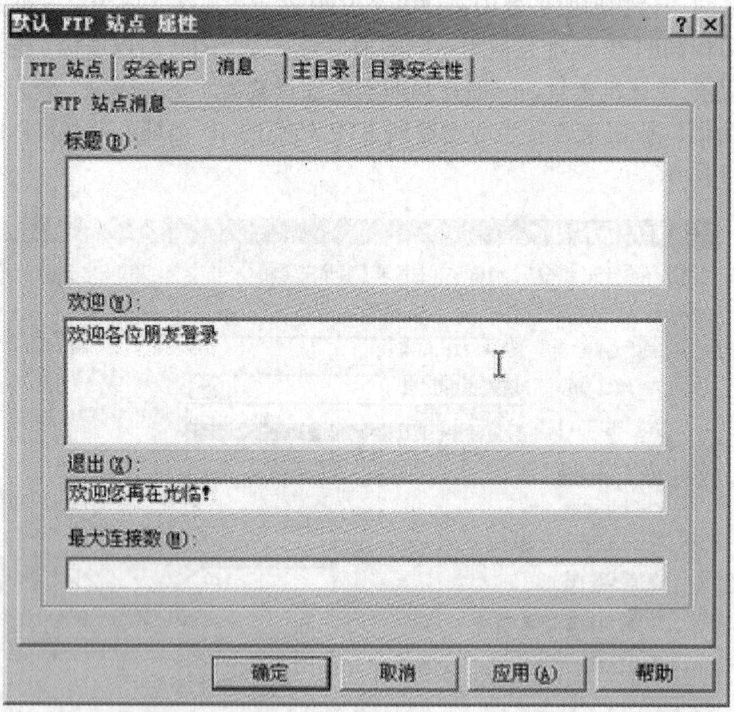

图7–4 “消息”选项卡

第5步，切换到“主目录”选项卡。主目录是FTP站点的根目录，当用户连接到FTP站点时只能访问主目录及其子目录的内容，而主目录以外的内容是不能被用户访问的。主目录既可以是本地计算机磁盘上的目录，也可以是网络中的共享目录。单击“浏览”按钮在本地计算机磁盘中选择要作为FTP站点主目录的文件夹，并依次单击“确定”按钮。根据实际需要选中或取消选中“写入”复选框，以确定用户是否能够在FTP站点中写入数据，如图7–5所示。

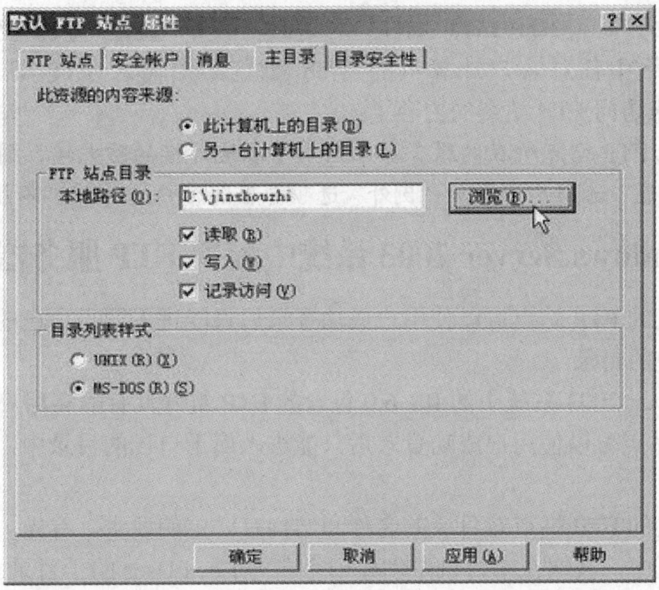

图 7–5 “主目录”选项卡

小提示：如果选中“另一台计算机上的目录”单选按钮，则“本地路径”文本框将更改成“网络共享”文本框。用户需要输入共享目录的路径，以定位 FTP 主目录的位置。

第 6 步，切换到“目录安全性”选项卡，在该选项卡中主要用于授权或拒绝特定的 IP 地址连接到 FTP 站点。例如，只允许某一段 IP 地址范围内的计算机连接到 FTP 站点，则应该选中“拒绝访问”单选按钮。然后单击“添加”按钮，在弹出的“授权访问”对话框中选中“一组计算机”单选按钮。然后在“网络标识”文本框中输入特定的网段（如 10.115.223.0），并在“子网掩码”编辑框中输入子网掩码（如 255.255.254.0）。最后单击“确定”按钮，如图 7–6 所示。

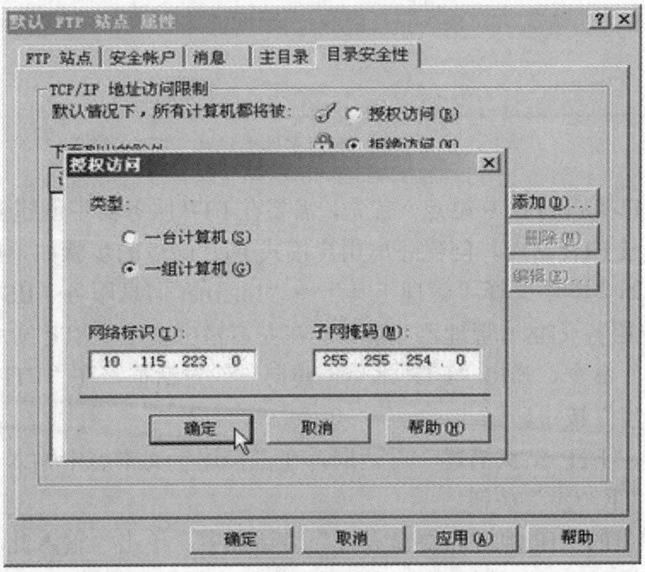

图 7–6 “授权访问”对话框

第 7 步，返回“默认 FTP 站点 属性”对话框，单击“确定”按钮使设置生效。现在用户已经可以在网络中任意客户计算机的 Web 浏览器中输入 FTP 站点地址（如 ftp://10.115.223.60）来访问 FTP 站点的内容了。

小提示：如果 FTP 站点所在的服务器上启用了本地连接的防火墙，则需要在“本地连接属性”的“高级设置”选项卡中添加“例外”选项，否则客户端计算机不能连接到 FTP 站点。

7.1.4 在 Windows Server 2003 系统中配置 FTP 服务器（2）

隔离用户模式的 FTP 站点可以使用户成功登录后只能进入属于自己的目录中，且不能查看或修改其他用户的目录。

Windows Server 2003 系统中的 IIS 6.0 包含的 FTP 组件具有隔离用户功能，配置成隔离用户模式的 FTP 站点可以使用户成功登录后只能进入属于自己的目录中，且不能查看或修改其他用户的目录。

隔离用户模式的 FTP 站点对目录的名称和结构有一定的要求。首先，FTP 站点的主目录必须在 NTFS 分区中，其次在主目录中创建一个名为 LocalUser 的子目录。最后在 LocalUser 文件夹下创建和用户账户名称相一致的文件夹和一个名为 Public 的文件夹，如图 7–7 所示。

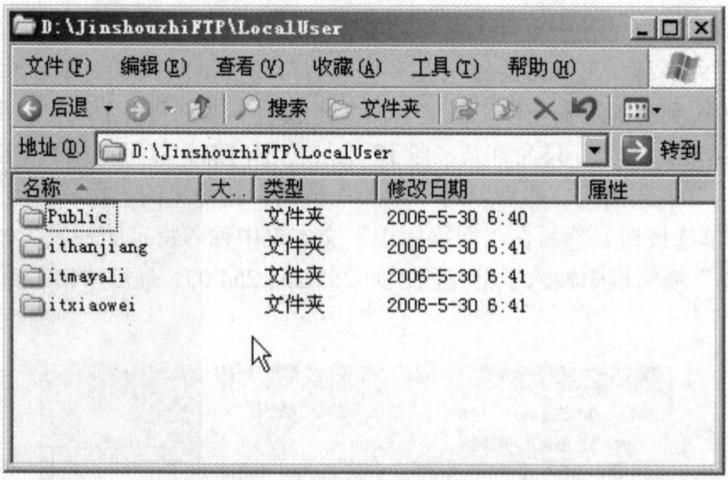

图 7–7 规划文件夹结构

要搭建隔离用户模式的 FTP 站点，首先，需要在 FTP 服务器中创建多个用户账户，这些用户账户将用于登录 FTP 站点。创建隔离用户模式 FTP 站点的步骤如下所述。

第 1 步，在开始菜单中选择“管理工具”→“Internet 信息服务（IIS）管理器”菜单项，打开“Internet 信息服务（IIS）管理器”窗口。在左窗格中右击“FTP 站点”目录，选择“新建”→“FTP 站点”命令，弹出“FTP 站点创建向导”对话框，在“FTP 站点创建向导”对话框中单击“下一步”按钮。

第 2 步，弹出“FTP 站点描述”对话框，在“描述”文本框中输入 FTP 站点名称（如 MyFTP），并单击“下一步”按钮。

第 3 步，在弹出的“IP 地址和端口设置”对话框中，单击“输入此 FTP 站点使用的 IP 地址”下拉列表框的下拉三角按钮，在下拉列表中选中用于访问该 FTP 站点的 IP 地址。“端口”文本框保持默认值 21，并单击“下一步”按钮。

第 4 步，在弹出“FTP 用户隔离”对话框，选中“隔离用户”单选按钮，并单击“下一步”按钮，如图 7–8 所示。

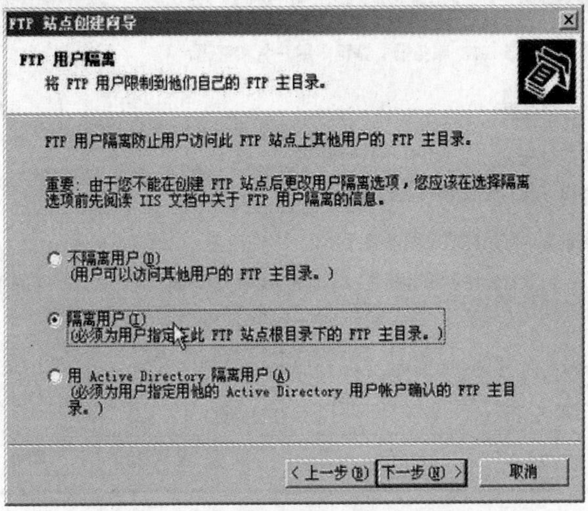

图 7–8 “FTP 用户隔离”对话框

第 5 步，在弹出的“FTP 站点主目录”对话框中，单击“浏览”按钮，在本地磁盘中选中 FTP 站点主目录。依次单击“确定”按钮以及“下一步”按钮。

第 6 步，弹出“FTP 站点访问权限”对话框，选中“写入”复选框，并依次单击“下一步”按钮以及“完成”按钮，关闭“FTP 站点创建向导”对话框。

7.1.5 访问隔离用户模式 FTP 服务器

用户隔离模式的 FTP 服务器提高了 FTP 目录的安全性，可以将不同用户隔离在独立的目录中。拥有 FTP 服务器合法登录权限的用户可以使用用户账户访问自己的 FTP 目录，访问隔离用户模式 FTP 服务器的步骤如下所述。

第 1 步，在网络中任意一台计算机的 Web 浏览器地址栏输入隔离用户模式 FTP 站点地址（如 ftp：//10.115.223.61）并按回车键，然后在空白处右击，选择“登录”命令，如图 7–9 所示。

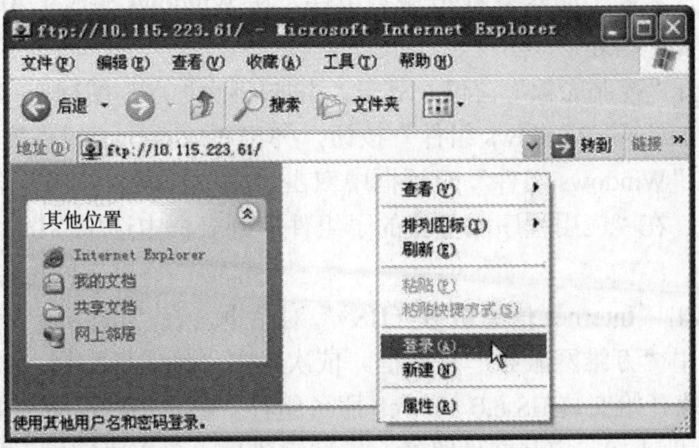

图 7–9 用 Web 浏览器登录 FTP 站点

第 2 步，弹出“登录身份”对话框，在“用户名”和“密码”文本框中分别输入合法的用户账户和密码，并单击“登录”按钮，如图 7–10 所示。

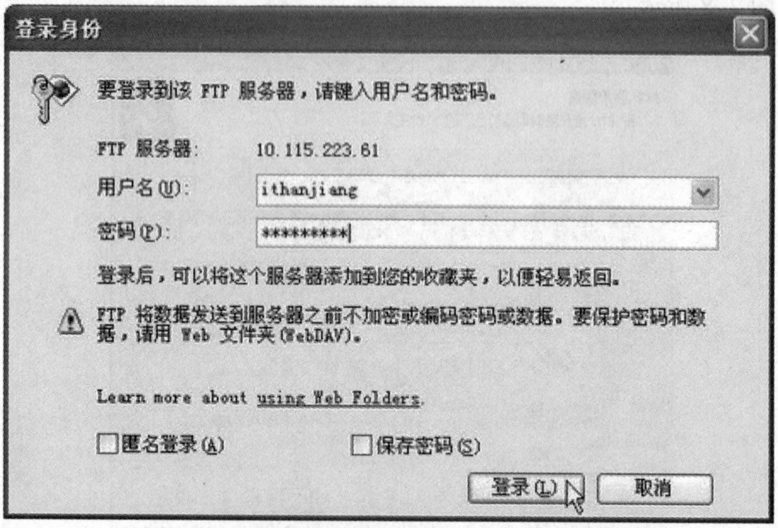

图 7–10 “登录身份”对话框

第 3 步，成功登录到用户在 FTP 服务器上的私人文件后，即可进行上传和下载文件的操作。

小提示：用户登录分为两种情况，如果以匿名用户的身份登录，则登录成功以后只能在 Public 目录中进行读写操作；如果是以某一有效用户的身份登录，则该用户只能在属于自己的目录中进行读/写操作，且无法看到其他用户的目录和 Public 目录。

7.2 Web 服务器的建立

7.2.1 什么是 Web 服务器

Web 服务器组件是 Windows Server 2003 系统中 IIS 6.0 的服务组件之一，默认情况下并没有被安装，用户需要手动安装 Web 服务组件。在 Windows Server 2003 系统中安装 Web 服务器组件的步骤如下所述。

第 1 步，打开“控制面板”窗口，双击“添加/删除程序”图标，打开“添加或删除程序”窗口。单击“添加/删除 Windows 组件”按钮，弹出“Windows 组件安装向导”对话框。

第 2 步，在“Windows 组件”对话框中双击“应用程序服务器”选项，选中“应用程序服务器”对话框。在“应用程序服务器的子组件”列表框中选中“Internet 信息服务（IIS）”复选框。

第 3 步，弹出“Internet 信息服务（IIS）”对话框，在“Internet 信息服务（IIS）的子组件”列表框中选中“万维网服务”复选框。依次单击“确定”按钮，如图 7–11 所示。

第 4 步，系统开始安装 IIS 6.0 和 Web 服务组件。在安装过程中需要提供 Windows Server 2003 系统安装光盘或指定安装文件路径。安装完成后，单击“完成”按钮即可。

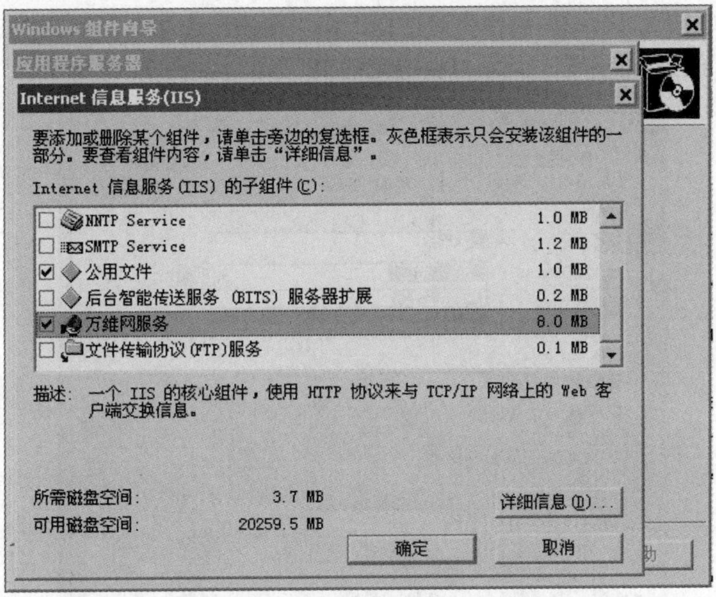

图 7–11　安装"万维网服务"组件

7.2.2　使用 IIS6.0 配置静态 Web 网站

在 Windows Server 2003 系统中成功安装 Web 服务器组件以后，即可使用 IIS6.0 配置静态 Web 网站。静态网站基于 HTML 语言编写，且不具有交互性。与静态网站相对应的还有动态网站。在 IIS6.0 中搭建静态 Web 网站的步骤如下所述。

第 1 步，在开始菜单中选择"管理工具"→"Internet 信息服务（IIS）管理器"菜单项，打开"Internet 信息服务（IIS）管理器"窗口。在左窗格中展开"网站"目录，右击"默认网站"选项，在弹出的快捷菜单中选择"属性"命令，如图 7–12 所示。

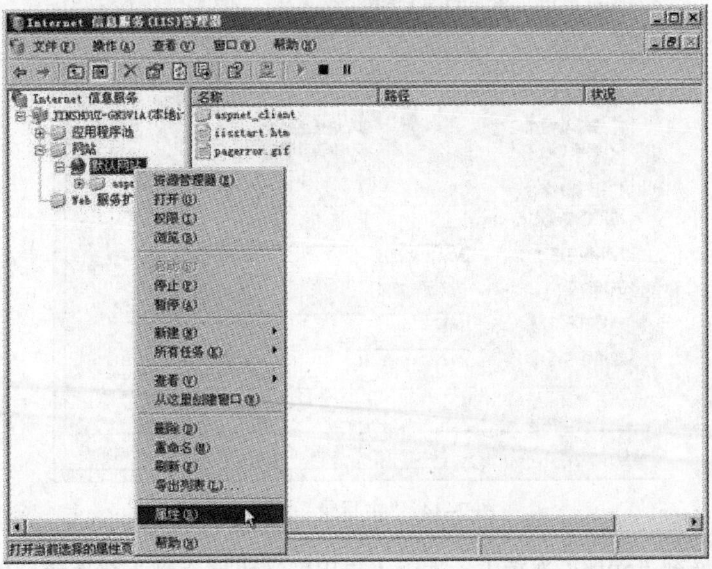

图 7–12　"Internet 信息服务（IIS）管理器"窗口

第 2 步，弹出“默认网站 属性”对话框，在“网站”选项卡中单击“IP 地址”下拉列表框中的下拉三角按钮，并选中该站点要绑定的 IP 地址，如图 7–13 所示。

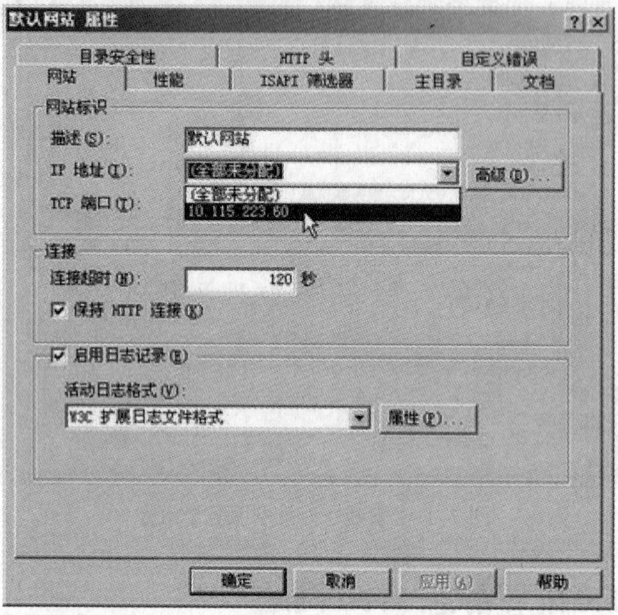

图 7–13 “网站”选项卡

第 3 步，切换到“主目录”选项卡，单击“本地路径”文本框右侧的“浏览”按钮，选择网站程序所在的主目录并单击“确定”按钮，如图 7–14 所示。

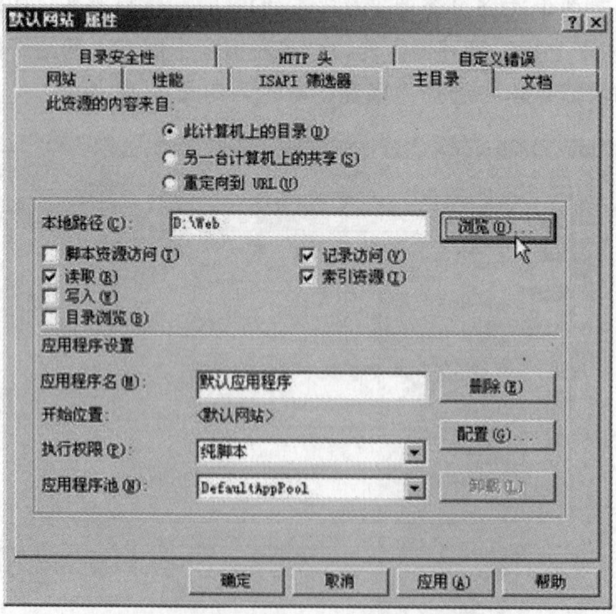

图 7–14 “主目录”选项卡

第 4 步，切换到“文档”选项卡，选中“启用默认内容文档”复选框。然后单击“添加”

按钮，在弹出的“添加内容页”对话框的“默认内容页”文本框中输入网站首页文件名（如 index.html），并单击“确定”按钮，如图 7–15 所示。

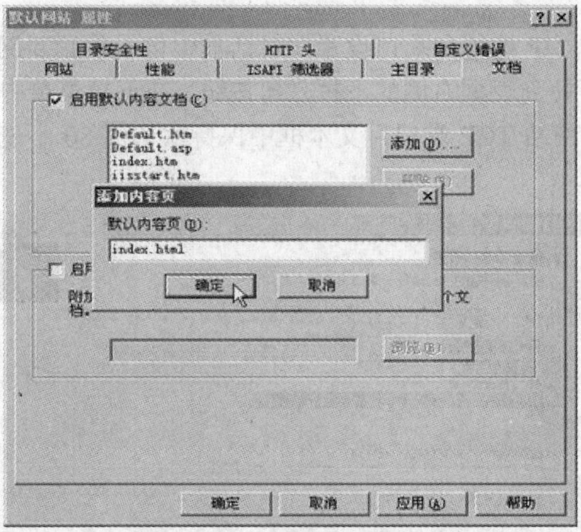

图 7–15 “添加内容页”对话框

第 5 步，返回“默认网站 属性”对话框，并单击“确定”按钮。至此静态网站搭建完毕，用户只要将开发的网站源程序复制到所设置的网站主目录中，即可使用指定的 IP 地址访问该网站。

7.2.3　使用 IIS6.0 配置 ASP 动态 Web 网站

在 Windows Server 2003 系统中，用户可以借助 IIS 6.0 配置基于 ASP，PHP，ASP.NET 等语言的动态 Web 网站。动态 Web 网站基于数据库技术，能够实现较为全面的功能。动态网站具有交互性强以及自动发布信息等特点，更适合公司及企业使用。在 IIS 6.0 中配置 ASP 动态 Web 网站的步骤如下所述。

第 1 步，在“Internet 信息服务（IIS）管理器”窗口中右击“网站”目录，选择“新建”→“网站”命令，如图 7–16 所示。

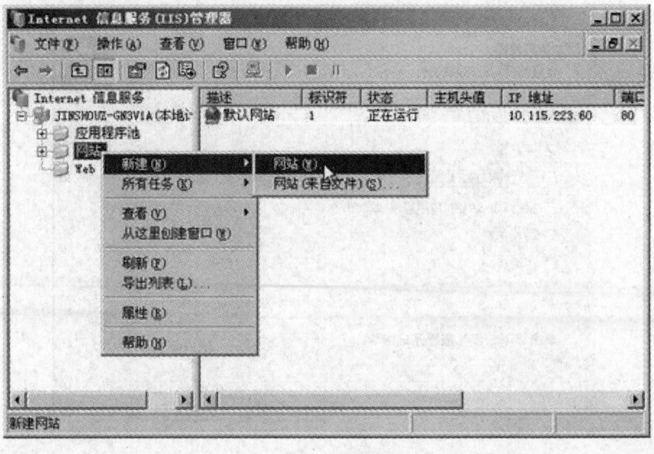

图 7–16　新建网站

第 2 步，弹出“网站创建向导”对话框，在“网站创建向导”对话框中单击“下一步”按钮。打开“网站描述”对话框，在“描述”文本框中输入一段描述网站内容的文字信息，并单击“下一步”按钮。

第 3 步，在弹出的“IP 地址和端口设置”对话框中可以设置新网站的 IP 地址和端口号。单击“网站 IP 地址”下拉列表框右侧的下拉三角按钮，在下拉菜单中选择一个未被其他 Web 站点占用的 IP 地址。“网站 TCP 端口”文本框中保持默认值 80 不变，并单击“下一步”按钮，如图 7–17 所示。

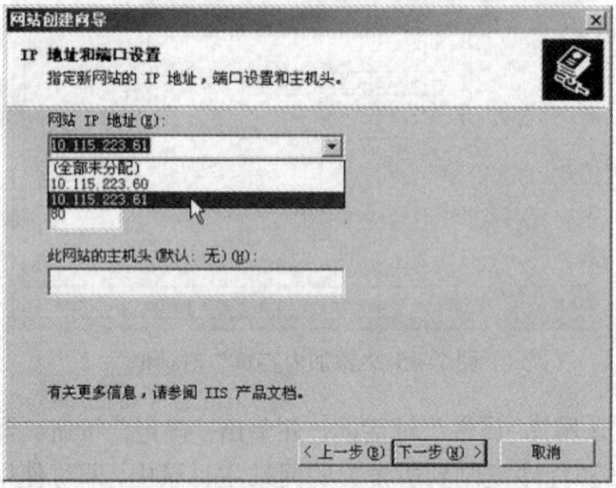

图 7–17 “IP 地址和端口设置”对话框

小提示：80 端口是指派给 HTTP 的标准端口，主要用于 Web 站点的发布。如果所创建的 Web 站点是一个公共站点，那么只需采用默认的 80 端口即可。这样用户在浏览器中输入网址或 IP 地址时，客户端浏览器会自动尝试在 80 端口上连接 Web 站点。如果该 Web 站点有特殊用途，需要增强其安全性，那么可以设置特定的端口号。

第 4 步，弹出“网站主目录”对话框，单击“浏览”按钮，选择动态网站所在的主目录。依次单击“确定”和“下一步”按钮。

第 5 步，在弹出的“网站访问权限”对话框中，保持默认权限设置，单击“下一步”按钮。打开完成“网站创建向导”对话框，单击“完成”按钮，如图 7–18 所示。

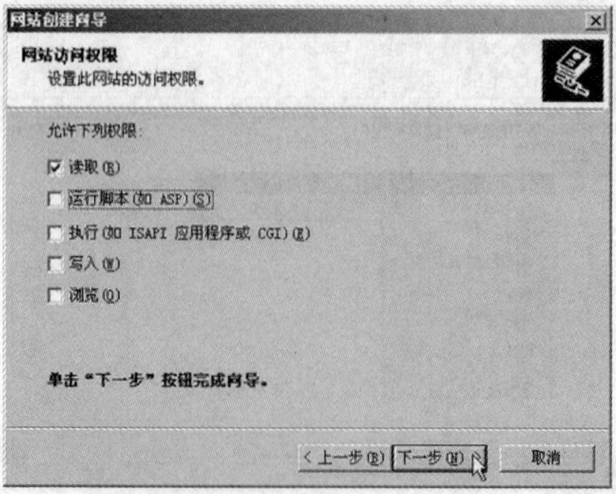

图 7–18 “网站访问权限”对话框

小提示：用户可以根据实际需要设置网站的访问权限，每种权限所允许进行的操作如下所述：

第 1 步，【读取】允许用户从该 Web 站点读取文件；

第 2 步，【运行脚本（如 ASP）】允许在 Web 站点中运行活动服务器页面（Active Server Pages，ASP）脚本；

第 3 步，【执行（如 ISAPI 应用程序或 CGI）】允许在网站上执行 ISAPI 或者 CGI 应用程序，且启用该权限后将自动启用“运行脚本”的权限；

第 4 步，【写入】允许用户通过客户端浏览器向 Web 站点中写入数据（如填写注册表格等）；

第 5 步，【浏览】当用户没有向 Web 站点发出针对某个具体文件的请求，并且 Web 站点中也没有定义默认的文档时，则 IIS 会返回该站点根目录下各文件和子目录的 HTML 表示形式。

第 6 步，基于安全方面的考虑，IISS 6.0 默认禁用了 ASP 程序支持属性，需要用户手动开启此功能。在“Internet 信息服务（IIS）管理器”窗口中依次展开“网站”→“Web 服务扩展”目录，然后在右窗格中选中 Active Server Pages 选项，并单击“允许”按钮，如图 7–19 所示。

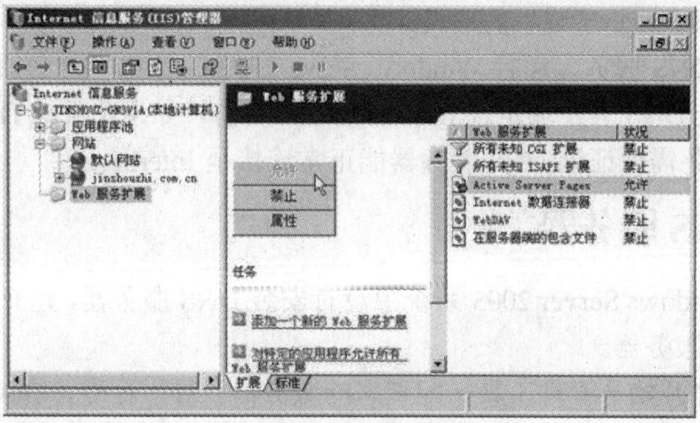

图 7–19　设置启用 ASP 程序支持

第 7 步，在“Internet 信息服务（IIS）管理器”窗口中右击 ASP 动态网站名称（如 jinshouzhi.com.cn），选择“属性”命令。在弹出的“jinshouzhi.com.cn 的属性”对话框中切换到“文档”选项卡，单击“添加”按钮。弹出“添加内容页”对话框，在“默认内容页”文本框中输入 ASP 网站默认的首页文件名称（一般为 index.asp）。依次单击“确定”按钮，如图 7–20 所示。

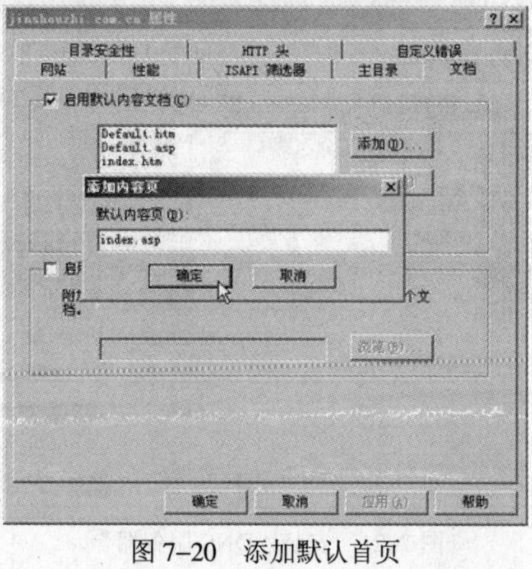

图 7–20　添加默认首页

至此，ASP 动态网站的服务器端设置成功完成。用户需要将开发的 ASP 网站源程序复制到网站主目录中，从而实现 ASP 动态网站的发布。

7.3 DNS 服务器的建立

7.3.1 什么是 DNS 服务器

域名系统（Domain Name System，DNS）是一种组织成层次结构的分布式数据库，里面包含有从 DNS 域名到各种数据类型（如 IP 地址）的映射。这通常需要建立一种 A（Address）记录，意为“主机记录”或“主机地址记录”，是所有 DNS 记录中最常见的一种。通过 DNS，用户可以使用友好的名称查找计算机和服务在网络上的位置。DNS 名称分为多个部分，各部分之间用点分隔。最左边的是主机名，其余部分是该主机所属的 DNS 域。因此一个 DNS 名称应该表示为“主机名+DNS 域”的形式。

要想成功部署 DNS 服务，运行 Windows Serve 2003 的计算机中必须拥有一个静态 IP 地址，只有这样才能让 DNS 客户端定位 DNS 服务器。另外，如果希望该 DNS 服务器能够解析 Internet 上的域名，还需保证该 DNS 服务器能正常连接至 Internet。

7.3.2 安装 DNS 服务器

默认情况下 Windows Server 2003 系统中没有安装 DNS 服务器，建立 DNS 服务器第一件工作就是安装 DNS 服务器。

第 1 步，执行“开始→管理工具→配置您的服务器向导”命令，在弹出的“配置您的服务器向导”对话框中依次单击“下一步”按钮。配置向导自动检测所有网络连接的设置情况，进入“服务器角色”向导页。如果是第一次使用配置向导，则出现“配置选项”对话框，选中“自定义配置”单选按钮。

第 2 步，在“服务器角色”列表中选中“DNS 服务器”选项，并单击“下一步”按钮，如图 7–21 所示。

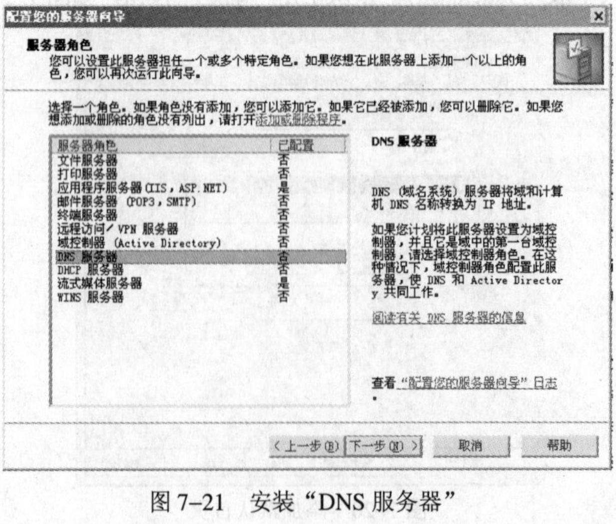

图 7–21　安装“DNS 服务器”

第 3 步，向导开始安装 DNS 服务器，并且可能会提示插入 Windows Server 2003 的安装光盘或指定安装源文件。

如果该服务器当前配置为自动获取 IP 地址，则“Windows 组件向导”对话框的“正在配置组件”页面就会出现，提示用户使用静态 IP 地址配置 DNS 服务器。

7.3.3　创建区域

DNS 服务器安装完成以后会自动弹出“配置 DNS 服务器向导”对话框。用户可以在该向导的指引下创建区域。

第 1 步，在“配置 DNS 服务器向导”对话框中单击“下一步”按钮，打开“选择配置操作”向导页。在默认情况下适合小型网络使用的“创建正向查找区域”单选按钮处于选中状态。如果所管理的网络不太大，因此，保持默认选项，并单击“下一步”按钮，如图 7-22 所示。

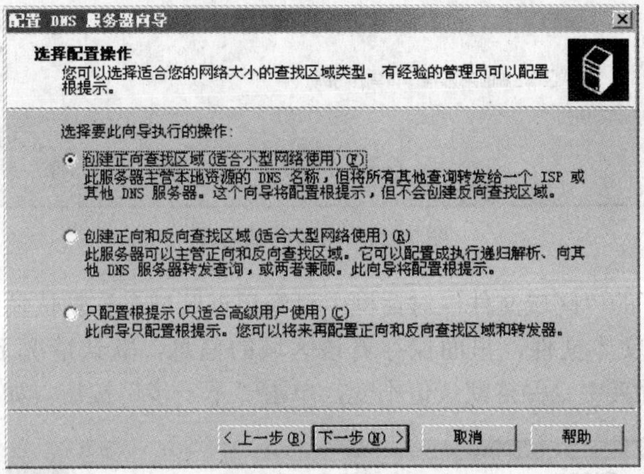

图 7-22　选择配置操作

第 2 步，打开“主服务器位置”对话框，如果所部署的 DNS 服务器是网络中的第一台 DNS 服务器，则应该选中“这台服务器维护该区域”单选框，将该 DNS 服务器作为主 DNS 服务器使用，并单击“下一步”按钮，如图 7-23 所示。

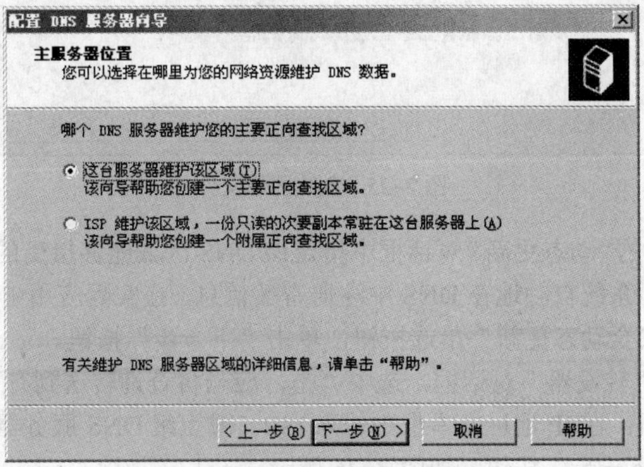

图 7-23　确定主服务器的位置

第 3 步，打开“新建区域向导”对话框，在“区域名称”文本框中输入一个能反映公司信息的区域名称（如“yesky.com”），单击“下一步”按钮，如图 7–24 所示。

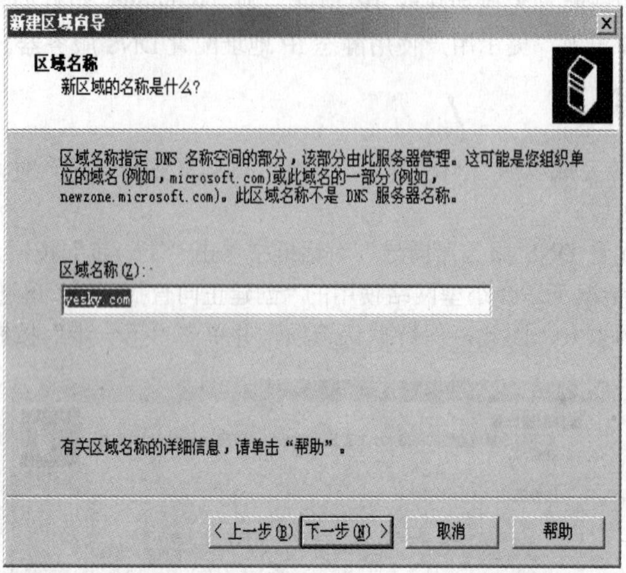

图 7–24 填写区域名称

第 4 步，在打开的“区域文件”对话框中已经根据区域名称默认输入了一个文件名。该文件是一个 ASCII 文本文件，里面保存着该区域的信息，默认情况下保存在 Windows、System32、DNS 文件夹中。保持默认值不变，单击“下一步”按钮。如图 7–25 所示。

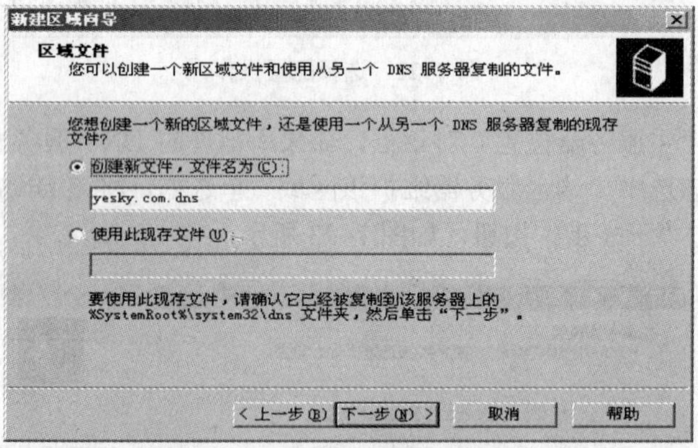

图 7–25 创建区域文件

第 5 步，在打开的“动态更新”对话框中指定该 DNS 区域能够接受的注册信息更新类型。允许动态更新可以让系统自动地在 DNS 中注册有关信息，在实际应用中比较有用，因此，选中“允许非安全和安全动态更新”单选按钮，单击“下一步”按钮。

第 6 步，打开“转发器”对话框，选中“是，应当将查询转送到有下列 IP 地址的 DNS 服务器上”单选按钮。在 IP 地址文本框中输入 ISP（或上级 DNS 服务器）提供的 DNS 服务器 IP 地址，单击“下一步”按钮，如图 7–26 所示。

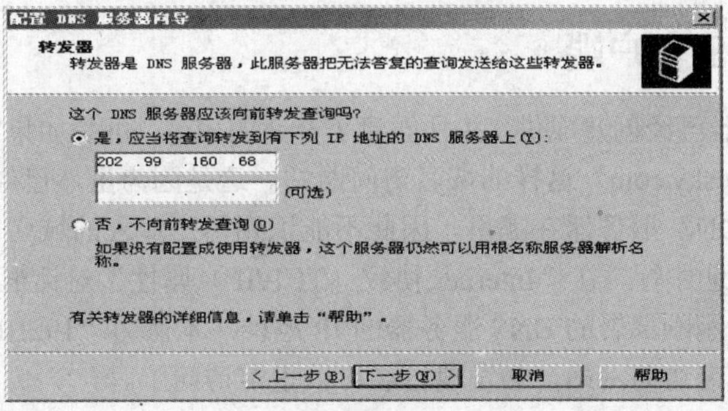

图 7–26 配置 DNS 转发

小提示：通过配置“转发器”对话框可以使内部用户在访问 Internet 上的站点时使用当地的 ISP 提供的 DNS 服务器进行域名解析。

第 7 步，依次单击“完成”按钮，结束“yesky.com”区域的创建过程和 DNS 服务器的安装配置过程。

7.3.4 创建域名

刚才利用向导成功创建了“yesky.com”区域，可是内部用户还不能使用这个名称来访问内部站点，因为它还不是一个合格的域名。接着还需要在其基础上创建指向不同主机的域名才能提供域名解析服务。这里准备创建一个用以访问 Web 站点的域名“www.yesky.com”，具体操作步骤如下。

第 1 步，执行“开始”→“管理工具”→“DNS”命令，打开 DNS 控制台窗口。

第 2 步，在左窗格中依次展开“ServerName”和“正向查找区域”目录。然后右击“yesky.com”区域，执行快捷菜单中的“新建主机”命令。

第 3 步，弹出“新建主机”对话框，在“名称”文本框中输入一个能代表该主机所提供服务的名称（本例输入“www”）。在“IP 地址”文本框中输入该主机的 IP 地址（如“192.168.0.198”），单击“添加主机”按钮。很快就会提示已经成功创建了主机记录，如图 7–27 所示。

最后单击“完成”按钮结束创建。

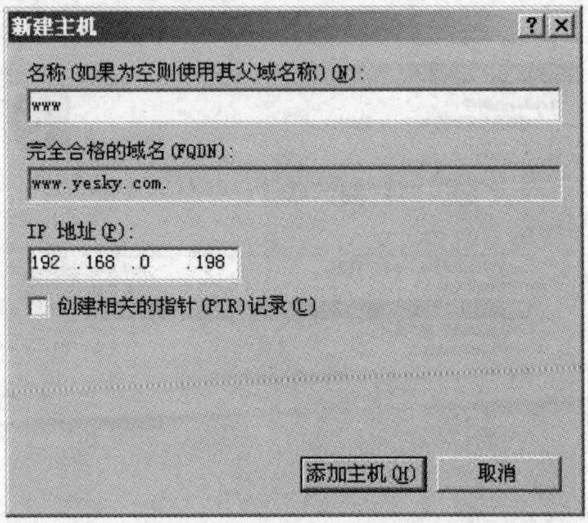

图 7–27 创建主机记录

7.3.5 设置 DNS 客户端

尽管 DNS 服务器已经创建成供，并且创建了合适的域名，可是如果在客户机的浏览器中却无法使用“www.yesky.com”这样的域名访问网站。这是因为虽然已经有了 DNS 服务器，但客户机并不知道 DNS 服务器在哪里，因此不能识别用户输入的域名。用户必须手动设置 DNS 服务器的 IP 地址才行。在“Internet 协议（TCP/IP）属性”对话框中的“首选 DMS 服务器”文本框中设置刚刚部署的 DNS 服务器的 IP 地址（本例为“192.168.0.1”）。

然后再次使用域名访问网站，会发现已经可以正常访问了。

7.4 DHCP 服务器的建立

7.4.1 什么是 DHCP 服务器

动态主机配置协议（Dynamic Host Configuration Protocol，DHCP）是 Windows 2000 Server 和 Windows Server 2003（SP1）系统内置的服务组件之一。DHCP 服务能为网络内的客户端计算机自动分配 TCP/IP 配置信息（如 IP 地址、子网掩码、默认网关和 DNS 服务器地址等），从而帮助网络管理员省去手动配置相关选项的工作。

搭建 DHCP 服务器需要一些必备条件的支持，首先需要选择一台运行 Windows Server 2003 系统的服务器，并且为这台服务器指定一个静态 IP 地址（如 10.115.223.60）。另外，用户应当根据网络中同一子网内所拥有计算机的数量确定一段 IP 地址范围，以便作为 DHCP 服务器的作用域。

7.4.2 在 Windows Server 2003 系统中安装 DHCP 服务组件

在 Windows Server 2003 系统中默认没有安装 DHCP 服务器组件，用户需要进行手动安装。安装 DHCP 服务器组件的步骤如下所述。

第 1 步，在“控制面板”窗口中双击“添加或删除程序”图标，打开“添加或删除程序”窗口，单击“添加/删除 Windows 组件”按钮。

第 2 步，弹出“Windows 组件向导”对话框，在“组件”列表框中选中“网络服务”复选框，如图 7–28 所示。

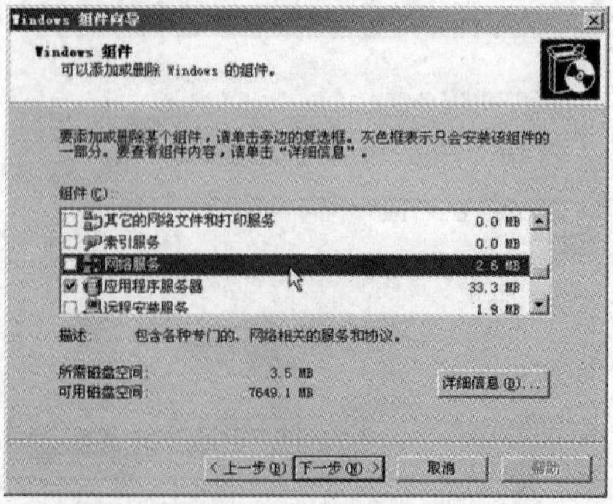

图 7–28 “Windows 组件向导”对话框

第 3 步，弹出“网络服务”对话框，在“网络服务的子组件”选项区域中选中“动态主机配置协议（DHCP）”复选框。依次单击“确定”按钮→“下一步”按钮，如图 7–29 所示。

第 4 步，系统开始安装和配置 DHCP 服务组件，完成安装后单击“完成”按钮。

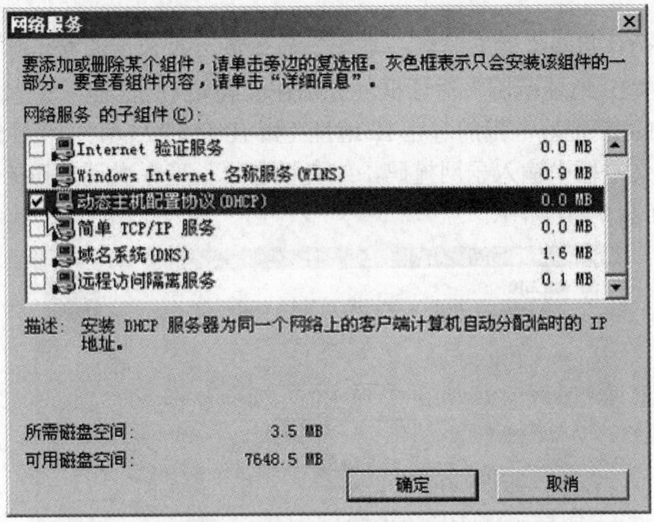

图 7–29 安装“动态主机配置协议（DHCP）”组件

7.4.3 在 DHCP 服务器中创建 IP 地址作用域

使用 DHCP 服务器可以为同一个子网内的所有客户端计算机自动分配 IP 地址，用户首先需要创建一个 IP 地址作用域。在 DHCP 服务器中创建 IP 地址作用域的步骤如下所述。

第 1 步，在开始菜单中选择“管理工具”→“DHCP”菜单项，打开“DHCP”窗口。在左窗格中右击 DHCP 服务器名称，选择“新建作用域”命令，如图 7–30 所示。

小提示：如果是在 Active Directory（活动目录）中部署 DHCP 服务器，还需要进行授权才能使 DHCP 服务器生效。如果网络是基于工作组管理模式，则无须进行授权操作即可进行创建 IP 地址作用域的操作。

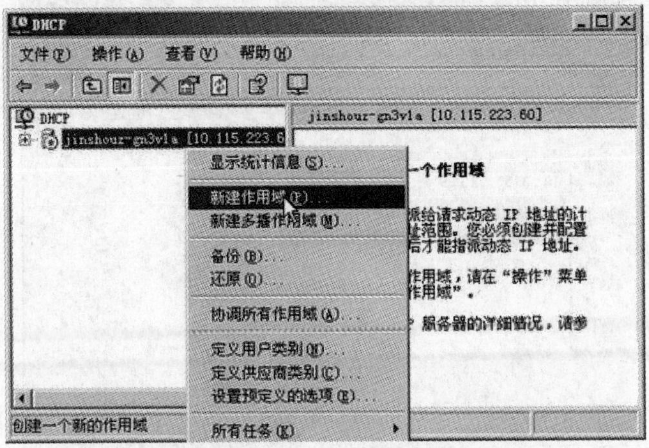

图 7–30 选择“新建作用域”

第 2 步，弹出“新建作用域向导”对话框，在“新建作用域向导”对话框中单击“下一步”按钮，打开“作用域名”对话框。在“名称”文本框中为该作用域输入一个名称（例如，myserver.com.cn），另外，可以在“描述”文本框中输入一段描述性的语言。然后单击“下一步”按钮。

小提示：这里的作用域名称只起到一个标识的作用，基本上没有实际用处。

第 3 步，弹出“IP 地址范围”对话框，分别在“起始 IP 地址”和“结束 IP 地址”文本框中输入事先规划的 IP 地址范围的起止 IP 地址（如 10.115.223.61～10.115.223.100）。接着需要在“子网掩码”文本框中输入子网掩码，或者调整“长度”微调按钮的值。设置完毕单击“下一步”按钮，如图 7–31 所示。

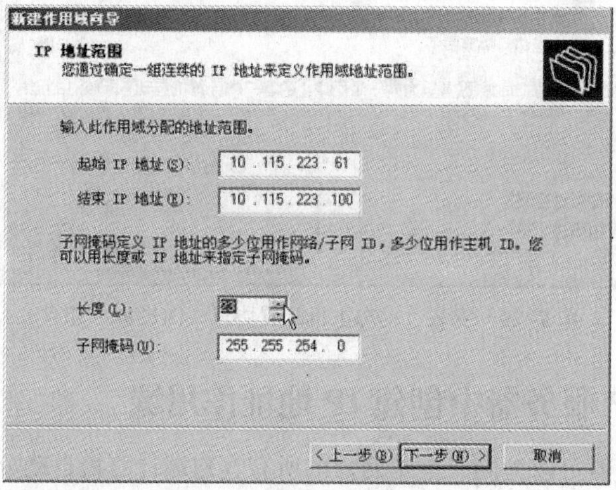

图 7–31 “IP 地址范围”对话框

第 4 步，在弹出的“添加排除”对话框中可以指定排除的 IP 地址或 IP 地址范围，例如，已经指定给服务器的静态 IP 地址需要在此排除。在“起始 IP 地址”文本框中输入准备排除的 IP 地址并单击“添加”按钮，这样可以排除一个单独的 IP 地址，当然也可以排除某个范围内的 IP 地址。单击“下一步”按钮，如图 7–32 所示。

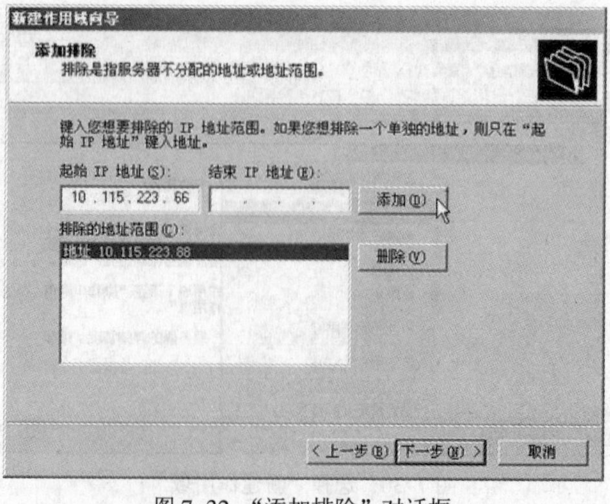

图 7–32 “添加排除”对话框

第 5 步，在弹出的“租约期限”对话框中，默认将客户端获取的 IP 地址使用期限设置为 8 天。根据实际需要修改租约期限（如 30 天），单击“下一步”按钮，如图 7–33 所示。

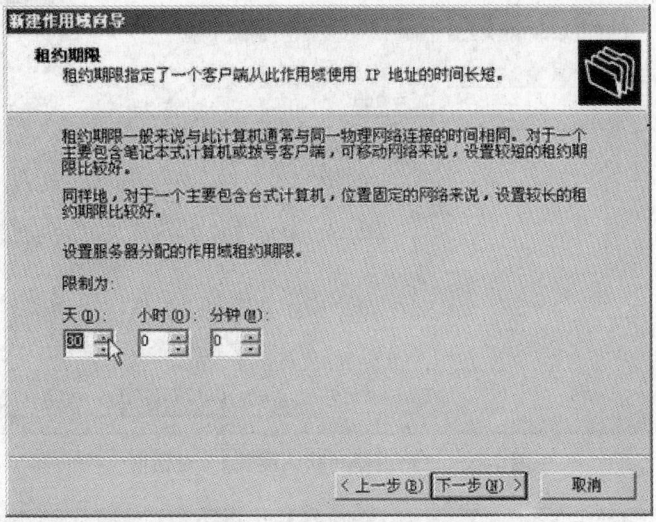

图 7–33　“租约期限”对话框

第 6 步，弹出“配置 DHCP 选项”对话框，选中“是，想现在配置这些选项”单选按钮，并单击“下一步”按钮，如图 7–34 所示。

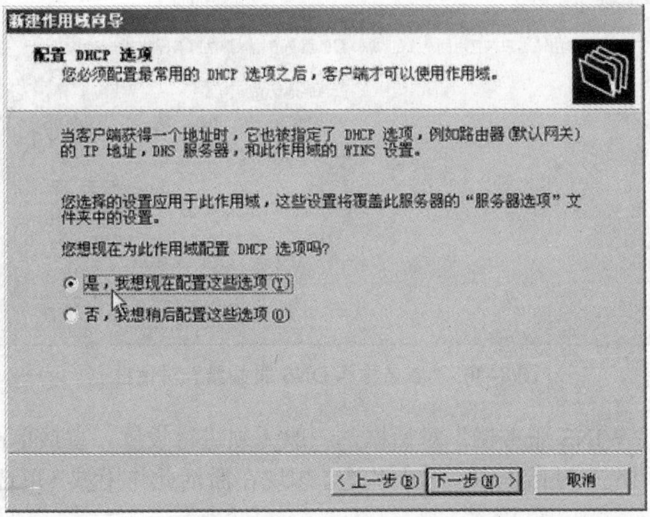

图 7–34　“配置 DHCP 选项”对话框

第 7 步，在弹出的“路由器（默认网关）”对话框中根据实际情况输入网关地址（如 10.115.223.254），并依次单击“添加”按钮→“下一步”按钮，如图 7–35 所示。

第 8 步，在弹出的“域名称和 DNS 服务器”对话框中可以根据实际情况设置 DNS 服务器地址。DNS 服务器地址可以设置为多个，既可以是局域网内部的 DNS 服务器地址，也可以是 Internet 上的 DNS 服务器地址。设置完毕单击“下一步”按钮，如图 7–36 所示。

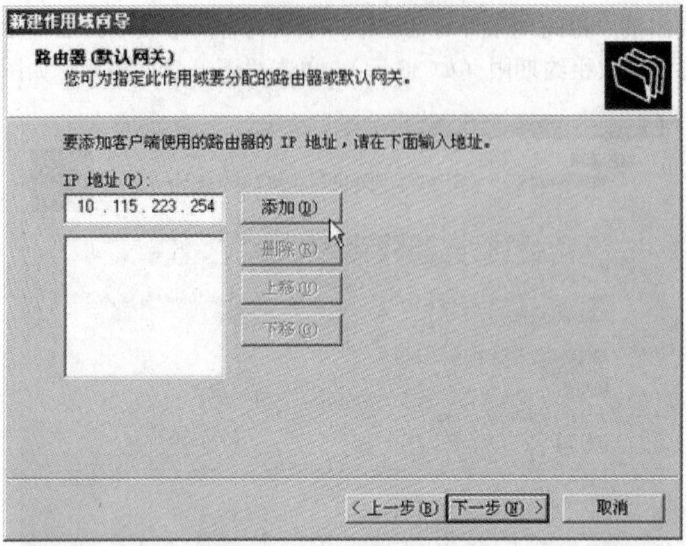

图 7–35 “路由器（默认网关）”对话框

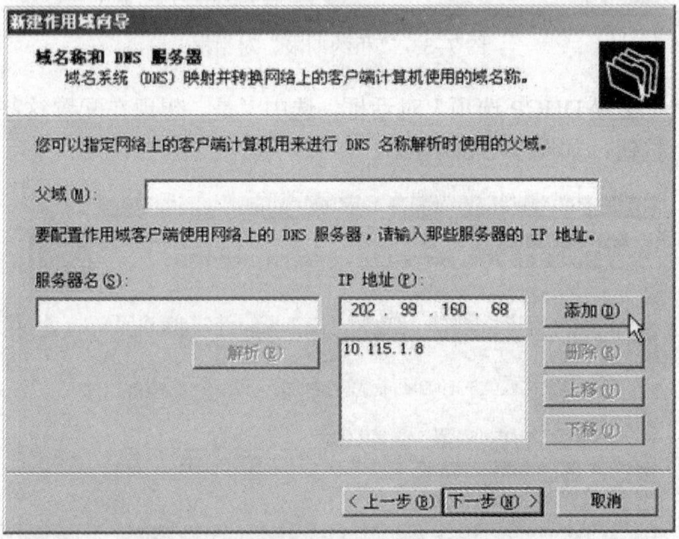

图 7–36 “域名称和 DNS 服务器”对话框

第 9 步，弹出“WINS 服务器”对话框，一般无须进行设置，直接单击“下一步”按钮。在打开的“激活作用域”对话框中，选中“是，想现在激活此作用域”单选按钮，并单击“下一步”按钮。

第 10 步，最后弹出“正在完成新建作用域向导”对话框，单击“完成”按钮即可。

7.4.4 在 Windows XP 系统中设置 DHCP 客户端计算机

局域网中的计算机通过 DHCP 服务器能够自动获取 IP 地址，用户只需对 DHCP 客户端计算机进行相应的设置即可。以运行 Windows XP（SP2）系统的客户端计算机为例，设置 DHCP 客户端计算机的步骤如下所述。

第 1 步，在桌面上右击“网上邻居”图标，选择“属性”命令。在打开的“网络连接”

窗口中右击“本地连接”图标并在弹出的快捷菜单中选择“属性”命令，弹出“本地连接属性”对话框。然后选中“此连接使用下列项目”选项区域中的“Internet 协议（TCP/IP）”复选框，如图 7–37 所示。

第 2 步，在弹出的“Internet 协议（TCP/IP）属性”对话框中选中“自动获得 IP 地址”和“自动获得 DNS 服务器地址”单选按钮，并依次单击“确定”按钮使设置生效。

小提示：默认情况下大部分计算机使用的一般都是自动获取 IP 地址的方式，无须进行修改。在 DHCP 服务器正常运行的情况下，首次开机的客户端计算机会自动获取一个 IP 地址并拥有一定时间的使用期限。

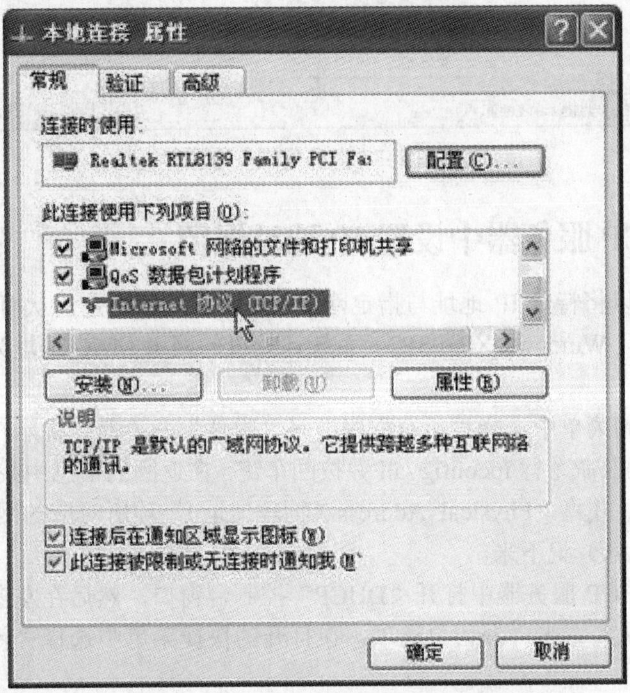

图 7–37　“本地连接”属性对话框

7.4.5　在 DHCP 服务器中设置 IP 地址租约期限

IP 地址租约期限是指客户端计算机在 DHCP 服务器所获取的 IP 地址配置信息的使用期限。客户端在自动获取一个 IP 地址后，一般会有一定的使用期限，期限过后需要重新申请 IP 地址。然而频繁的 IP 地址变动会给管理工作带来麻烦，用户可以通过设置 IP 地址租约期限使客户端计算机拥有 IP 地址的永久使用权。设置 IP 地址租约期限的操作步骤如下所述：

第 1 步，在开始菜单中选择“管理工具”→“DHCP”命令，打开“DHCP”窗口。在左窗格中展开服务器名称目录，然后右击“作用域”选项，在弹出的快捷菜单中选择“属性”命令，如图 7–38 所示。

第 2 步，打开作用域属性对话框，在“DHCP 客户端的租约期限”区域选中“无限制”单选框，并单击“确定”按钮。

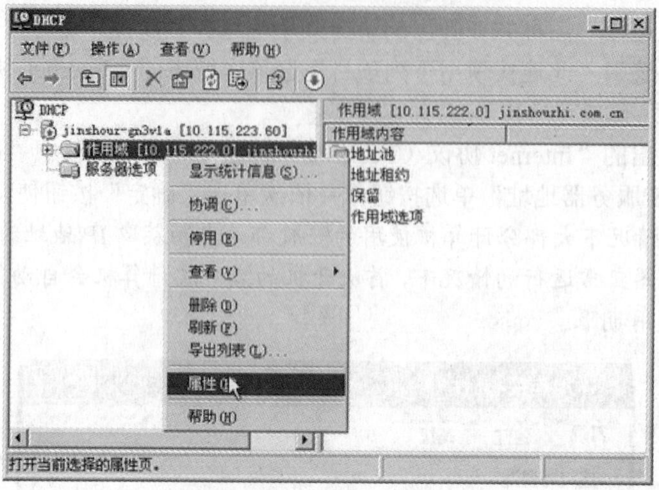

图 7–38 “作用域”选项

7.4.6 在 DHCP 服务器中设置 IP 地址保留

IP 保留功能可以将特定 IP 地址与指定网卡的 MAC 地址绑定，从而使该 IP 地址为该网卡专用。以绑定运行 Windows XP（SP2）系统计算机的网卡 MAC 地址为例，操作步骤如下所述：

第 1 步，在开始菜单中选择“所有程序”→“附件”→“命令提示符”命令，打开“命令提示符”窗口。输入命令行 ipconfig /all 并按回车键，在返回的信息中找到“Ethernet adapter 本地连接”信息组，并将“Physical Address（物理地址）”项所对应的网卡 MAC 地址（如 00–13–D4–70–DB–A1）记下来。

第 2 步，在 DHCP 服务器中打开“DHCP”控制台窗口，然后在左窗格中依次展开服务器和“作用域”目录。右击“保留”选项，在打开的快捷菜单中选择“新建保留”命令，如图 7–39 所示。

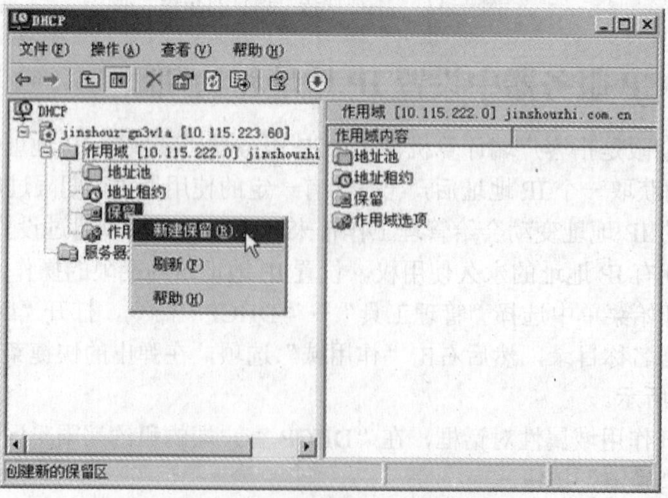

图 7–39 设置“新建保留”

第 3 步，弹出“新建保留”对话框，在“保留名称”文本框中输入名称，接着在“IP 地址”文本框中输入准备保留的 IP 地址，并在“MAC 地址”文本框中输入事先记录的网卡 MAC 地址。最后单击“添加”按钮，如图 7–40 所示。

小提示：重复上述步骤可以新建多个保留 IP 地址，最后单击“关闭”按钮即可。

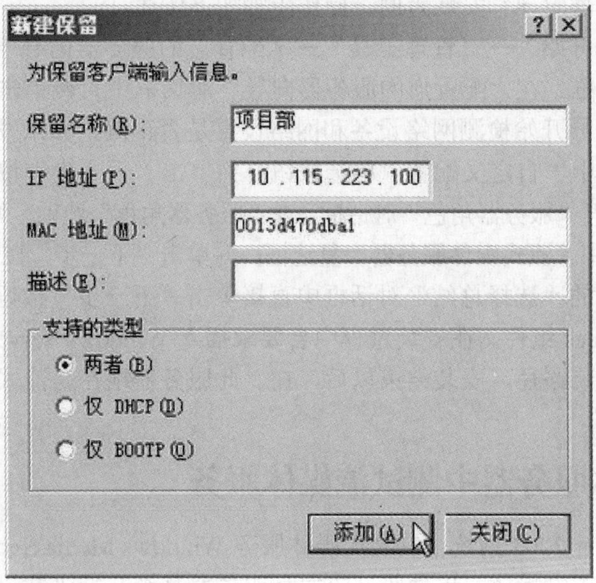

图 7–40 “新建保留”对话框

7.5　流媒体服务器的建立

7.5.1　什么是流媒体服务器

流媒体文件是目前非常流行的网络媒体格式之一，这种文件允许用户一边下载一边播放，从而大大减少了用户等待播放的时间。另外同过网络播放流媒体文件时，文件本身不会在本地磁盘中存储，这样就节省了大量的磁盘空间开销。正是这些优点，使得流媒体文件被广泛应用于网络播放。

Windows Server 2003 系统内置的流媒体服务组件 Windows 媒体服务（Windows Media Services，WMS）就是一款通过 Internet 或 Intranet 向客户端传输音频和视频内容的服务平台。WMS 支持.asf，.wma，.wmv，.mp3 等格式的媒体文件。能够像 Web 服务器发布 HTML 文件一样发布流媒体文件和从摄像机、视频采集卡等设备传来的实况流。而用户可以使用 Windows Media Player 9 及以上版本的播放器收看这些媒体文件。

流媒体服务器是通过建立发布点来发布流媒体内容和管理用户连接的。流媒体服务器能够发布从视频采集卡或摄像机等设备中传来的实况流、事先存储的流媒体文件、实况流和流媒体文件的结合体。一个媒体流可以由一个媒体文件构成，也可以由多个媒体文件组合而成，还可以由一个媒体文件目录组成。

7.5.2 在 Windows Server 2003 中安装流媒体服务器组件

默认情况下，Windows Server 2003（SP1）没有安装 Windows Media Services 组件。用户可以通过使用“Windows 组件向导”和“配置您的服务器向导”2 种方式来安装该组件。以使用“配置您的服务器向导”安装为例，操作步骤如下所述。

第 1 步，执行“开始”→“管理工具”→“配置您的服务器向导”命令，弹出“配置您的服务器向导”对话框。在“配置您的服务器向导”对话框中直接单击“下一步”按钮。

第 2 步，配置向导开始检测网络设备和网络设置是否正确，如未发现错误则会弹出“配置选项”对话框。选中“自定义配置”单选按钮，并单击“下一步”按钮。

第 3 步，弹出打开“服务器角色”对话框，在“服务器角色”选项区域中显示出所有可以安装的服务器组件。选中“流式媒体服务器”复选框，并单击“下一步”按钮，如图 7–41 所示。

第 4 步，在弹出的“选择总结”对话框中直接单击“下一步”按钮，配置向导开始安装 Windows Media Services 组件。在安装过程中会要求插入 Windows Server 2003（SP1）系统安装光盘或指定系统安装路径，安装结束以后，在“此服务器现在是流式媒体服务器”对话框中单击“完成”按钮。

7.5.3 在流媒体服务器中测试流媒体服务

在 Windows Server 2003 系统中安装流媒体服务 Windows Media Services 以后，用户可以测试流媒体能不能被正常播放，以便验证流媒体服务器是否运行正常。测试流媒体服务器的步骤如下所述：

第 1 步，在开始菜单中选择“管理工具”→Windows Media Services 菜单项，打开 Windows Media Services 窗口。

第 2 步，在左窗格中依次展开服务器和“发布点”目录，默认已经创建“<默认>（点播）”和 Sample_Broadcast 2 个发布点。选中“<默认>（点播）”发布点，在右窗格中切换到“源”选项卡。在“源”选项卡中单击“允许新的单播连接”按钮以接收单播连接请求，然后单击“测试流”按钮，如图 7–41 所示。

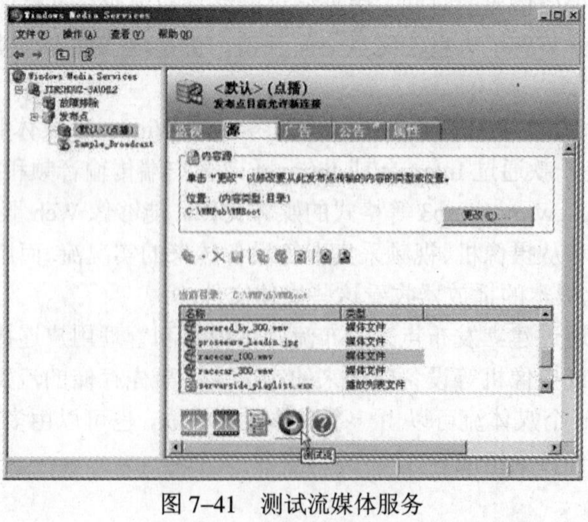

图 7–41 测试流媒体服务

第 3 步，打开“测试流”窗口，在窗口内嵌的 Windows Media Player 播放器中将自动播放测试用的流媒体文件。如果能够正常播放，则说明流媒体服务器运行正常。单击“退出”按钮，关闭“测试流”窗口。

小提示：用户可以重复上述步骤测试“Sample_Broadcast”广播发布点是否正常。另外，在 Windows Server 2003（SP1）系统中，即使安装了声卡驱动程序，系统依然没有启动音频设备。用户需要在“控制面板”窗口中双击“声音和音频设备”图标，弹出“声音和音频设备”对话框，并选中“启用 Windows 音频”复选框。

7.5.4　在流媒体服务器中创建“点播—多播”发布点

流媒体服务器能够通过点播和广播 2 种方式发布流媒体，其中点播方式允许用户控制媒体流的播放，具备交互性；广播方式将媒体流发送给每个连接请求，用户只能被动接收而不具备交互性。每种发布方式又包括单播和多播两种播放方式。其中单播方式是为每个连接请求建立一个享有独立带宽的点对点连接；而多播方式则将媒体流发送到一个 D 类多播地址，允许多个连接请求同时连接到该多播地址共享一个媒体流，属于一对多连接。发布方式和播放方式可以组合成 4 种发布点类型，即“广播—单播”、“广播—多播”、“点播—单播”和“点播—多播”。

创建“点播—单播”类型发布点的步骤如下所述。

第 1 步，打开 Windows Media Services 窗口，在左窗格中展开服务器目录，并选中“发布点”选项。然后在右窗格空白处右击，在弹出的快捷菜单中选择“添加发布点”命令，如图 7–42 所示。

第 2 步，弹出“添加发布点向导”对话框，在此对话框中直接单击“下一步”按钮。弹出“发布点名称”对话框，在“名称”文本框中输入能够代表发布点用途的名称（如 Movie），并单击“下一步”按钮。

第 3 步，在弹出的“内容类型”对话框中，用户可以选择要发布的流媒体类型。这里选中“目录中的文件”单选按钮，并单击“下一步”按钮。

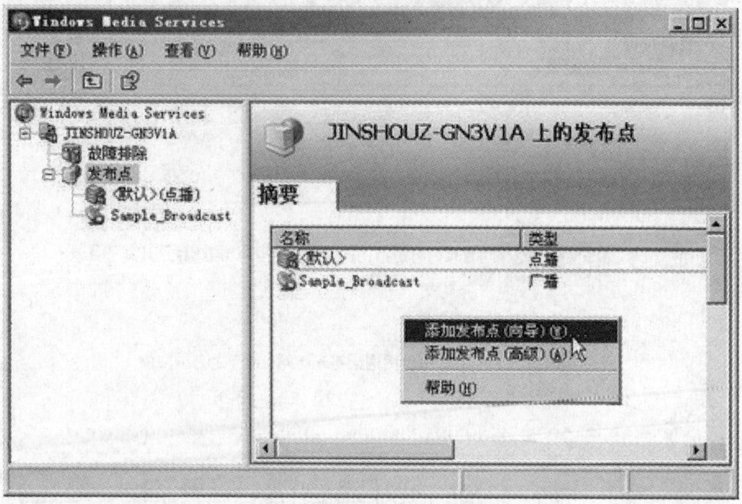

图 7–42　创建发布点

第 4 步，在弹出的“发布点类型”对话框中，选中“点播发布点”单选按钮，并单击“下一步”按钮。

第 5 步，弹出“目录位置”对话框，在这里需要设置该点播发布点的主目录。单击“浏览”按钮，弹出“Windows Media 浏览”对话框。单击“数据源”下拉列表框右侧的下拉三角按钮，选中主目录所在的磁盘分区。然后在文件夹列表中选中主目录，并单击“选择目录”按钮，如图 7–43 所示。

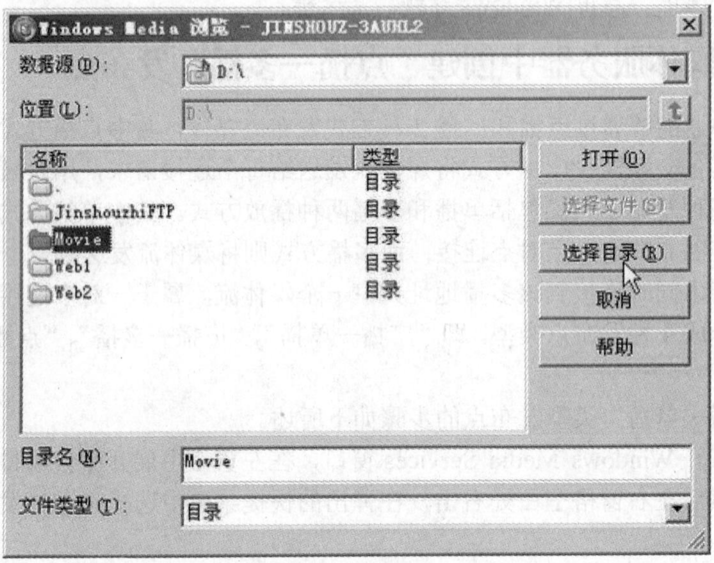

图 7–43　设置点播发布点主目录

第 6 步，返回“目录位置”对话框，如果希望在创建的点播发布点中按照顺序发布主目录中的所有文件，则可以选中“允许使用通配符对目录内容进行访问”复选框。设置完毕单击“下一步”按钮，如图 7–44 所示。

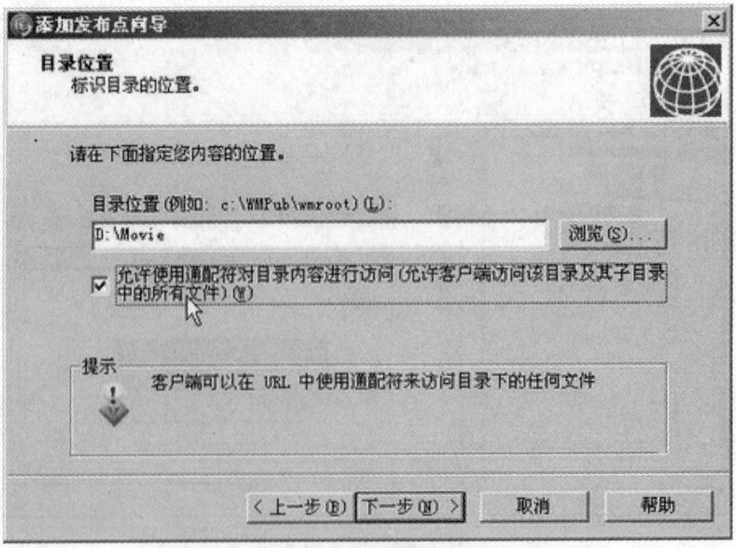

图 7–44　“目录位置”对话框

第 7 步，在弹出的“内容播放”对话框中，用户可以选择流媒体文件的播放顺序。选中“循环播放”和“无序循环”复选框，从而实现无序循环播放流媒体文件。单击“下一步”按钮。

第 8 步，弹出“单播日志记录”对话框，选中“是，启用该发布点的日志记录”单选框启用单播日志记录。借助于日志记录可以掌握点播较多的流媒体文件以及点播较为集中的时段等信息。单击“下一步”按钮。

第 9 步，在弹出的“发布点摘要”对话框中会显示所设置的流媒体服务器参数，确认设置无误后，单击“下一步”按钮。

第 10 步，弹出“正在完成‘添加发布点向导’”对话框，选中“完成向导后”复选框，并选中“创建公告文件（.asx）或网页（.htm）”单选按钮。最后单击“完成”按钮。

7.5.5 在流媒体服务器中添加发布点单播公告

在 Windows Server 2003 流媒体服务其中创建发布点以后，为了能让用户知道已经发布的流媒体内容，应该添加发布点单播公告来告诉用户。在流媒体服务器中添加发布点单播公告的步骤如下所述。

第 1 步，在完成添加发布点时选中“创建公告文件（.asx）或网页（.htm）”单选按钮，因此会自动打开“单播公告向导”对话框。在欢迎对话框中单击“下一步”按钮。

第 2 步，弹出“点播目录”对话框。因为在图 7–44 所示的“目录位置”对话框中选中了“允许使用通配符对目录内容进行访问”复选框，因此，可以在“点播目录”对话框中选中“目录中的所有文件”单选按钮，并单击“下一步”按钮，如图 7–45 所示。

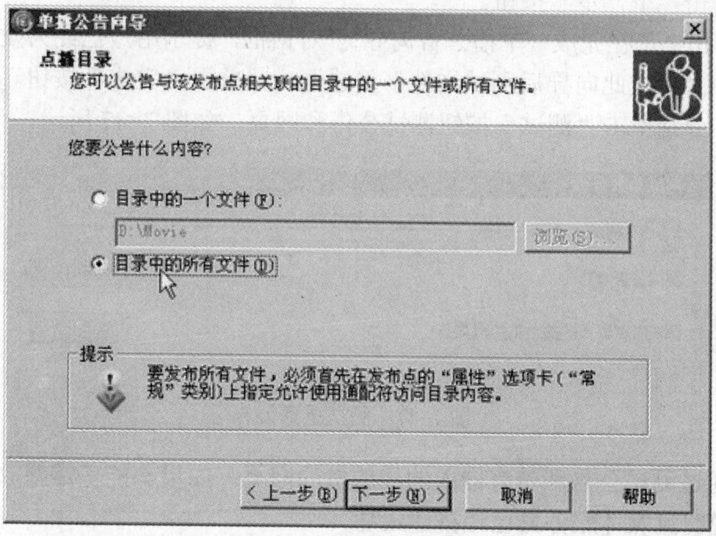

图 7–45 设置公告内容

第 3 步，在弹出的“访问该内容”对话框中显示出连接到发布点的网址，用户可以单击“修改”按钮将原本复杂的流媒体服务器修改为简单好记的名称，并依次单击“确定”按钮→“下一步”按钮，如图 7–46 所示。

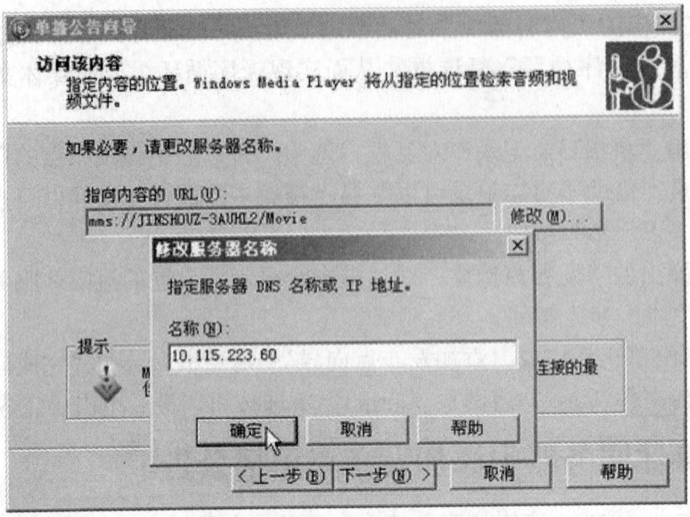

图 7–46 “访问该内容”对话框

第 4 步，弹出“保存公告选项”对话框，用户可以指定保存该公告和网页文件的名称和位置。选中“创建一个带有嵌入的播放机和指向该内容的链接的网页”复选框。然后单击“浏览”按钮选择 Web 服务器的主目录作为公告和网页文件的保存位置，设置完毕单击“下一步”按钮。

第 5 步，在弹出的“编辑公告元数据”对话框，单击每一项名称所对应的值并对其进行编辑。在用户使用 Windows Media Player 播放流媒体中的文件时，这些信息将出现在标题区域。设置完毕单击“下一步”按钮。

第 6 步，弹出“正在完成‘单播公告向导’”对话框，提示用户已经为发布点成功创建了一个公告。选中“完成此向导后测试文件”复选框，并单击“完成”按钮。弹出“测试单播公告”对话框，分别单击“测试”按钮测试公告和网页，如图 7–47 所示。

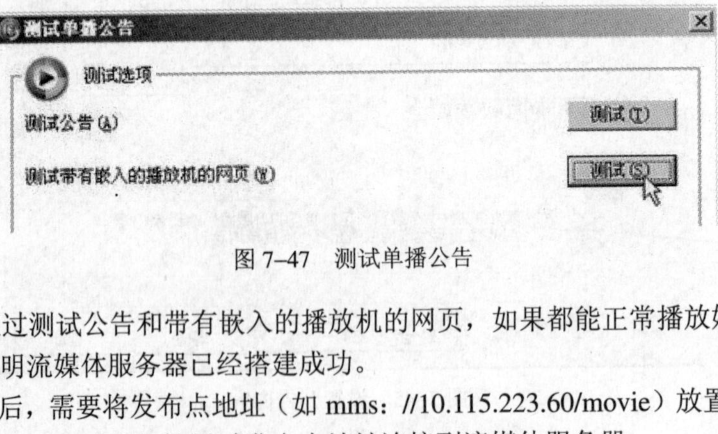

图 7–47 测试单播公告

第 7 步，通过测试公告和带有嵌入的播放机的网页，如果都能正常播放媒体目录中的流媒体文件，则说明流媒体服务器已经搭建成功。

第 8 步，最后，需要将发布点地址（如 mms：//10.115.223.60/movie）放置在 Web 站点上向网络用户公开，以便用户能够通过发布点地址连接到流媒体服务器。

7.5.6 在 Windows Media Player 中播放流媒体

在 Windows Server 2003 系统中完成流媒体服务器的配置以后，用户即可使用本地计算机的 Windows Media Player 播放器连接到流媒体服务器，以便接收发布点发布的媒体流。以 Windows Media Player 10 为例，操作步骤如下所述。

第 1 步，在 Windows Media Player 10 窗口中右击窗口边框，执行“文件”→“打开 URL”命令，如图 7–48 所示。

第 2 步，弹出“打开 URL”对话框，在“打开”文本框中输入发布点连接地址（如 mms://10.115.223.60/movie），并单击“确定”按钮。

第 3 步，Windows Media Player 将连接到发布点，并开始连续循环播放发布点中的流媒体内容。用户可以对媒体流进行暂停、播放和停止等播放控制。

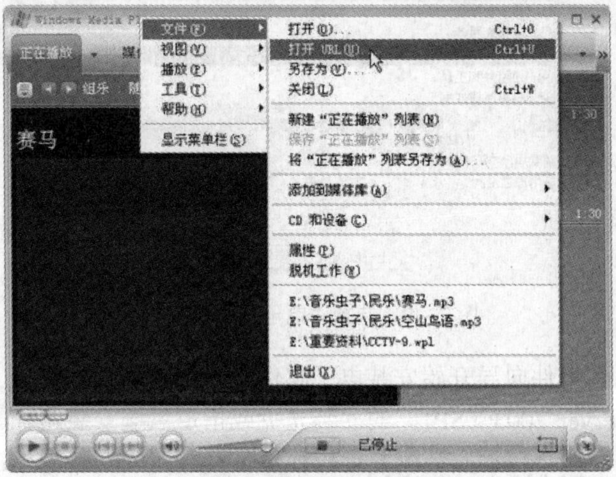

图 7–48 播放流媒体

7.6 邮件服务器的建立

7.6.1 在 Windows Server 2003 中安装邮件（POP3）服务组件

电子邮件是目前上网族最常用的联系方式之一，用户可以使用申请到的免费或收费电子邮箱传递资料和信息，既方便又快捷。目前，有多家互联网企业可以提供电子邮件服务（如网易、搜狐、Google 的 Gmail 等），这些企业往往会搭建功能足够强劲的邮件服务器为用户提供优质服务。搭建邮件服务器往往需要借助专用的工具软件（Foxmail Server，Microsoft Exchange 和 Imail），不过随着 Windows Server 2003 系统中内置了 POP3（邮局协议）服务组件，用户无须借助第三方工具软件也能够搭建邮件服务器。

POP3 组件是 Windows Server 2003 系统新增加的服务组件，从而结束了 Windows 2000 Server 系统只能发送而不能接收邮件的缺点。使用 POP3 服务组件能够搭建一台适用于中、小型局域网的邮件服务器，方便实用。POP3 服务组件不是 Windows Server 2003（SP1）系统默认安装的组件，用户需要手动添加该组件，操作步骤如下所述。

第 1 步，在“控制面板”窗口中，双击“添加或删除程序”图标，在打开的“添加或删除程序”窗口中单击“添加/删除 Windows 组件”按钮。

第 2 步，弹出“Windows 组件向导”对话框，在“组件”列表框中选中“电子邮件服务”复选框。选中该选项后 Windows 组件向导将安装 POP3 组件，并安装简单邮件传输协议（SMTP）。单击“下一步”按钮，如图 7–49 所示。

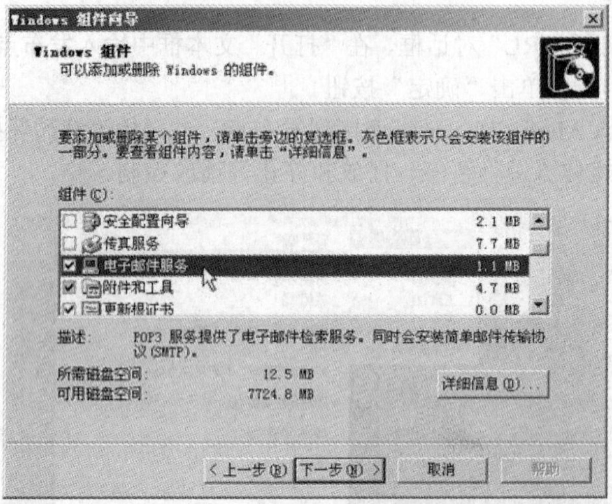

图 7–49 选择“电子邮件服务”

第 3 步，Windows 组件向导开始安装电子邮件服务组件和远程管理工具，在安装过程中需要插入 Windows Server 2003（SP1）的安装光盘或指定系统安装路径。另外，在安装电子邮件服务组件的同时，还会自动安装配置远程管理工具。完成安装后单击“完成”按钮关闭 Windows 组件向导。

7.6.2 在 Windows 2003 邮件服务器中配置 POP3 服务

POP3 服务组件主要用于提供电子邮件接收服务，用户需要对其进行必要的配置操作，以便能够正常提供服务，操作步骤如下所述。

第 1 步，在开始菜单中选择“管理工具”→“POP3 服务”菜单项，打开“POP3 服务”窗口。在左窗格中选中服务器名称（如 jinshouzhi），然后在右窗格中点击“服务器属性”超链接，如图 7–50 所示。

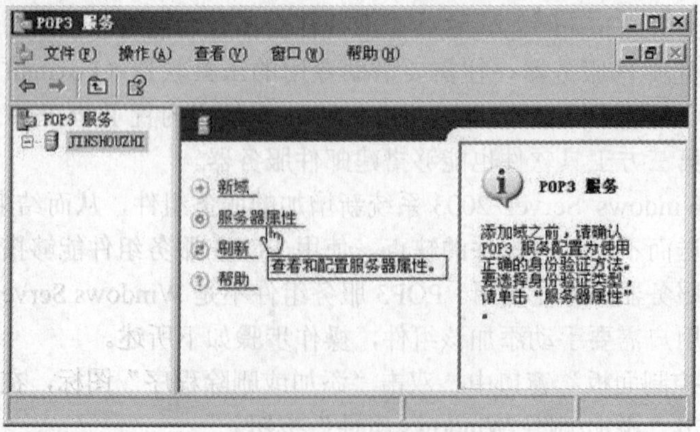

图 7–50 配置 POP3 服务

第 2 步，弹出“jinshouzhi 属性”对话框，在“身份验证方法”下拉列表框中选中“本地 Windows 账户”选项。然后单击“根邮件目录”文本框的右侧“浏览”按钮，选择本地磁盘中的一个 NTFS 分区作为根邮件目录所在分区。最后选中“总是为新的邮箱创建关联的用户”复选框，并单击“确定”按钮，如图 7–51 所示。

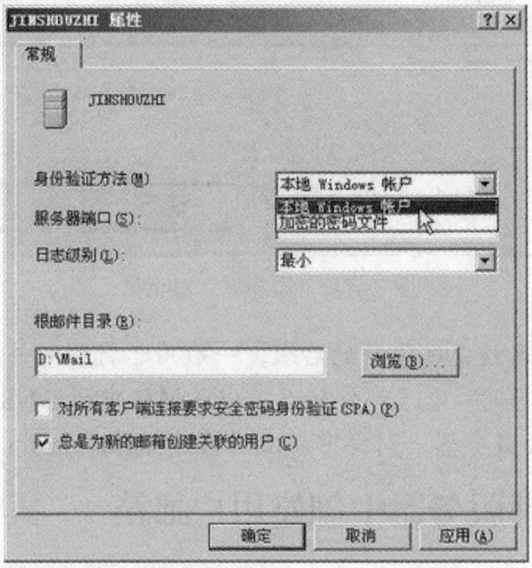

图 7–51　设置身份验证

第 3 步，在弹出的“POP3 服务”对话框中提示用户将重新启动 POP3 服务和 SMTP 服务，单击“是”按钮，如图 7–52 所示。

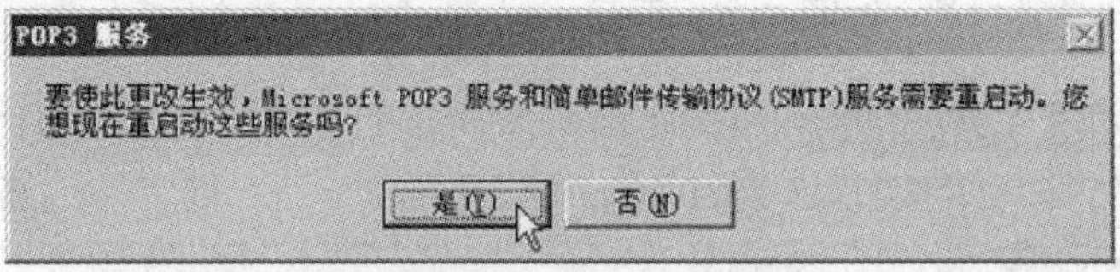

图 7–52　“POP3 服务”对话框

第 4 步，返回“POP3 服务”窗口，在左窗格中右击服务器名称，选择“新建”→ “域”命令，如图 7–53 所示。

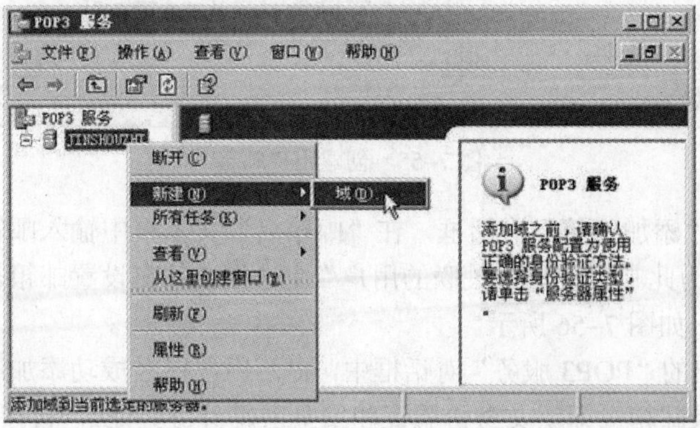

图 7–53　新建域

第 5 步，弹出“添加域”对话框，在“域名”文本框中输入准备使用的电子邮件域名（例如，jinshouzhi.com.cn），并单击“添加”按钮，如图 7–54 所示。

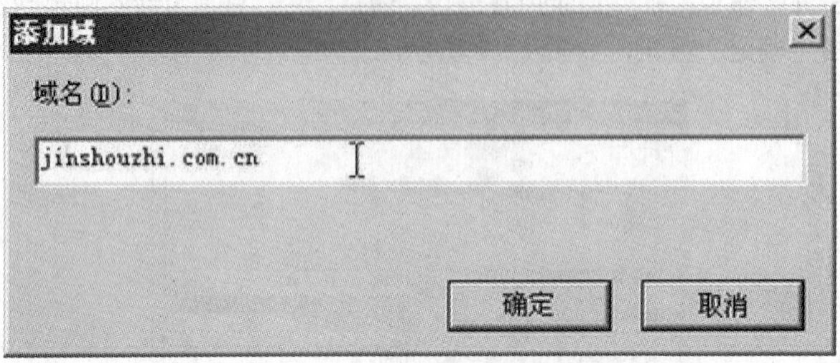

图 7–54 “添加域”对话框

小提示：电子邮件域名就是@字符的后缀，一般用于标明邮件服务提供商的网络域名。在局域网中搭建邮件服务器时，电子邮件域名可以是网络中的 DNS 域名，也可以自定义。即使局域网中没有搭建 DNS 服务器，同样可以成功搭建邮件服务器。

7.6.3 在 POP3 邮件服务器中创建用户邮箱

对 POP3 服务进行基本的配置工作后，POP3 服务已经启动，并能够具备了接收电子邮件的能力。不过用户如果在该邮件服务器上没有邮箱，接收电子邮件也就无从谈起了。因此，需要为局域网用户创建一些邮箱，操作步骤如下所述。

第 1 步，在“POP3 服务”窗口中选中邮件域名（如 jinshouzhi.com.cn），然后在右窗格中点击“添加邮箱”超链接，如图 7–55 所示。

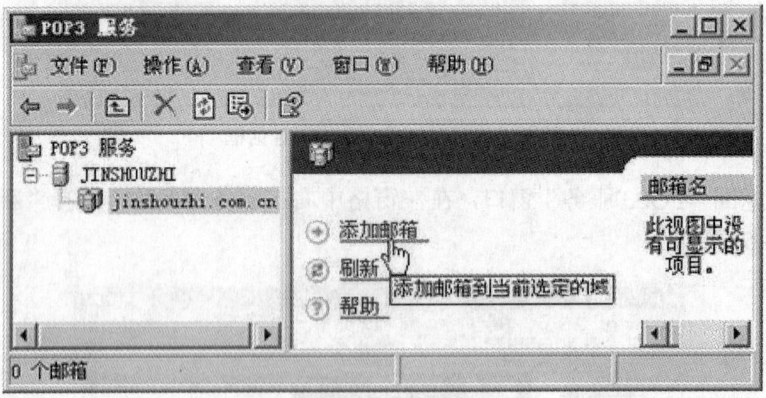

图 7–55 创建用户邮箱

第 2 步，弹出“添加邮箱”对话框，在“邮箱名”文本框中输入邮箱用户名（即@字符前的名称）。选中“为此邮箱创建相关联的用户”复选框，并在设置邮箱初始密码。设置完毕单击“确定”按钮，如图 7–56 所示。

第 3 步，在弹出的“POP3 服务”对话框中，提示用户已经成功添加邮箱。并提醒用户可以使用 2 种方式登录邮箱（即明文身份验证和安全密码身份验证），直接单击“确定”按钮。

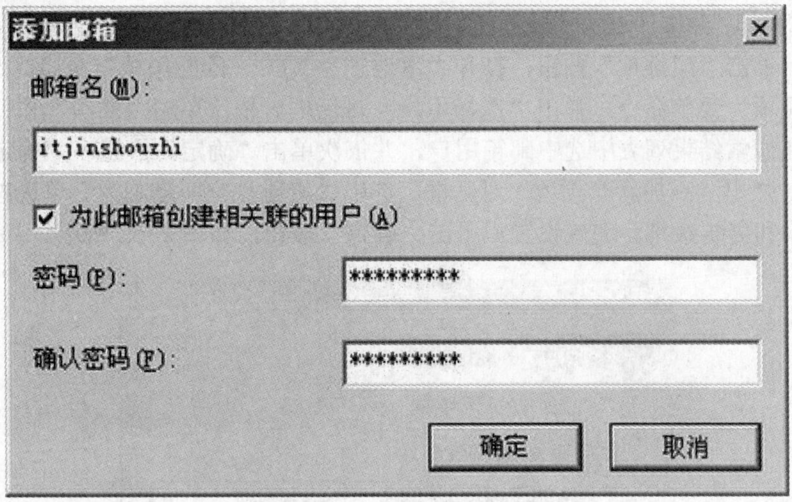

图 7–56 “添加邮箱”对话框

第 4 步，重复上述步骤继续添加其他邮箱，在“POP3 服务”窗口中选中邮件域名，会在右窗格中显示出已经添加的邮箱。选中指定的邮箱名，可以对其进行锁定和删除等管理操作，如图 7–57 所示。

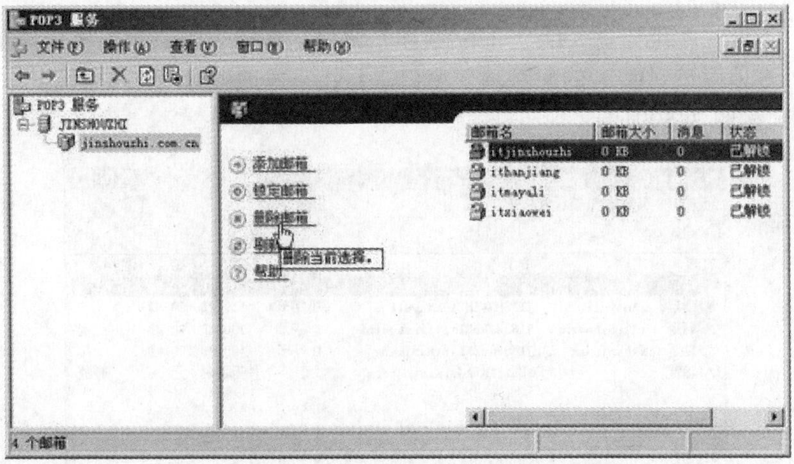

图 7–57　锁定或删除指定邮箱

7.6.4　在 Windows Server 2003 系统中设置用户邮箱空间

在基于 Windows Server 2003（SP1）系统的邮件服务器中，邮箱名和 Windows 系统用户账户是一一对应的。因此，可以通过设置系统用户的磁盘配额来设置相对应的邮箱用户的邮箱空间，操作步骤如下所述。

第 1 步，以系统管理员（如 Administrator）身份登录 Windows Server 2003（SP1）系统。打开“我的电脑”窗口，右击邮件根目录所在的 NTFS 分区（如 D 盘），选择“属性”命令。

第 2 步，在打开的“本地磁盘（D:）属性”对话框中，切换到“配额”选项卡。选中“启用配额管理”和“拒绝将磁盘空间给超过配额限制的用户”复选框，然后选中“将磁盘空间限制为”单选按钮，并按计划输入限制使用的空间大小（如100 MB）和警告等级（如90 MB）。

第3步，单击“配额项”按钮，打开“本地磁盘（D:）的配额项”窗口。选择“配额”→“新建配额项”菜单命令，弹出“选择用户”对话框。依次单击“高级”按钮→“立即查找”按钮，在搜索结果列表中选中邮箱用户，并依次单击“确定”按钮→“确定”按钮。

第4步，弹出“添加新配额项”对话框，选中“将磁盘空间限制为”单选按钮，并设置限制空间大小和警告级别。完成设置后单击“确定”按钮，如图7–58所示。

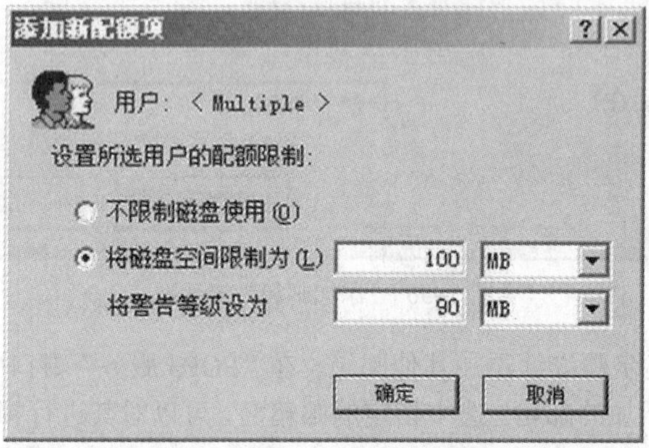

图7–58 “添加新配额项”对话框

第5步，返回“本地磁盘（D:）的配额项”窗口，在窗口中显示出所创建配额项的详细信息。关闭“本地磁盘（D:）的配额项”窗口，并在“本地磁盘（D:）属性”对话框中单击“确定”按钮，如图7–59所示。

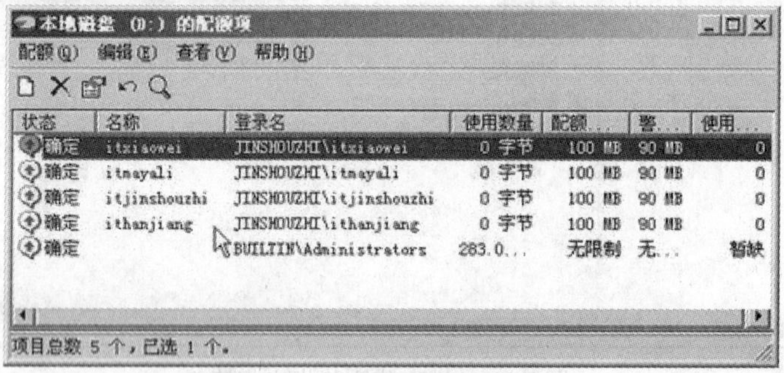

图7–59 配额项详细信息

7.6.5 在IIS 6.0中配置SMTP邮件服务

在Windows Server 2003邮件服务器中完成对POP3服务组件的配置，并创建用户邮箱以后，邮件服务器其实已经能够完成基本的邮件收发请求。不过为了进一步完善邮件服务器的功能，建议用户对SMTP服务进行必要的配置，操作步骤如下所述：

第1步，在开始菜单中选择“管理工具”→“Internet信息服务（IIS）管理器”菜单项，打开“Internet信息服务（IIS）管理器”窗口。在左窗格中展开本地计算机目录，右击“默认SMTP虚拟服务器”选项，并选择“属性”命令。

第2步，弹出“默认SMTP虚拟服务器 属性”对话框。切换到“常规”选项卡，在“IP

地址”下拉列表框中选择 SMTP 服务器使用的 IP 地址（如 10.115.223.60）。也可以单击“高级”按钮对 IP 地址和端口号（默认端口为 25）进行更详细地设置。选中“限制连接数为”复选框可以设置允许同时连接到 SMTP 服务器的用户数量，另外，还可以在“连接超时（分钟)”文本中设置空闲连接的生存周期，如图 7–60 所示。

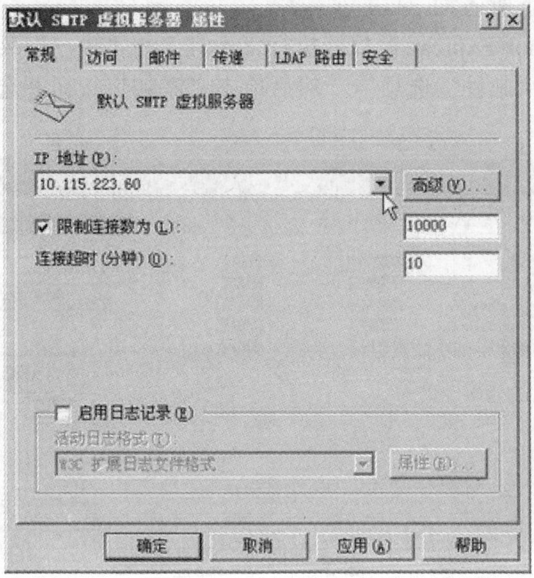

图 7–60 “常规”选项卡

第 3 步，切换到“邮件”选项卡，在该选项卡中可以设置与邮件发送相关的参数，如邮件大小、用户连接时间等参数信息，这些设置主要用于防止 SMTP 服务器被滥用。其他选项卡中的设置保持默认参数，并单击“确定”按钮，如图 7–61 所示。

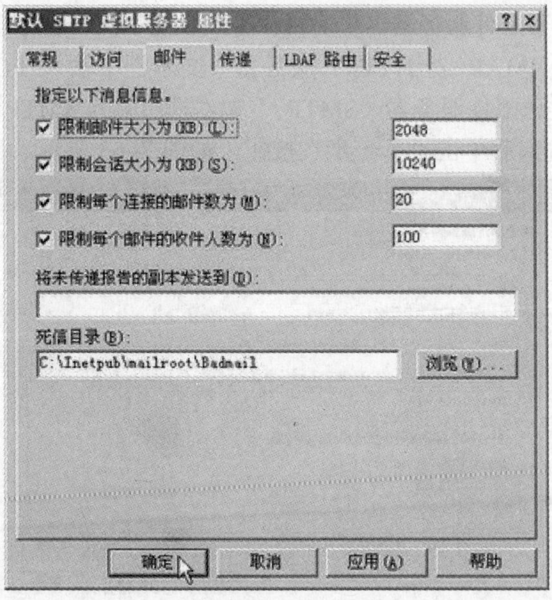

图 7–61 “邮件”选项卡

7.6.6 使用 Outlook Express 通过邮件服务器收发邮件

使用 POP3 服务组件搭建的邮件服务器暂不支持以 WebMail 方式登录邮箱，用户只能使用邮件客户端软件（如 Outlook Express，Foxmail）收发邮件。以 Outlook Express 6 收发电子邮件为例，操作步骤如下所述。

第 1 步，打开 Outlook Express 窗口，执行“工具”→“账户”菜单命令，弹出“Internet 账户”对话框。切换到“邮件”选项卡，然后单击“添加”按钮并选择“邮件”命令，如图 7–62 所示。

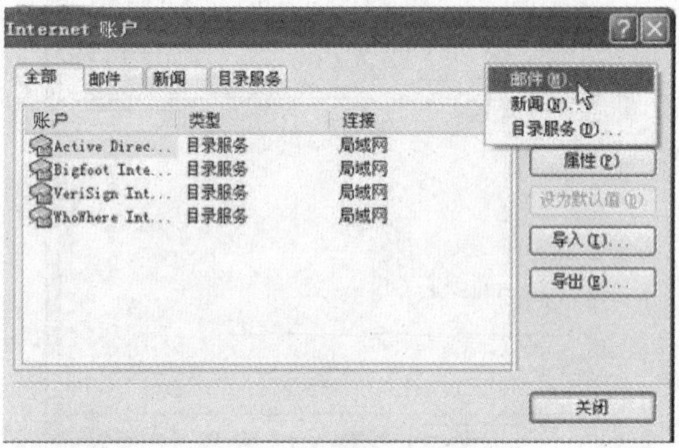

图 7–62　添加邮件

第 2 步，弹出“Internet 连接向导”对话框，在“您的姓名”文本框中输入想要在邮件中显示的名称，并单击“下一步”按钮。

第 3 步，在弹出的“Internet 电子邮件”对话框中，需要输入用于收件人回复邮件的邮箱地址。建议输入在当前邮件服务器中创建的邮箱地址，并单击“下一步”按钮。

第 4 步，弹出“电子邮件服务器名”对话框，默认将 POP3 服务器作为邮件接收服务器。在“接收邮件（POP3，IMAP 或 HTTP）服务器”文本框中输入 POP3 服务器的地址（如 10.115.223.60），在“发送邮件服务器（SMTP）”文本框中输入 SMTP 虚拟服务器的地址（如 10.115.223.60）。完成输入后单击“下一步”按钮，如图 7–63 所示。

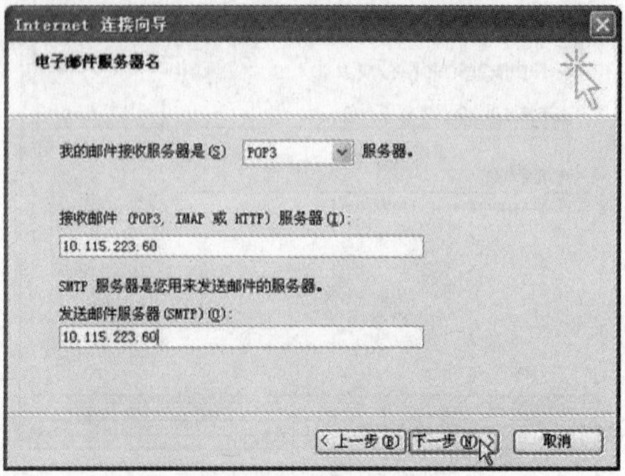

图 7–63　设置邮件服务器地址

第 5 步，弹出“Internet Mail 登录”对话框，在“账户名”和“密码”文本框中分别输入邮箱账户和密码。依次单击“下一步”按钮→“完成”按钮→“关闭”按钮，关闭“Internet 账户”对话框，如图 7–64 所示。

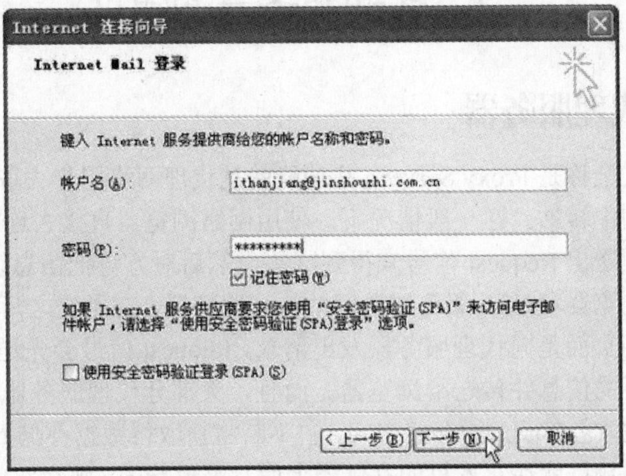

图 7–64　设置邮箱用户名和密码

小提示：此处输入的账户名必须带有@符号及邮件域名，如果仅输入账户名称，则在接收电子邮件时会要求输入密码用来验证用户身份。

第 6 步，返回 Outlook Express 窗口，执行“文件”→“新建”→“邮件”菜单命令，打开“新邮件”窗口。在“收件人”文本框中输入在 Windows Server 2003 邮件服务器中创建的邮箱（本例输入与发件人邮箱相同的邮箱地址 ithanjiang@jinshouzhi.com.cn），然后输入邮件主题和邮件内容，并单击“发送”按钮，如图 7–65 所示。

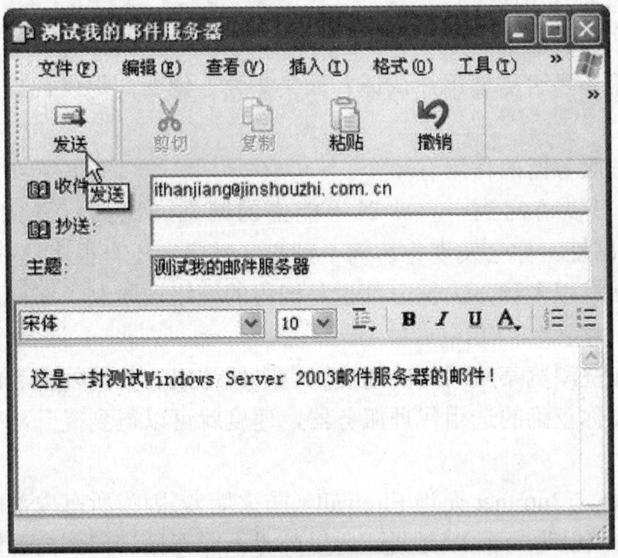

图 7–65　发送邮件

第 7 步，如果能够成功发送邮局，则说明 SMTP 虚拟服务器运行正常。执行“工具”→

“发送和接收”→“接收全部邮件”命令。如果能够正常接收到发送给自己的邮件，则说明POP3服务也是正常的。

7.7 代理服务器的建立

7.7.1 什么是代理服务器

代理服务器英文全称是Proxy Server，其功能就是代理网络用户去取得网络信息。形象地说，它是网络信息的中转站。在一般情况下，使用网络浏览器直接去连接其他Internet站点取得网络信息时，须送出Request信号来得到回答，然后对方再把信息以bit方式传送回来。代理服务器是介于浏览器和Web服务器之间的一台服务器，有了它之后，浏览器不是直接到Web服务器去取回网页而是向代理服务器发出请求，Request信号会先送到代理服务器，由代理服务器来取回需要的信息并传送给浏览器。而且，大部分代理服务器都具有缓冲功能，就好像一个大的缓冲池，它有很大的存储空间，它不断将新取得数据存储到它本机的存储器上，如果浏览器所请求的数据就在它本机的存储器上而且是最新的，那么它就不重新从Web服务器取数据，而直接将存储器上的数据传送给用户的浏览器。一般用户的可用带宽都较小，但是通过带宽较大的代理服务器与目标主机相连能大大提高浏览速度和效率。更重要的是它提供了安全功能。通过代理服务器访问目标主机，可以将用户本身的IP地址隐藏起来，目标主机能看到的只是代理服务器的IP地址而已。很多网络黑客就是通过这种办法隐藏自己的真实IP，从而逃过监视。

常用代理的类型可以按所采用协议类型分为http代理、socks4代理和socks5代理。无论采用哪种代理，都需要知道代理服务器的一些基本信息。

（1）代理服务器的IP地址

（2）代理服务所在的端口

（3）这个代理服务是否需要用户认证？如果需要，您要向提供代理的网络管理员申请一个用户和口令。

一般来讲，代理服务器的作用有4个。

（1）通过它，可以访问到一些平时不能去的网站。比如打开浏览器并输入“www.geocities.com”这个网址。你会发现你访问不到它（网络上还有很多这些类型的网站哦）。为什么访问不到？说法有很多种，大部分都说是国内的网络被限制了访问，所以某些网站是不能去的。

（2）通过它来加快浏览某些网站的速度。有时候访问一些国外或者港台网站，速度慢得像蜗牛一样。但只要你正确的选用代理服务器，速度就可以得到提升，有时候这些速度的提升可是很明显的。

（3）连接Internet与Intranet充当Firewall（防火墙）。因为所有内部网的用户通过代理服务器访问外界时，只映射为一个IP地址，所以外界不能直接访问到内部网；同时可以设置IP地址过滤，限制内部网对外部的访问权限；另外，两个没有互联的内部网，也可以通过第三方的代理服务器进行互联来交换信息。

（4）方便对用户的管理。通过代理服务器，管理员可以设置用户验证和记账功能，对用户进行记账，没有登记的用户无权通过代理服务器访问 Internet。并对用户的访问时间、访问地点、信息流量进行统计。

7.7.2 代理服务器软件介绍

代理服务器软件有很多，比如老牌代理服务器软件——Wingate、傻瓜式代理服务器软件——Sygate、功能强大的代理服务器软件——WinRoute、代理服务器软件后起之秀——CCProxy 以及微软公司发布的 MS Proxy Server。此外，常用的代理服务器软件还有 Winproxy 和 NetProxy。Winproxy 和 NetProxy 都是具有防火墙安全功能的代理服务器软件，这两个软件的主要特点是：安装简便、易学易用。

WinGate 由美国 Deerfield 通信公司开发的，是同类软件的前辈，其功能强大，设置较复杂。SyGate 与 WinGate 和 WinRoute 相比，在操作方面更为简单而且易用，而缺点就是功能单一。CCProxy 是国产的代理服务器软件，而 MS Proxy Server 则是微软提供的一种代理服务器解决方案。

遥志代理服务器 CCProxy 于 2000 年 6 月问世，是国内最流行的下载量最大的的国产代理服务器软件。主要用于局域网内共享宽带上网，ADSL 共享上网、专线代理共享、ISDN 代理共享、卫星代理共享、蓝牙代理共享和二级代理等共享代理上网。总体来说，CCProxy 可以完成两项大的功能：代理共享上网和客户端代理权限管理。只要局域网内有一台机器能够上网，其他机器就可以通过这台机器上安装的 CCProxy 来代理共享上网，最大程度的减少了硬件费用和上网费用。只需要在服务器上 CCProxy 代理服务器软件里进行帐号设置，就可以方便的管理客户端代理上网的权限。在提高员工工作效率和企业信息安全管理方面，CCProxy 充当了重要的角色。全中文界面操作和符合中国用户操作习惯的设计思路，CCProxy 完全可以成为中国用户代理上网首选的代理服务器软件。

CCProxy 代理服务器软件与使用方法，可以登录 http：//www.ccproxy.com/网站获得。

7.7.3 在 Windows 2003 利用 ICS 和 NAT 实现代理服务器功能

Windows Server 2003 本身并不带 Proxy 的功能。如果需要代理服务器，可以安装专业的代理服务器软件。如果只是想共享 Internet 连接，可以尝试使用 Internet 连接共享。您也可以配置 Windows Server 2003 担当路由器来实现这一功能。

Internet 连接共享（ICS）使您可以使用 Windows Server 2003 通过 Internet 连接一个小型办公室网络或家庭网络。ICS 为小型网络上的所有计算机提供网络地址转换（NAT）、IP 寻址和名称解析服务。配置 Internet 连接共享（ICS）可参考微软的帮助文档资料 http：//support.microsoft.com/kb/324286。

Windows Server 2003 的路由和远程访问服务包括 NAT 路由协议。如果在运行“路由和远程访问”的服务器上安装和配置了 NAT 路由协议，则使用专用 Internet 协议（IP）地址的内部网络客户端可以通过 NAT 服务器的外部接口访问 Internet。

当内部网络客户端发送 Internet 连接请求时，NAT 协议驱动程序将截获该请求，并将其转发到目标 Internet 服务器。所有请求看上去都像是来自 NAT 服务器的外部 IP 地址。此过程隐藏了您的内部 IP 地址配置。

具体配置过程请参考微软站点的帮助文档资料 http：//support.microsoft.com/kb/324264。

本章小结

本章主要讲解了在局域网环境下安装和配置多种基于 Windows Server 2003 的网络服务。

微软 Windows Server 2003 中的 IIS6.0 为用户提供了集成的、可靠的、可扩展的、安全的及可管理的内联网、外联网和互联网 Web 服务器解决方案。Windows Server 2003 中默认情况下没有安装 IIS6.0，安装 IIS6.0 中的 FTP 服务组件和 Web 服务组件后，就可以配置 FTP 站点和 WWW 站点。通过在局域网中搭建 FTP 服务器，局域网用户既可以将自己的文件上传到 FTP 服务器供其他用户共享，同时也可以从 FTP 服务器下载文件。同时用户可以借助 IIS 6.0 配置静态 Web 网站，也可以配置基于 ASP，PHP，ASP.NET 等语言的动态 Web 网站。

DNS 是一种组织成层次结构的分布式数据库，里面包含有从 DNS 域名到各种数据类型（如 IP 地址）的映射。通过 DNS，用户可以使用友好的名称查找计算机和服务在网络上的位置。DNS 名称分为多个部分，各部分之间用点分隔。最左边的是主机名，其余部分是该主机所属的 DNS 域。因此，一个 DNS 名称应该表示为“主机名+DNS 域”的形式。

要想成功部署 DNS 服务，运行 Windows Serve 2003 的计算机中必须拥有一个静态 IP 地址，只有这样才能让 DNS 客户端定位 DNS 服务器。另外，如果希望该 DNS 服务器能够解析 Internet 上的域名，还需保证该 DNS 服务器能正常连接至 Internet。

DHCP 是 Windows 2000 Server 和 Windows Server 2003（SP1）系统内置的服务组件之一。DHCP 服务能为网络内的客户端计算机自动分配 TCP/IP 配置信息（如 IP 地址、子网掩码、默认网关和 DNS 服务器地址等），从而帮助网络管理员省去手动配置相关选项的工作。

搭建 DHCP 服务器需要一些必备条件的支持，首先需要选择一台运行 Windows Server 2003（SP1）（或 Windows 2000 Server）系统的服务器，并且为这台服务器指定一个静态 IP 地址（如 10.115.223.60）。另外，用户应当根据网络中同一子网内所拥有计算机的数量确定一段 IP 地址范围，以便作为 DHCP 服务器的作用域。

Windows Server 2003 系统内置的流媒体服务组件 Windows 媒体服务（Windows Media Services，WMS）就是一款通过 Internet 或 Intranet 向客户端传输音频和视频内容的服务平台。WMS 支持.asf，.wma，.wmv，.mp3 等格式的媒体文件。能够像 Web 服务器发布 HTML 文件一样发布流媒体文件和从摄像机、视频采集卡等设备传来的实况流。而用户可以使用 Windows Media Player 9 及以上版本的播放器收看这些媒体文件。

流媒体服务器是通过建立发布点来发布流媒体内容和管理用户连接的。流媒体服务器能够发布从视频采集卡或摄像机等设备中传来的实况流、事先存储的流媒体文件、实况流和流媒体文件的结合体。一个媒体流可以由一个媒体文件构成，也可以由多个媒体文件组合而成，还可以由一个媒体文件目录组成。

Windows Server 2003 操作系统新增的 POP3 服务组件可以使用户无需借助任何工具软件，即可搭建一个邮件服务器。通过电子邮件服务，可以在服务器计算机上安装 POP3 组件，以便将其配置为邮件服务器，管理员可使用 POP3 服务来存储和管理邮件服务器上的电子邮件账户。

代理服务器是介于浏览器和 Web 服务器之间的一台服务器，有了它之后，浏览器不是直接到 Web 服务器去取回网页而是向代理服务器发出请求，大部分代理服务器都具有缓冲功能，就好像一个大的缓冲池，它有很大的存储空间，它不断将新取得的数据存储到它本机的存储器上，如果浏览器所请求的数据就在它本机的存储器上而且是最新的，那么它就不重新从 Web 服务器取数据，而直接将存储器上的数据传送给用户的浏览器。一般用户的可用带宽都较小，但是通过带宽较大的代理服务器与目标主机相连能大大提高浏览速度和效率。更重要的是它提供了安全功能。通过代理服务器访问目标主机，可以将用户本身的 IP 地址隐藏起来，目标主机能看到的只是代理服务器的 IP 地址而已。

习 题 七

一、选择题

1. 网站默认的 TCP 端口号是________。

A. 21　　B. 80　　C. 2583　　D. 8080

2. FTP 站点默认的 TCP 端口号是________。

A. 21　　B. 80　　C. 2583　　D. 8080

3. Windows Server 2003 提供的 FTP 服务功能位于________组件内。

A. DNS　　B. IIS6.0　　C. DHCP　　D. Telnet 服务器管理

4. 下列 4 个文档中，________不是“默认网站”的默认文档，而是需要手动添加的。

A. index.htm　　B. iisstart.asp　　C. default.htm　　D. default.asp

二、填空题

1. 在新建网站或 FTP 站点时，若采用________默认值，表示通过网卡绑定的 IP 地址都能访问到同样的网站或 FTP 站点。

2. 在 DOS 模式以匿名用户登录 FTP 站点，需要输入匿名用户名________。

3. 在设置 FTP 站点时，选 FTP 站点的________，取消________的选择即可拒绝匿名用户登录。

4. Windows Media 服务器与 Microsoft 提供的包括 Windows Media 编码器在内的多种工具相结合，建立了一个强大的________系统。

5. 邮件服务器系统由________、________以及电子邮件客户端 3 个组件组成。其中的________服务为用户提供邮件下载服务，而________服务则用于发送邮件以及邮件在服务器之间的传递。电子邮件客户端是用于读取、撰写以及管理电子邮件的软件。

6. Windows Server 2003 系统内置的流媒体服务组件________________就是一款通过 Internet 或 Intranet 向客户端传输音频和视频内容的服务平台。

三、简答题

1. DNS 服务器的作用是什么？

2. DHCP 的工作过程是什么？

3. 客户机的默认网关和 DNS 是怎样获得的？

4. 何时使用 DHCP 中继？

5. Internet 信息服务的主要功能是什么？

6. 添加多个 Web 网站的方法有哪些？

7. 添加多个 FTP 网站的方法有哪些?

8. Windows Server 2003 中配置“邮件服务器”要经过哪些步骤?

9. 使用 Windows Media 编码器，可以将哪些文件扩展名的文件转换成为 Windows Media 服务使用的流文件?

第8章　组网技术

本章提示

本章主要对局域网中常见的网络设备,有线局域网的组网技术 ,以及无线局域网的概念、组网设备，发展历程、功能与应用作了简要阐述。

教学要求

掌握局域网常见的网络设备，各网络设备的工作层次、功能、分类，了解各个设备的工作原理，掌握有线局域网组网技术，理解无线局域网的定义，了解无线局域网的组网设备。

内容框架图

组网技术
- 常见网络设备
- 局域网组网技术
- 无线局域网组网技术

8.1　常见的网络设备

8.1.1　网卡

网卡又称为网络适配器（adapter）或网络接口卡 NIC（Network Interface Card），网卡（如图 8–1 所示）是局域网中连接计算机和传输介质的接口，不仅能实现与局域网传输介质之间的物理连接，还涉及帧的发送与接收、帧的封装与拆封、介质访问控制、数据的编码与解码以及数据缓存的功能等。网卡的基本功能主要有 3 个方面：① 数据转换；② 数据缓存；③ 通信服务。

8.1.2　中继器

中继器（Repeater）工作于 OSI 的物理层，是局域网上所有结点的中心，如图 8–2 所示。它是最简单的网络互连设备，连接同一个网络的两个或多个网段。由于传输线路噪声的影响，承载信息的数字信号或模拟信号只能传输有限的距离，中继器的功能是放大信号，补偿信号衰减，从而增加信号传输的距离，支持远距离的通信。中继器的主要优点是安装简便、使用方便、价格便宜。

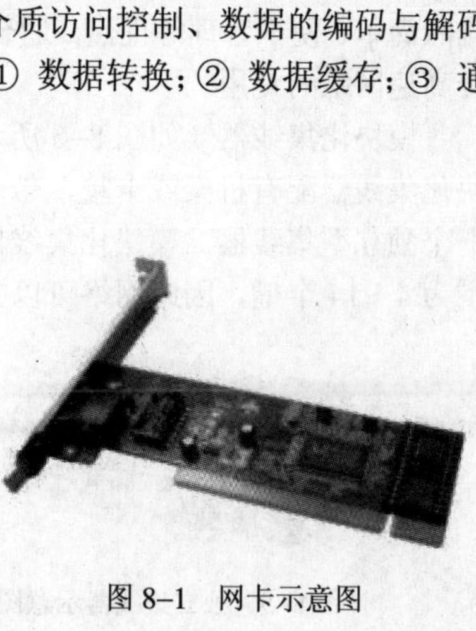

图 8–1　网卡示意图

一般来说，中继器两端的网络部分是网段，而不是子网。但是中继器只负责发送数据，无法判断错误数据或不适于网段的数据。

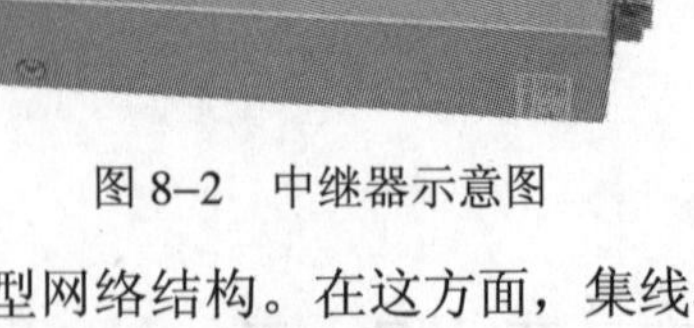

图 8–2　中继器示意图

8.1.3　集线器

集线器（Hub）工作于 OSI 的物理层，由于它内部采用了电器互联，可以用集线器建立一个物理上的星型或树型网络结构。在这方面，集线器所起的作用相当于多端口的中继器，其区别仅在于集线器能够提供更多的端口服务，所以集线器又叫多口中继器。集线器的主要功能是对接收到的信号进行再生整形放大，以扩大网络的传输距离，同时把所有结点集中在以它为中心的结点上。集线器发送数据时都是没有针对性的，而是采用广播方式发送，并且非双工传输，共享带宽，因此网络通信效率低，不能满足较大型网络的通信需求。

集线器按照通信特性可以分为无源集线器、有源集线器 2 种。

无源集线器（如图 8–3 所示）最大的特点是价格便宜，连接在无源集线器上的每台计算机，都能收到来自同一集线器上所有其他电脑发出的信号；但它不对信号做任何的处理，对介质的传输距离没有扩展，并且对信号有一定的影响。

有源集线器（如图 8–4 所示）与无源集线器的区别就在于它能对信号放大或再生，能延长两台主机间的有效传输距离，覆盖范围远比无源集线器远，能隔离电缆故障和防止信号反射。

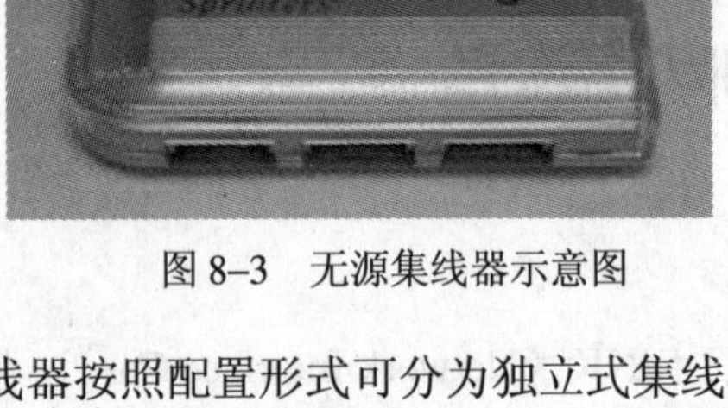

图 8–3　无源集线器示意图

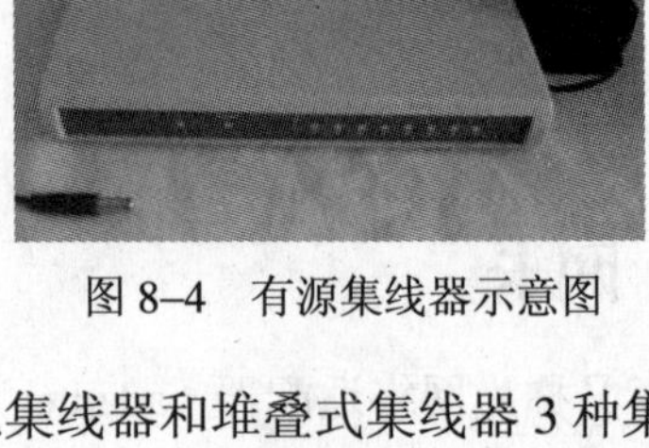

图 8–4　有源集线器示意图

集线器按照配置形式可分为独立式集线器、模块化集线器和堆叠式集线器 3 种集线器。

独立型集线器（如图 8–5 所示）是比较早在 LAN 中使用的设备。它具有价格低、故障排除简单、便于管理等优点，适合在小型 LAN 使用。不过这类集线器的工作性能不高，不适合高速网络的使用。

模块化集线器（如图 8–6 所示）在网络中很流行，因为它扩充方便且备有管理选件。模块化集线器配有机架或卡箱，. 带多个卡槽，每个槽可放一块通信卡。每个卡的作用就相当于一个独立型集线器。模块化集线器还提供了扩展插槽来连接增加的网络设备。插槽的大小范围为 4～14 个槽，因此网络可以方便地进行扩充。

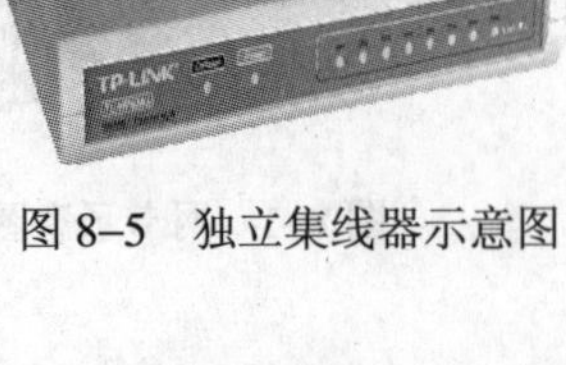

图 8–5　独立集线器示意图

图 8–6　模块化集线器示意图

堆叠式集线器（如图 8–7 所示）除了多个集线器可以“堆叠”或者用短的电缆线连在一起之外，其外形和功能均和独立型集线器相似。当它们连接在一起时，其作用就像一个模块化集线器一样，可以当做一个单元设备来进行管理。在堆叠中使用的一个可管理集线器提供了对此堆叠中其他集线器的管理。当一个机构想以少量的投资开始而又想满足未来的增长时，这样的集线器是比较理想的。

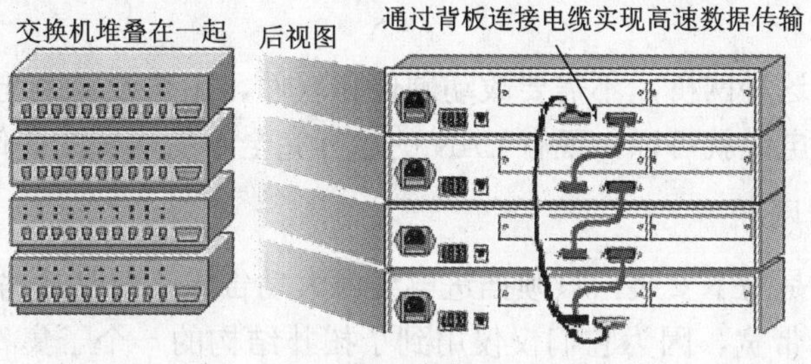

图 8–7　堆叠式集线器示意图

集线器按照对 Hub 管理方式的不同可分为智能型集线器和非智能型集线器 2 类。

智能集线器除具备基本型集线器所有的功能外，也具有 SNMP 网管功能：统计每一接口的数据流量、数据保密、故障排除等。现在流行的 100 Mb/s 集线器和 10/100 Mb/s 自适应集线器多为智能型。

非智能型集线器与智能型集线器相比，只有简单的信号放大和再生作用，无法对网络性能进行优化。早期的共享式集线器一般为非智能型。

此外集线器按照支持的带宽不同，还可划分为 10 Mb/s，100 Mb/s，10/100 Mb/s 自适应集线器。在选择此类集线器时必须注意传输速度应与网卡相同，因为集线器与网卡之间的数据交换是对应的。

8.1.4　网桥

网桥（Bridge）工作于 OSI 的数据链路层，连接两个局域网，通常用于连接数量不多的而且属于同一类型的网段，如图 8–8 所示。网桥负责将网络划分为独立的冲突域，达到能在同一个域中维持广播及共享的目的。在网络互联中它起到数据接收、地址过滤与数据转发的作用，从而实现了多个网络系统之间的数据交换。网桥这种设备看上去有点像中继器，它具有单个的输入端口和输出端口，但和中继器不同的是它能够解析收发的数据，通过过滤数据来判断是否转发或者丢弃数据。

网桥的基本特征有 5 点：

（1）网桥在数据链路层上实现局域网互连；

（2）网桥能够互连两个采用不同数据链路层协议、不同传输介质与不同传输速率的网络；

（3）网桥以接收、存储、地址过滤与转发的方式实现互连的网络之间的通信；

（4）网桥需要互连的网络在数据链路层以上采用相同的协议；

图 8–8　网桥示意图

（5）网桥可以分隔两个网络之间的广播通信量，有利于改善互连网络的性能与安全性。

网桥的主要缺点是由于网桥在执行转发前先接收帧并进行缓冲，与中继器相比会引入过多时延。由于网桥不提供流量控制功能，因此在流量较大时有可能使其负载太大从而造成帧的丢失。

网桥通常有透明网桥和源路由选择（Source Routing）网桥 2 大类。

1. 透明网桥

简单地讲，使用这种网桥，不需要改动硬件和软件，无须设置地址开关，无须装入路由表或参数。只须插入电缆就可以，现有 LAN 的运行完全不受网桥的任何影响。

2. 源路由选择网桥

透明网桥的优点是易于安装，只须插进电缆就大功告成。但是从另一方面来说，这种网桥并没有最佳地利用带宽，因为它们仅仅用到了拓扑结构的一个子集（生成树）。因此支持 CSMA/CD 和令牌总线的人选择了透明网桥，而令牌环的支持者则偏爱一种称为源路由选择的网桥。

源路由选择的核心思想是假定每个帧的发送者都知道接收者是否在同一 LAN 上。当发送一帧到另外的 LAN 时，源机器将目的地址的高位设置成 1 作为标记。另外，它还在帧头加进此帧应走的实际路径。

3. 两种网桥的比较

透明网桥一般用于连接以太网段，而源路由选择网桥则一般用于连接令牌环网段。

8.1.5 交换机

交换机（Switch）工作于 OSI 的数据链路层，它是基于网桥技术的多端口二层网络设备，因此也称为“多端口网桥”，也是局域网组网最常用的设备，如图 8–9 所示。交换机的每个端口都用来连接一个独立的网段，可以识别数据包中的 MAC 地址信息，根据 MAC 地址进行转发，并将这些 MAC 地址与对应的端口记录在自己内部的一个地址表中。交换机的主要功能包括物理编址、网络拓扑结构、错误校验、帧序列以及流量控制。目前交换机还具备了一些新的功能，如对 VLAN 的支持、对链路汇聚的支持，甚至有的还具有防火墙的功能。

图 8–9 交换机示意图

在计算机网络系统中，交换概念的提出是对于共享工作模式的改进。以前介绍过的 Hub 集线器就是一种共享设备，Hub 本身不能识别目的地址，当同一局域网内的 A 主机给 B 主机传输数据时，数据包在以 Hub 为架构的网络上是以广播方式传输的，由每一台终端通过验证数据包头的地址信息来确定是否接收。也就是说，在这种工作方式下，同一时刻网络上只能传输一组数据帧的通信，如果发生碰撞还得重试。这种方式就是共享网络带宽。

使用交换机可以把网络分段，通过对照 MAC 地址表，交换机只允许必要的网络流量通过交换机。通过交换机的过滤和转发，可以有效地隔离广播风暴，减少误包和错包的出现，避免共享冲突。

从广义上来看，交换机分为 2 种：广域网交换机和局域网交换机。广域网交换机主要应用于电信领域，提供通信用的基础平台。而局域网交换机则应用于局域网络，用于连接终端设备，如 PC 机及网络打印机等。从传输介质和传输速度上可分为以太网交换机、快速以太网交换机、千兆以太网交换机、FDDI 交换机、ATM 交换机和令牌环交换机等。从规模应用上又可分为企业级交换机、部门级交换机和工作组交换机等。各厂商划分的尺度并不是完全一致的，一般来讲，企业级交换机都是机架式，部门级交换机可以是机架式（插槽数较少），也可以是固定配置式，而工作组级交换机为固定配置式（功能较为简单）。另一方面，从应用的规模来看，作为骨干交换机时，支持 500 个信息点以上大型企业应用的交换机为企业级交换机，支持 300 个信息点以下中型企业的交换机为部门级交换机，而支持 100 个信息点以内的交换机叫做工作组级交换机。

交换机的交换方式

1. 直通式

直通方式的以太网交换机在输入端口检测到一个数据包时，检查该包的包头，获取包的目的地址，启动内部的动态查找表转换成相应的输出端口，在输入与输出交叉处接通，把数据包直通到相应的端口，实现交换功能。由于不需要存储，延迟非常小、交换非常快，这是它的优点。它的缺点是，因为数据包内容并没有被以太网交换机保存下来，所以无法检查所传送的数据包是否有误，不能提供错误检测能力。由于没有缓存，不能将具有不同速率的输入/输出端口直接接通，而且容易丢包。

2. 存储转发

存储转发方式是计算机网络领域应用最为广泛的方式。它把输入端口的数据包先存储起来，然后进行循环冗余码校验（CRC）检查，在对错误包处理后才取出数据包的目的地址，通过查找表转换成输出端口送出包。正因如此，存储转发方式在数据处理时延时大，这是它的不足，但是它可以对进入交换机的数据包进行错误检测，有效地改善网络性能。尤其重要的是它可以支持不同速度的端口间的转换，保持高速端口与低速端口间的协同工作。

3. 碎片隔离

这是介于前两者之间的一种解决方案。它检查数据包的长度是否够 64 个字节，如果小于 64 字节，说明是假包，则丢弃该包；如果大于 64 字节，则发送该包。这种方式也不提供数据校验。它的数据处理速度比存储转发方式快，但比直通式慢。

三层交换机是具有部分路由器功能的交换机，它工作在 OSI 的网络层，除了替代或部分完成传统路由器的功能外，还具有几乎第二层交换的速度，价格相对便宜些。三层交换机最重要的目的是加快大型局域网内部的数据交换，做到一次路由，多次转发。对于数据包转发等规律性的过程由硬件实现，而像路由信息更新、路由表维护、路由计算、路由确定等功能，由软件实现。

8.1.6　路由器

路由器（Router）工作于 OSI 的网络层，是互联网的主要结点设备（如图 8–10 所示），主要完成异种网络互联以及多个子网互联。作为不同网络之间互相连接的枢纽，路由器系统构成了基于 TCP/IP 的国际互联网络 Internet 的主体脉络，也可以说，路由器构成了 Internet

的骨架。它的处理速度是网络通信的主要“瓶颈”之一，它的可靠性则直接影响着网络互连的质量。因此，在园区网、地区网、乃至整个 Internet 研究领域中，路由器技术始终处于核心地位，其发展历程和方向，成为整个 Internet 研究的一个缩影。

图 8–10　路由器示意图

路由器的一个作用是连通不同的网络，另一个作用是选择信息传送的线路。选择通畅快捷的近路，能大大提高通信速度，减轻网络系统通信负荷，节约网络系统资源，提高网络系统畅通率，从而让网络系统发挥出更大的效益。

从过滤网络流量的角度来看，路由器的作用与交换机和网桥非常相似。但是与工作在网络物理层、从物理上划分网段的交换机不同，路由器使用专门的软件协议从逻辑上对整个网络进行划分。使用路由器转发和过滤数据的速度往往要比只查看数据包物理地址的交换机慢。但是，对于那些结构复杂的网络，使用路由器可以提高网络的整体效率。路由器的另外一个明显优势就是可以自动过滤网络广播。从总体上说，在网络中添加路由器的整个安装过程要比即插即用的交换机复杂很多。

路由器的分类如下。

1. 从结构上划分

路由器可分为模块化结构与非模块化结构 2 类。模块化结构可以灵活地配置路由器（如图 8–11 所示），以适应企业不断增加的业务需求，非模块化的就只能提供固定的端口。通常中高端路由器为模块化结构，低端路由器为非模块化结构。

图 8-11　模块化路由器示意图

2. 从功能上划分

路由器分为骨干级（核心层）路由器、企业级（分发层）路由器和接入级（访问层）路由器 3 类。

骨干级路由器是实现企业级网络互连的关键设备，它数据吞吐量较大。对骨干级路由器的基本性能要求是高速度和高可靠性。

企业级路由器一般连接许多终端系统，连接对象较多，但系统相对简单，且数据流量较小，对这类路由器的要求是以尽量便宜的方法实现尽可能多的端点互联，同时还要求能够支持不同的服务质量。企业级路由器的成败就在于是否可提供大量端口且每端口造价很低，是否容易配置，是否支持 QoS，是否支持广播和组播等多项功能。

接入级路由器主要应用于连接家庭或 ISP 内的小型企业客户群体。接入路由器在不久的将来不得不支持许多异构和高速端口，并能在各个端口运行多种协议。

3. 从应用上划分

路由器可分为通用路由器与专用路由器 2 类。一般所说的路由器皆为通用路由器。专用路由器通常为实现某种特定功能对路由器接口及硬件等作专门优化。例如接入服务器用做接入拨号用户，增强 PSTN 接口以及信令能力；VPN 路由器用于为远程 VPN 访问用户提供路由，它需要在隧道处理能力以及硬件加密等方面具备特定的能力；宽带接入路由器则强调接口带宽及种类。

4. 从所处网络位置划分

路由器划分为边界路由器和中间结点路由器 2 类。很明显“边界路由器”是处于网络边缘，用于不同网络路由器的连接；而“中间结点路由器”则处于网络的中间，通常用于连接不同网络，起到一个数据转发的桥梁作用。选择中间结点路由器时就需要更加注重 MAC 地址记忆功能，也就是要求选择缓存更大、MAC 地址记忆能力较强的路由器。但是边界路由器由于它可能要同时接受来自许多不同网络路由器发来的数据，所以这就要求这种边界路由器的背板带宽要足够宽，当然这也因边界路由器所处的网络环境而定。虽然这两种路由器在性能上各有侧重，但所发挥的作用却是一样的，都是起到网络路由及数据转发功能。

8.1.7 网关

网关（Gateway）又称网间连接器、协议转换器。网关工作在 OSI 的传输层及其以上层次，是最复杂的网络互连设备，仅用于两个高层协议不同的网络互连，对两个网络段中使用不同传输协议的数据进行互相的翻译转换。网关的结构和路由器类似，不同的是互连层。网关既可以用于广域网互联，也可以用于局域网互联。网关是一种充当转换重任的计算机系统或设备。在使用不同的通信协议、数据格式、语言，甚至体系结构完全不同的两种系统之间，网关是一个翻译器。与网桥只是简单地传达信息不同，网关对收到的信息要重新打包，以适应目的系统的需求。同时，网关也可以提供过滤和安全功能。大多数网关运行在 OSI 7 层协议的顶层——应用层。按照不同的分类标准，网关也有很多种。TCP/IP 协议里的网关是最常用的，在这里所讲的“网关”均指 TCP/IP 协议下的网关。

网关按功能大致分 3 类。

（1）协议网关：顾名思义，此类网关的主要功能是在不同协议的网络之间的协议转换。网络发展至今，通用的已经有好几种，例如，802.3（Ethernet）、WAN 和 802.5（令牌环）、WPA 等，不同的网络，具有不同的数据封装格式、不同的数据分组大小、不同的传输率；然而，这些网络之间相互进行数据共享和交流却是必不可免的；为消除不同网络之间的差异，让数据能顺利进行交流，需要一个专门的翻译人员，也就是协议网关，使得不同的网络连接起来成为一个巨大的互联网。

（2）应用网关：主要是针对一些专门的应用而设置的一些网关，其主要作用是将某个服务的一种数据格式转化为该服务的另外一种数据格式，从而实现数据交流。这种网关常做为某个特定服务的服务器，但是又兼具网关的功能；最常见的此类服务器就是邮件服务器了。

（3）安全网关：最常用的安全网关就是包过滤器，实际上就是对数据包的原地址，目的地址和端口号，网络协议进行授权；通过对这些信息的过滤处理，让有许可权的数据包传输通过网关，而对那些没有许可权的数据包进行拦截甚至丢弃；这跟软件防火墙有一定意义上的雷同之处，但是与软件防火墙相比较安全网关具有数据处理量大、处理速度快、可以很好地对整个本地网络进行保护而不对整个网络造成“瓶颈”等优点。

8.2 局域网组网技术

以太网组网非常灵活和简便、可使用多种物理介质、以不同的拓扑结构组网，是目前国内外应用最为广泛的一种网络，已成为网络技术的主流。以太网按其传输速率分成 10 Mb/s、100 Mb/s、1 000 Mb/s。

8.2.1 10 M 以太网组网

最常用的基带 802.3 局域网有以下 4 种。

10Base-5 是 IEEE802.3 中最早定义的以太网标准，也叫粗缆以太网。拓扑结构为总线型，采用基带传输方式，无中继器的情况下最远传输距离可以达到 500 m。在粗缆以太网中，可以通过中继设备对网络分成几段，为了减少冲突，保证网络性能，IEEE802.3 规定了“5—4—3”原则：最多使用 4 个转发器连接 5 个网段，其中只有 3 个网段可以连接结点，其余的网段仅用做加长距离。此外，粗缆以太网中，相邻收发器间的最小距离为 2.5 m，每段最多支持 100 个结点。因此 10Base5 网络的最大长度为 2.5 km，网络结点最多为 300 个。目前由于高速交换以太网技术的广泛应用，在新建的局域网中，10Base-5 很少被采用。如图 8-12 所示。

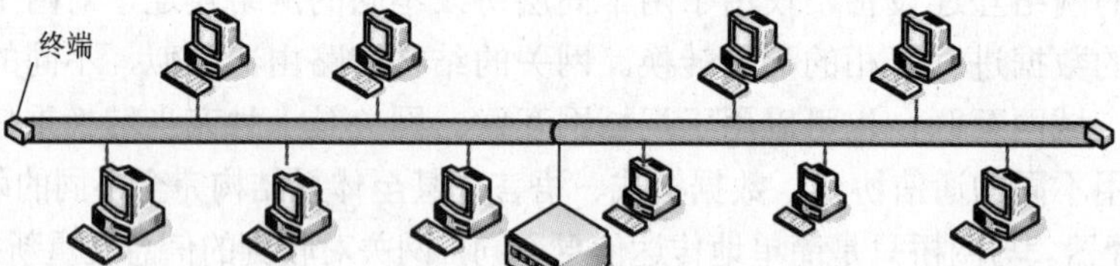

图 8-12 10Base-5 示意图

10Base-2 以太网也叫细缆以太网，因其价格低廉故叫“廉价网”。10Base-2 使用 50 Ω细同轴电缆，它的建网费用比 10Base-5 低。10Base-2 与 10base5 具有相同的传输速率，同为总线型局域网。细缆以太网的特点是价格便宜且安装比较简单，网络抗干扰能力强，但网络维护和扩展比较困难，传输距离比较短，在不带中继器的情况下网段的最远距离为 185 m。细缆以太网的连接部件包括：网卡（带 BNC 头）、细同轴电缆和 BNC-T 型连接器。除了遵循“5—4—3”原则外，10Base-2 还规定：两个相邻 BNC-T 型接头之间的最小距离为 0.5 m，每段最多支持 30 个结点。因此 10Base-2 网络的最大长度为 925 m，网络结点最多为 90 个。如图 8-13 所示。

10Base-T 是使用无屏蔽双绞线来连接的以太网，使用 2 对 3 类以上无屏蔽双绞线，一对用于发送信号，另一对用于接收信号。10Base-T 的传输速率为 10 Mbps，站点到集线器的最大距离为 100 米。为了改善信号的传输特性和信道的抗干扰能力，每一对线必须绞在一起。双绞线以太网系统具有技术简单、价格低廉、可靠性高、易实现综合布线和易于管理、维护、升级等优点。因此利用双绞线组网，可以获得良好的稳定性，尤其是近年来，快速以太网的发展，利用双绞线组建不须再增加其他设备，应用更加广泛。

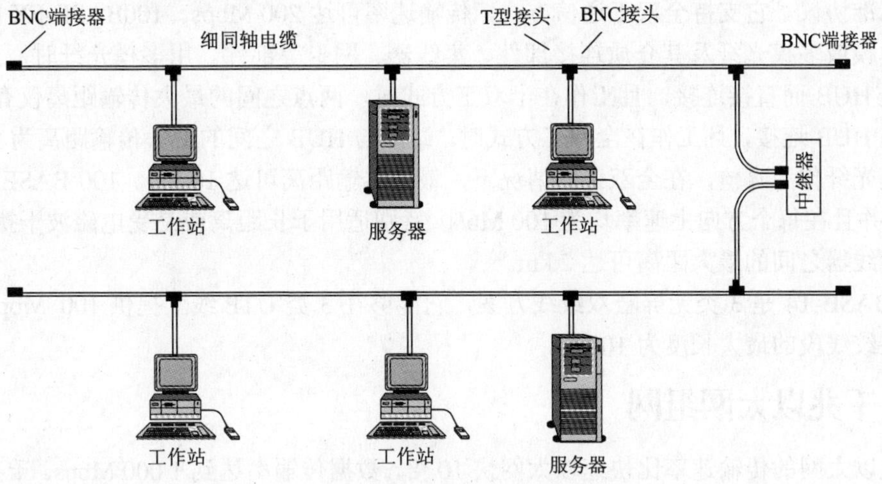

图 8-13 10Base-2 示意图

10Base-T（双绞线）以太网技术规范可归结为“5-4-3-2-1”规则：

（1）允许 5 个网段，每网段最大长度 100 米；

（2）在同一信道上允许连接 4 个中继器或集线器；

（3）在其中的 3 个网段上可以增加结点；

（4）在另外 2 个网段上，除做中继器链路外，不能接任何结点；

（5）上述将组建一个大型的冲突域，最大站点数 1 024，网络直径达 2 500 米。

10Base-F 是 10 Mbps 光纤以太网，它使用多模光纤作为传输介质，在介质上传输的是光信号而不是电信号。因此 10Base-F 具有传输距离长、安全可靠、可避免电击等优点。由于光纤介质适宜相距较远的站点，所以 10Base-F 常用于建筑物之间的链接，它能够构建园区主干网。目前 10Base-F 较少被采用，代替它的是更高速率的光纤以太网。

8.2.2 100 M 以太网组网

100 M 以太网也叫做快速以太网，它的传输速率比普通以太网快 10 倍，数据传输速率达到了 100 Mbps。快速以太网保留了传统以太网的所有特性，包括相同的数据帧格式、介质访问控制方式和组网方法，只是将每个比特的发送时间由 100 ns 降低到 10 ns。快速以太网的不足其实也是以太网技术的不足，那就是快速以太网仍是基于载波侦听多路访问和冲突检测技术，当网络负载较重时，会造成效率的降低，当然这可以使用交换技术来弥补。

100 Mbps 快速以太网标准分为：100BASE–TX，100BASE–FX，100BASE–T4 3 个子类。

100BASE-TX 是 5 类无屏蔽双绞线方案，它是真正由 10Base-T 派生出来的。100BASE-TX 类似于 10Base-T，但它使用的是两对无屏蔽双绞线（STP）或 150 Ω屏蔽双绞线（STP）。100BASE-TX 是目前使用最广泛的快速以太网介质标准。100 BASE-TX 使用 5 类非屏蔽双绞线或 1 类屏蔽双绞线作为传输介质。100 BASE-TX 是全双工系统，站点可以在以 100Mb/s 的速率发送的同时，以 100 Mb/s 的速率进行接收。100 BASE-TX 规定 5 类 UTP 电缆采用 RJ–45 连接头，而 1 类 STP 电缆采用 9 芯 D 型（DB-9）连接器。

100BASE-FX 是光纤介质快速以太网标准，它采用与 100BASE-TX 相同的数据链路层和物理层标准协议。它支持全双工通信方式，传输速率可达 200 Mbps。100BASE-FX 的硬件系统包括单模或多模光纤及其介质连接部件、集线器、网卡等部件。用多模光纤时，当站点与站点不经 HUB 而直接连接，且工作在半双工方式时，两点之间的最大传输距离仅有 412 m；当站点与 HUB 连接，且工作在全双工方式时，站点与 HUB 之间的最大传输距离为 2 km。若使用单模光纤作为媒体，在全双工的情况下，最大传输距离可达 10 km。100 BASE-FX 是全双工的，并且在每个方向上速率均为 100 Mb/s，特别适用于长距离或易受电磁波干扰的环境，站点与集线器之间的最大距离可达 2 km。

100BASE-T4 是 3 类无屏蔽双绞线方案，它能够在 3 类 UTP 线上提供 100 Mbps 的传输速率。双绞线段的最大长度为 100 m。

8.2.3 千兆以太网组网

千兆以太网的传输速率比快速以太网快 10 倍，数据传输率达到 1 000 Mbps。千兆以太网保留着传统的 10 Mbps 速率以太网的所有特征（相同的数据帧格式、相同的介质访问控制方式、相同的组网方法），只是将传统以太网每个比特的发送时间由 100 ns 降低到 1 ns。

目前，千兆以太网技术是网络界公认的网络技术发展方向之一，千兆以太网具有如下优点：高传输速率和速率提升潜力、高性能价格比、兼容性好、网络设计灵活、组网方式灵活而有简化的管理。

千兆以太网标准定义了 3 种介质系统，其中 2 种是光纤介质标准，包括 1000Base-SX 和 1000Base-LX；另一种是铜线介质标准，称为 1000Base-CX。1000Base-X 是 1000Base-SX，1000Base-LX 和 1000Base-CX 的总称。

1000Base-SX 是一种在收发器上使用短波激光作为信号源的媒体技术，仅支持 62.5 μm 和 50 μm 两种多模光纤。对于 62.5 μm 多模光纤，全双工模式下最大传输距离为 275 m，对于 50 μm 多模光纤，全双工模式下最大传输距离为 550 m。1000Base-SX 标准规定连接光缆所使用的连接器是 SC 标准光纤连接器。

1000Base-LX 是一种在收发器上使用长波激光作为信号源的媒体技术。对于多模光纤，在全双工模式下，最长的传输距离为 550 m；对于单模光纤，在全双工模式下，最长的传输距离可达 5 km。连接光缆所使用的是 SC 标准光纤连接器。

1000Base-CX 是使用铜缆的两种千兆以太网技术之一。1000Base-CX 的媒体是一种短距离屏蔽铜缆，最长距离达 25 m。1000Base-CX 的短距离铜缆适用于交换机间的短距离连接，特别适用于千兆主干交换机与主服务器的短距离连接。

8.2.4 小型局域网组网实例

小型局域网的组建很常见也比较简单。假设有两台计算机，一个宽带 ADSL 端口，如何组建局域网呢？

首先用网线把 Modem 和交换机连接好，再用网线把需要联网的电脑与交换机连接好，注意指示灯。然后将一台计算机设置为主机，对主机进行配置。右击“网上邻居”图标，在弹出的快捷菜单中选择“属性”命令，打开“网络连接”窗口。在此窗口中，右击“本地连接”图标，选择“属性”命令“本地连接属性”对话框，选中“此连接使用下列项目”列表框中的“Internet 协议（TCP/IP）”复选框，单击“属性”按钮，弹出“Internet 协议（TCP/IP）

属性”对话框，如图 8–14 所示，在 IP 地址文本框中输入 192.168.0.1，然后切换到“高级”选项卡，打开“本地连接的高级属性”对话框，如图 8–15 所示，在“Internet 连接共享”列表框中选中“允许其他网络用户通过此计算机的 Internet 连接”复选框。

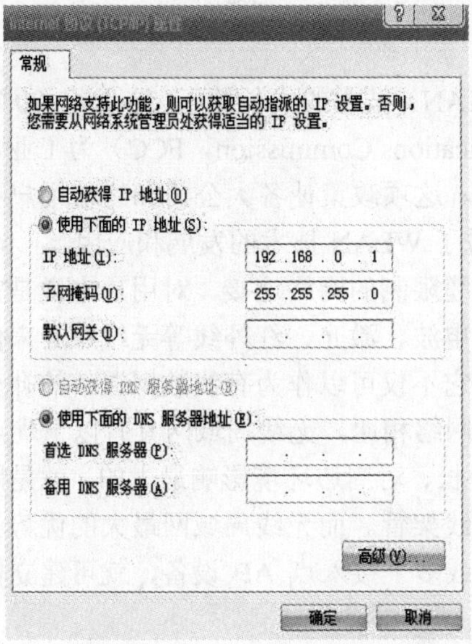

图 8–14　TCP/IP 属性对话框

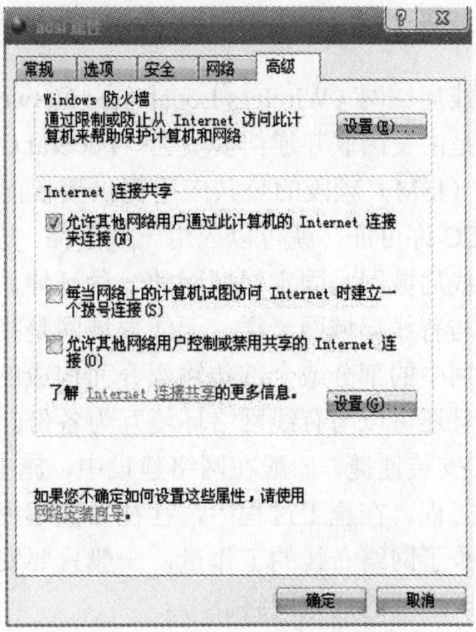

图 8–15　网络高级选项设置

主机设置完之后再在其他联网计算机中打开网络连接，设置本地连接属性—Internet 协议（TCP/IP）属性。IP 地址 192.168.0.2（在第三台电脑上是 192.168.0.3，以此类推），网关 192.168.0.1，DNS 服务器地址 192.168.0.1，如图 8–16 所示。

完成设置之后，用主机拨号连接、其他计算机不用拨号直接就能上网。（注意客户机上网必须等待主机拨号成功之后），也可以把每台计算机都建立 ADSL 拨号，这样就可以不用开主机，单机就可以上网了。

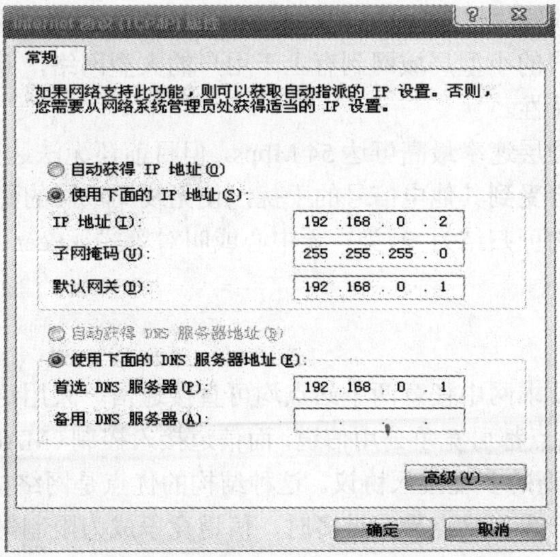

图 8–16　网络高级选项设置

8.3 无线组网技术

8.3.1 无线局域网的概念

无线局域网（Wireless Local Area Network，WLAN）技术的成长始于 20 世纪 80 年代中期，它是由美国联邦通信委员会（Federal Communications Commission，FCC）为工业、科研和医学（ISM）频段的公共应用提供授权而产生的。这项政策使各大公司和终端用户不需要获得 FCC 许可证，就可以应用无线产品，从而促进了 WLAN 技术的发展和应用。

无线局域网是固定局域网的一种延伸。没有线缆限制的网络连接。对用户来说是完全透明的，与有线局域网一样，无线局域网是指以无线电波、激光、红外线等无线媒介来代替有线局域网中的部分或全部传输媒介而构成的网络。它不仅可以作为有线数据通信的补充和延伸，而且还可以与有线网络环境互为备份。与有线网络相比，无线局域网具有以下优点。

1）安装便捷。一般在网络建设中，施工周期最长、对周边环境影响最大的，就是网络布线施工工程。在施工过程中，往往要破墙掘地、穿线架管。而无线局域网最大的优势就是免去或减少了网络布线的工作量，一般只要安装一个或多个接入点 AP 设备，就可建立覆盖整个建筑或地区的局域网络。

2）使用灵活。在有线网络中，网络设备的安放位置受网络信息点位置的限制。而一旦无线局域网建成后，无线网的信号覆盖区域内任何一个位置都可以接入网络，用户可以在不同的地方移动工作，网络用户不管在任何地方都可以实时地访问信息。

3）经济节约。由于有线网络缺少灵活性，要求网络规划者尽可能地考虑未来发展的需要，这就往往导致预设大量利用率较低的信息点。而一旦网络的发展超出了设计规划，又要花费较多费用进行网络改造，而无线局域网可以避免或减少以上情况的发生。在用户网络需要租用大量的电信专线进行通信的时候，自行组建的 WLAN 会为用户节约大量的租用费用。在需要频繁移动和变化的动态环境中，无线局域网的投资更有回报。

4）易于扩展。无线局域网有多种配置方式，能够根据需要灵活选择。这样，无线局域网就能胜任从只有几个用户的小型局域网到有上千用户的大型网络，并且能够提供像“漫游”等有线网络无法提供的特性。

虽然无线局域网物理层速率最高可达 54 Mbps，但目前还无法达到有线局域网的高带宽。无线信号在空气中传输会受到其他电信号的干扰，使无线局域网的稳定性不够理想。

无线局域网拓扑结构可归结为 2 类：无中心或叫对等式（Peer To Peer）拓扑和有中心（Hub-Based）拓扑。

1. 无中心拓扑

无中心拓扑的网络要求网中任意两个站点均可直接通信。采用这种拓扑结构的网络一般使用公用广播信道，各站点都可竞争公用信道，而信道接入控制（MAC）协议大多采用 CSMA（载波监测多址接入）类型的多址接入协议。这种结构的优点是网络抗毁性好、建网容易、且费用较低。但当网中用户数（站点数）过多时，信道竞争成为限制网络性能的要害。并且为了满足任意两个站点可直接通信，网络中站点布局受环境限制较大。因此这种拓扑结构适用于用户数相对较少的工作群规模。

2. 有中心拓扑

在有中心拓扑结构中，要求一个无线站点充当中心站，所有站点对网络的访问均由其控制。这样，当网络业务量增大时网络吞吐性能及网络时延性能的恶化并不剧烈。由于每个站点只需在中心站覆盖范围内就可与其他站点通信，故网络中心点布局受环境限制亦小。此外，中心站为接入有线主干网提供了一个逻辑接入点。有中心网络拓扑结构的弱点是抗毁性差，中心站点的故障容易导致整个网络瘫痪，并且中心站点的引入增加了网络成本。

在实际应用中，无线局域网往往与有线主干网络结合起来使用。这时，中心站点充当无线局域网与有线主干网的转接器。

8.3.2　无线局域网组网

目前无线局域网有许多标准，比如 IEEE 802.11，IEEE 802.11b，IEEE 802.11a，IEEE 802.11g，采用的传输媒体主要有 2 种，即微波与红外线。采用微波作为传输媒体的无线局域网按调制方式不同，又可分为扩展频谱方式与窄带调制方式 2 种。目前可以通过红外、蓝牙及 802.11b/a/g 3 种无线技术组建无线办公网络。红外技术的数据传输速率仅为 115.2 Kbps，传输距离一般只有 1 米；蓝牙技术的数据传输速率为 1 Mbps，通信距离为 10 米左右；而 802.11b/a/g 的数据传输速率达到了 11 Mbps，并且有效距离长达 100 米，具有“移动办公”的特点，可以满足用户运行大量占用带宽的网络操作，基本就像在有线局域网上一样。所以 802.11b/a/g 比较适合用在办公室构建的企业无线网络。

无线局域网常用接入设备有三种。

1. 无线 AP

无线 AP 也叫无线交换机又称为无线访问结点（Access Point，AP），如图 8–17 所示，它主要是提供无线工作站对有线局域网和从有线局域网对无线工作站的访问，在访问接入点覆盖范围内的无线工作站可以通过它进行相互通信。通俗地讲，无线 AP 是无线网和有线网之间沟通的桥梁，无线 AP 相当于一个无线交换机，接在有线交换机或路由器上，为跟它连接的无线网卡从路由器那里分得 IP。

图 8–17　无线 AP 示意图

2. 无线路由器

无线路由器，顾名思义，首先它保留了路由器原有的一切，比如 1 个 WAN 口，4 个 LAN 口，共享上网，网络管理等功能。无线路由器加上了天线、无线技术芯片等无线设备，用于无线信号的发送和接收。

3. 无线网卡

无线网卡，它是终端的无线网络设备，是在无线局域网的信号覆盖下，通过无线连接网络进行上网而使用的无线终端设备。提供与有线网卡一样丰富的系统接口，包括 PCMCIA，Cardbus，PCI 和 USB 等。在有线局域网中，网卡是网络操作系统与网线之间的接口。在无线局域网中，它们是操作系统与天线之间的接口，用来创建透明的网络连接。一般分为 2 种，一种是笔记本计算机内置的无线网卡，一种是台式机专用的 PCI 接口无线网卡。

8.3.3 无线局域网的应用

根据无线局域网的特点，其应用可分为 2 类：一类作为半移动网络应用，另一类作为全移动网络应用。

1. 半移动应用

在半移动应用环境下，又可分为室内应用和室外应用 2 种。

（1）室内应用。在室内应用下，无线局域网作为有线局域网的补充，与有线局域网并存。由于无线局域网的价格比有线局域网高，在室内环境下，无线局域网在以下应用情况可发挥其无线特长：大型办公室及车间；超级市场及智能仓库；临时办公室及会议室；证券市场等。

（2）室外应用。在难于布线的室外环境下，无线局域网可充分发挥其高速率以及组网灵活之优点。尤其在公共通信网不发达的状态下，无线局域网可作为区域网（覆盖范围几十千米）使用。下面列出几种应用情况：城市建筑群间通信；学校校园网络；工矿企业厂区自动化控制与管理网络；银行及金融证券城区网络；城市交通信息网络；矿山、水利、油田等区域网络；港口、码头、江河湖坝区网络；野外勘测或实验等流动网络；军事及公安流动网络等。

2. 全移动网络应用

无线局域网与有线主干网构成移动计算网络。这种网络传输速率高而且覆盖面大，是一种可传输多媒体信息的个人通信网络。这是无线局域网的发展方向。

8.3.4 无线局域网组网实例

就无线局域网本身而言，其组建过程是非常简单的。当一块无线网卡与无线路由器建立连接并实现数据传输时，一个无线局域网便完成了组建过程。然而考虑到实际应用方面，数据共享并不是无线局域网的唯一用途，大部分用户（包括企业和家庭）所希望的是一个能够接入 Internet 并实现网络资源共享的无线局域网，此时，Internet 的连接方式以及无线局域网的配置则在组网过程中显得尤为重要。

家庭无线局域网的组建，最简单的莫过于两台安装有无线网卡的计算机实施无线互联，其中一台计算机还连接着 Internet，如图 8–18 所示。无线路由器选取的是 TP-LINK 的 54 M 无线宽带路由器 TL-WR541G，无线网卡选取的是 TP-LINK 的无线网卡 TL-WN510G/550G/610G/650G 系列产品。

图 8–18 无线局域网组建示意图

1. 无线路由器配置

（1）进入 TL-WR541G 的配置界面，在“无线网络基本设置”界面默认配置如图 8–19 所示。

（2）页面中的各个参数的含义如下。

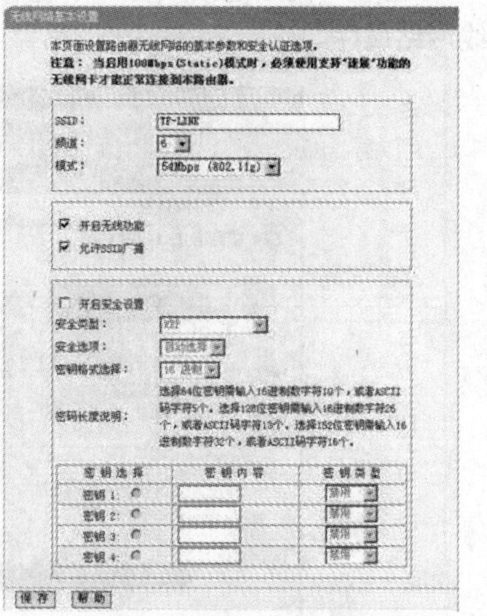

图 8–19　无线路由器设置界面图

SSID 用于识别无线设备的服务集标志符。无线路由器就是用这个参数来标识自己，以便于无线网卡区分不同的无线路由器去连接。

频道用于确定本网络工作的频率段，选择范围为 1～13，默认是 6。这个参数在应用当中只需要注意一点：假设您的邻居家也布放了无线网络，而且使用的频道也是 6，这个时候为了减小两个无线路由器之间的无线干扰，可以考虑将这个参数更改为 1 或者 13 都可以。

模式用来设置无线路由器的工作模式，这里有 2 个可供选项分别是 54 Mbps（802.11 g）和 11 Mbps（802.11 b），一般这个参数也没有必要做改动，默认就可以。

开启无线功能使 TL-WR541G 的无线功能打开和关闭。

允许 SSID 广播　默认情况下无线路由器都是向周围空间广播 SSID 通告自己的存在，这种情况下无线网卡都可以搜索到这个无线路由器的存在。如果取消选中这里的复选框，也就是无线路由器不进行 SSID 的广播，这种情况下无线网卡就没有办法搜索到无线路由器的存在了。

2. 无线网卡配置

（1）安装过程结束以后，会在计算机中的“计算机管理”窗口中的“设备管理器”中看到网卡驱动正常安装，如图 8–20 所示。

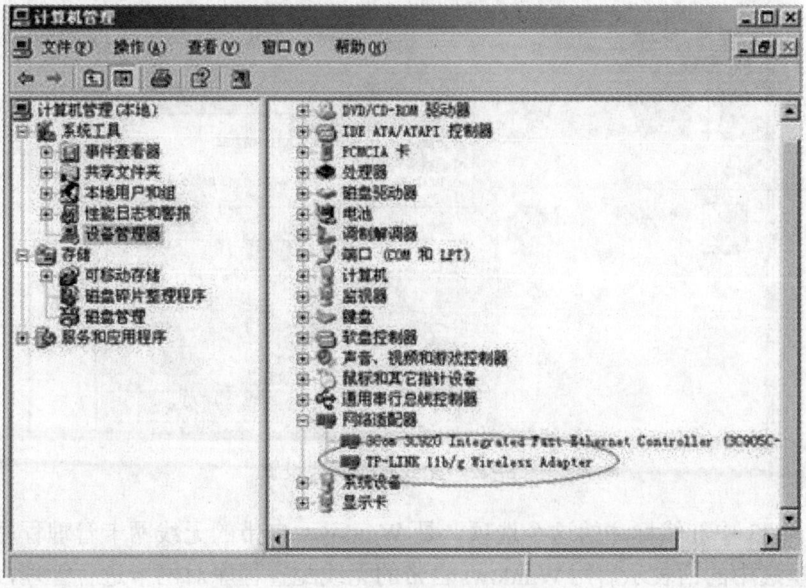

图 8–20　无线网卡安装好的界面显示

(2)在“网络连接”窗口中能看到一个“无线网络连接”图标，如图 8–21 所示，单击无线网络属性。

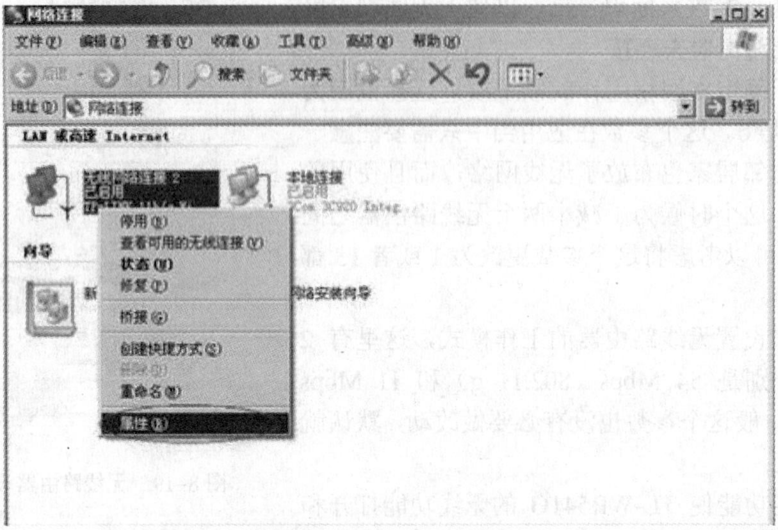

图 8–21 无线网络属性设置

（3）如果计算机任务栏没有显示“无线网络连接”图标那是因为右击“网上邻居”图标，在弹出的快捷菜单中选择“属性”命令，打开“网络连接”窗口。在此窗口中，右击“无线网络连接 2”图标，在弹出的快捷菜单中选择“属性”命令，弹出“无线网络连接 2 属性”对话框。在此对话框中，“连接后在通知区域显示图标”复选框处于未选中状态，如图 8–22 所示。

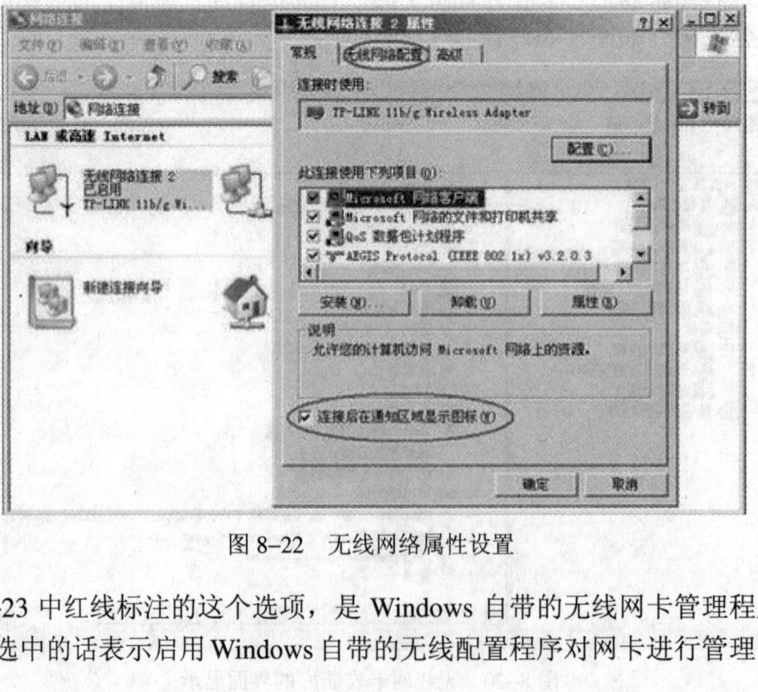

图 8–22 无线网络属性设置

（4）图 8–23 中红线标注的这个选项，是 Windows 自带的无线网卡管理程序，不推荐使用，如果这里选中的话表示启用 Windows 自带的无线配置程序对网卡进行管理，这个管理程序和“TP-LINK”客户端管理程序会产生冲突，而且 Windows 自带的这个管理程序不能完全发挥 TP-LINK 无线网卡的作用，所以不推荐使用。

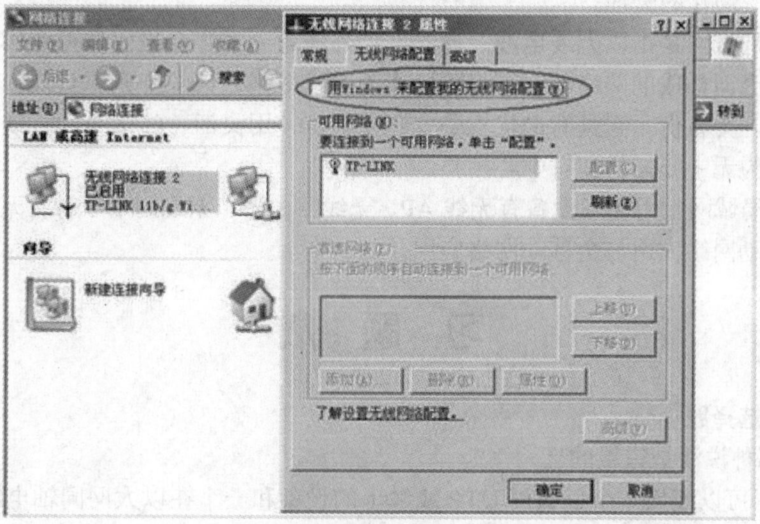

图 8–23　无线网络属性设置

当设置成功之后在默认情况下是否正确就可以自动运行，搜索并连接到已存在的无线接入点无线路由器上，这个过程是智能化的无须用户干预，默认情况网卡自已会自动连接上无线路由器。

本章小结

本章主要讲述了以下一些内容。

（1）常见网络设备包括网卡，中继器，集线器，网桥，交换机，路由器以及网关。而中继器和集线器工作于 OSI 的物理层，网桥和交换机工作于 OSI 的数据链路层，路由器工作于 OSI 的网络层，网关则工作在 OSI 的传输层及其以上层次。

（2）集线器的作用主要是对接收到的信号进行再生整形放大，以扩大网络的传输距离，同时把所有结点集中在以它为中心的结点上。交换机的作用主要是数据接收、地址过滤与数据转发，可以有效地隔离广播风暴，减少误包和错包的出现，避免共享冲突。路由器的作用主要是连通不同的网络，以及选择信息传送的线路。网关的作用主要是完成两个高层协议不同的网络互联，对两个网络段中使用不同传输协议的数据进行互相的翻译转换。

（3）以太网作为网络技术的主流，按其传输速率可分成 10 Mb/s、100 Mb/s、1 000 Mb/s。10 M 以太网组网方式有四种，分别是 10base-2，10base-5，10base-T，10base-F。其中 10base-2 的每网段最大长度为 185 米，10base-T 的每网段最大长度为 100 米，并且 10base-T 还遵循“5–4–3–2”的中继规则。

（4）100 M 以太网也叫做快速以太网，它的传输速率比普通以太网快 10 倍，数据传输速率达到了 100 Mbps。100 Mbps 快速以太网标准分为：100BASE–TX，100BASE–FX，100BASE–T4 3 个子类。

（5）千兆以太网的传输速率比快速以太网快 10 倍，数据传输率达到 1 000 Mbps。千兆以太网具有如下优点：高传输速率和速率提升潜力、高性能价格比、兼容性好、网络设计灵活、组网方式灵活、简化的管理。

（6）无线局域网是指以无线电波、激光、红外线等无线媒介来代替有线局域网中的部分或全部传输媒介而构成的网络。它不仅可以作为有线数据通信的补充和延伸，而且还可以与有线网络环境互为备份。它具有的优点是安装便捷、使用灵活、经济节约、易于扩展。无线局域网可归结为无中心拓扑和有中心拓扑。

（7）无线局域网常用接入设备有无线 AP、无线路由器、无线网卡 3 种。无线局域网的应用可分为半移动网络应用与全移动网络应用。

习 题 八

一、单项选择题

1. 下面那种说法是错误的（　　）。

A. 中继器可以连接一个以太网 UTP 线缆上的设备和一个在以太网同轴电缆上的设备

B. 中继器可以增加网络的带宽

C. 中继器可以扩展网络上两个结点之间的距离

D. 中继器能够再生网络上的电信号

2. 可堆叠式集线器的一个优点是（　　）。

A. 相互连接的集线器使用 SNMP

B. 相互连接的集线器在逻辑上是一个集线器

C. 相互连接的集线器在逻辑上是一个网络

D. 相互连接的集线器在逻辑上是一个单独的广播域

3. 连接两个 TCP/IP 局域网要求什么硬件（　　）。

A. 网桥　　B. 路由器　　C. 集线器　　D. 以上都是

4. 下面关于 5/4/3 规则的叙述哪种是错误的（　　）？

A. 在该配置中可以使用 4 个中继器　　B. 整体上最多可以存在 5 个网段

C. 2 个网段用做连接网段　　D. 4 个网段连接以太网结点

5. 不属于快速以太网设备的是（　　）。

A. 收发器　　B. 集线器　　C. 路由器　　D. 交换器

二、填空题

1. 在常见网络互联设备中和应用层关系最密切的是________。

2. 具有隔离广播信息能力的网络互联设备是________。

3. 网卡的基本功能主要有________、________、________3 个方面。

4. 网关按照功能划分分为________、________、________。

5. 10BASE-2 单网段最大长度和 10BASE-T 终端与集线器的最大长度分别为________和________。

6. 快速以太网的数据传输速率达到了________。

7. 拓扑结构为总线型，采用基带传输方式，无中继器的情况下最远传输距离可以达到 500

米的以太网叫做________。

8. 无线局域网是指以________、激光、红外线等无线媒介来代替有线局域网中的部分或全部传输媒介而构成的网络。

9. 无线局域网拓扑结构可分为________拓扑和________拓扑。

10. 常用无线局域网接入设备有无线 AP、________、________。

三、简答题

1. 集线器、网桥、交换机、路由器分别应用在什么场合？它们之间有何区别？

2. 什么是第三层交换机？

3. 网桥的基本特征是什么？

4. 无线局域网具备什么特点？

5. 组建无线局域网需要哪些设备？

第 9 章　常用网络调试与故障调试

本章提示

随着网络发展的多样性及复杂性，对于网络故障排除来说，没有特别固定的排除方法，但也不是毫无规律可寻。网络故障通常分为 3 类：链路故障、硬件故障、软件故障。当网络发生故障时，也许一时不能确定故障点，但可以使用一套行之有效的检测方法来确定故障发生点，然后再排除故障点。

教学要求

了解描述故障排除的基本方法和步骤，了解故障现象，掌握常见故障解决方法，掌握故障排除常用工具软件的使用；分析处理基本的网络故障问题。

内容框架图

常见故障解决方法
- 常用网络调试与故障调试
- 故障现象
- 网络故障排除方法

9.1　常见故障解决方法

“望、闻、问、切”是中医诊断病的传统方法，又称为“四诊”。医生运用这 4 种手段来收集疾病的症状，通过归纳分析，就可以了解疾病的成因、病变的部位、性质及其内在联系，最后下药除病。网络管理员在进行网络故障的测试和排除时，可以选用多种方法，但故障的排除简单可以总结为类似中医“四诊”的“望、闻、问、切”4 字诀。

1. “望”者，看形色也

“望”，顾名思义就是观察，思考。在解决故障的过程中，“望”字十分重要。“望”是指首先要仔细观察发生故障的原因。作为网管在动手解决问题之前必须明确了解整个网络的拓扑，要知道网络中有哪些设备，这些设备之间是怎样连接的。如果是局域网内的设备，需要知道各个设备的 IP 地址和子网掩码，如果是广域网设备或者是连接到 Internet，需要了解的 IP 地址、子网掩码、网关地址、DNS 地址以及路由表信息。最后的情况是有一张详细的网络图，根据拓扑图分析。弄清问题出在哪里是成功排除网络故障的最重要的步骤，知道病因所在才能对症下药。

你应该像熟悉从学校回家的路一样，熟悉网络中的设备以及网络拓扑结构。如果你详细了解每条回家的路，在某些情况下，例如下雨的时候，根据以前的经验，如果雨下的大，从地道桥经过的路，可能会由于雨水过大而不能通行，这时你就会选择另外一条路回家。

2. 望过之后，就要“闻”

此处的“闻”并非是用鼻子真的去闻，而是要了解计算机出现故障的过程，从故障计算机的使用者那里了解情况。如果你熟悉你所在城市的每一条路，当你的朋友打电话问你路时，你在了解了你朋友所处的位置后，会告诉他从当前位置向哪个方向走，过几个路口，乘几路车，坐几站换乘几路车就可以到达目的地。而解决网络中的故障，和“指路”是差不多相同性质的工作。

3. “问”者，访病情也

其实这个“问”字是可以包含在“切”字里的。问的要点是多方面，多角度搜索、查询以及询问。比如可以通过互联网进行查询，了解相关故障的排除，在搜索引擎上查询时，可以多用几个关键词查询，务求一搜打尽！ 在解决故障时，本着“从简单到复杂”和“从软件故障到硬件故障”的原则进行判断。

4. “切”者，诊六脉也

“切”也就是通过“望”和“闻”等阶段的工作，找到问题所在后要找准切入点，做到事半功倍。通过“望”和“闻”基本了解了网络故障的相关信息，可以据此进行分析以及综合判断，筛选出有用信息。

如果按照用户划分，网络故障分为企业中的网络故障与个人用户网络故障。对于企业中的网络故障来说，如果按照产品功能划分，网络中的故障通常包括工作站故障、服务器故障、网络设备故障、线路故障与其他故障，下面分别介绍。

1. 工作站故障

对于工作站故障，通常来说，采用“代替法”与“排除法”即可以解决。当网络中的工作站出现问题时，要清楚是网络中的所有工作站出现问题，还是某一组中的工作站出现问题，或者仅仅只是某一台工作站出了问题。

如果网络中的所有工作站都出现了同一个问题，例如，都不能登录服务器，或者登录服务器很慢，或者都不能访问某个或者某些网站时，故障应该在工作站到故障点之间的线路或者某些设备上，例如，核心交换机出现问题、所有的工作站的上级交换机或者路由器或者服务器出现问题，甚至是网络的出口（广域网或者 Internet 网络）出现问题。这时候，可以在网络中的任意一台工作站上，使用 ping 命令，依次检查到上一级设备的连接情况，逐级检查以定位故障点，最后排除故障。

例如，对于类似于图 9–1 所示的网络拓扑结构，当所有的工作站不能访问服务器 Server 或者不能访问互联网时，可以在网络中的任意一台工作站上（例如 w1），使用 ping 命令，首先检查检查到 Switch3 交换机的连通性，如果到 Switch3 不能连通，则检查 Switch3 交换机的配置情况，在确认不是配置问题后，检查 Switch3 交换机是否损坏，如果 Switch3 交换机损坏，根据情况维修或者更换。然后检查到服务器的连通性，如果不能访问服务器，检查 Switch3 与服务器之间的线路，然后依次检查服务器的网卡以及服务器的配置，对于 Switch3 与服务器之间的线路，可以用“代替法”（找一段好的线路代替 Switch3 与服务器原来的连线，检查是否该线路问题）来排除线路问题。在排除线路问题后，可以确认是服务器出现了问题（关于服务器问题的解决请看“服务器”一节）。如果是不能访问互联网，则需要依次检查 Switch3

到路由器（或代理服务器、防火墙）之间的线路、路由器的配置、路由器到互联网的线路情况，然后再检查是否 ISP 的故障等。实际上，如果网络中的所有工作站都不能访问外网，则首先要在代理服务器或者路由器上，检查到上级线路的连接是否正常，在排除上级线路（ISP）的故障后，检查 Switch3 与路由器之间的线路、路由器的配置等情况。

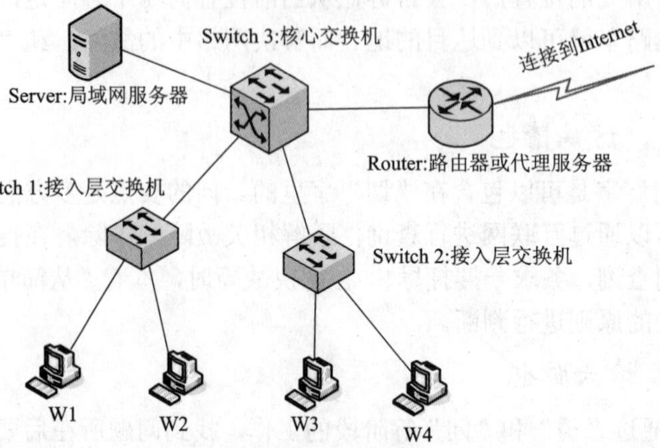

图 9–1 网络拓扑结构

如果网络中的某些工作站出现问题，而网络中的其他组都正常时，这时候，要检查出现问题的工作站与其他组能否互通，例如，对于图 9–1 来说，如果 Switch2 中的工作站都不能访问服务器或者不能访问互联网，则首先要检查 Switch2 中的工作站能否与 Switch1 中的工作站互通（最简单的是使用 ping 命令检查），如果 Switch2 与 Switch1 能互通，则表明 Switch2 中的工作站不能访问服务器或者互联网，是服务器与路由器的设置问题造成的；如果 Switch2 中的工作站与 Switch1 中的服务器不能互通，则表明是 Switch2 交换机、Switch2 与 Switch3 的连线或者 Switch3 交换机的设置引起的。这时候，按照顺序依次检查并排除即可。

如果网络中的一台工作站出现问题，例如，w3 不能访问服务器（或互联网），而网络中其他的工作站都正常，可以按照如下的步骤解决。

（1）在 w3 工作站上，使用 ping 命令，检查是否可以 ping 通 w4 或 Switch2 或 Switch3 交换机，如果能 ping 通这些工作站或交换机，则表示 w3 不能访问服务器（或互联网）是服务器端对 w3 进行了限制。如果不能 ping 通，则进行下面的检查。

（2）打开“网络连接”窗口，查看是否出现图 9–2 的“网络电缆被拔出”的连接，如果出现这种问题，表明是网线问题，或者是连接 w3 的 Switch2 交换机端口出现问题。

（3）打开“网络连接”窗口，右击“本地连接”图标，检查在弹出的快捷菜单中是否出现“启用”菜单项，如果出现，表示当前网卡被禁用，执行“启用”命令即可，如图 9–3 所示。

图 9–2 网络电缆被拔出

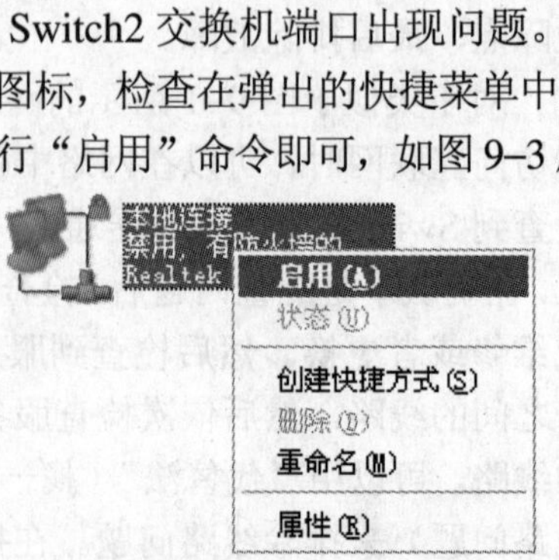

图 9–3 本地连接被禁用

（4）之后检查网卡配置是否正确（IP 地址、子网掩码、网关地址），如果是通过 DHCP 方式获得地址，检查是否获得地址，如果获得的地址是 0.0.0.0 或 169.254.x.x，则表示 IP 地址没有获得；如果获得的地址的子网掩码为 0.0.0.0，则表示 IP 地址冲突。在这些情况下，可以“手动”指定网络中正确的地址。在确认不是 IP 地址或者配置的情况后，查看“本地连接状态”窗口中的 w3 网卡的状态（如图 9–4 所示），如果“状态”只有发送数据，而没有收到数据时，表示是 w3 的网卡或者是 w3 的网线或 Switch2 交换机上连接 w3 的端口出现问题。

如果是这种情况，可以将连接 w4 的网线插到 w3 上（当 w4 与 w3 离的很近时），检查是否是线路的问题，如果 w4 与 w3 很远，可以用测线仪检查 w4 网线是否有故障。如果网线没有故障，则可以在 Switch2 上，将连接 w4 的网络更换一下端口，在排除交换机端口与网线故障后，那就是 w3 这台工作站的问题了。这时候，可以“禁用”w3 的网卡，然后再启用，如果不能解决，可以在“设备管理器”选项中，卸载 w3 的网卡，然后重新启动计算机，进入系统后重新安装网卡驱动程序。如果问题仍然没有解决，可以尝试为 w3 更换一块网卡，如果问题仍然不能解决，只能重新安装操作系统。

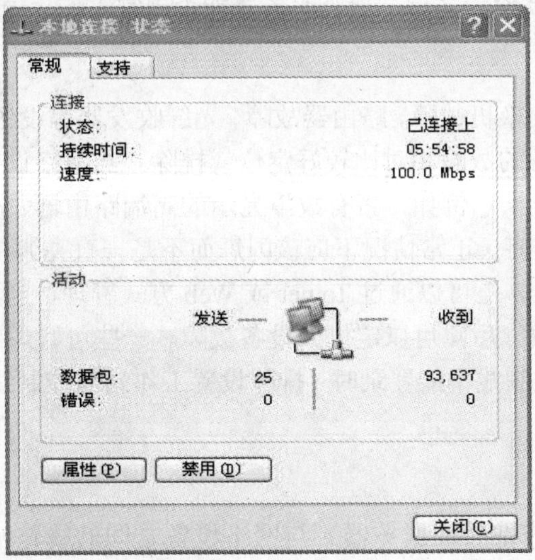

图 9–4　本地连接状态

2. 服务器故障

服务器故障主要包括硬件故障、软件故障与操作系统故障等。当网络中的服务器出现故障时，可以下面的顺序检查：

（1）检查外观：服务器能否启动，如果服务器已经处于登录状态，不要着急重新启动服务器，先检查服务器的指示灯，例如电源、硬盘指示灯，或者其他警报指示灯，当指示灯正常时，可以登录到控制台，使用 ping 命令，检查服务器的网络连通性。如果不能连通，检查服务器 SQL Server 设置、网卡驱动程序、网卡、网线等问题。

（2）当网络连通时，检查所提供的“服务”是否启动，工作是否正常。如果这台服务器是 Sql Server 服务器，就要登录“Sql Server 企业管理器”，查看服务状态是否正常，或者检查“服务”中，Sql Server 服务是否启动。如果是 Windows 服务器，还可以使用“事件查看器”，查看日志，一些错误信息会在日志中反映出来。

（3）如果服务器原来正常，而在某个时间或者某个操作后不正常，则检查相关的操作是否引发了服务器的故障。如果有多人共同管理服务器，就请所有管理服务器的人到一起，询问是由于那个管理员的操作造成的故障，或者检查上次管理人员对服务器的操作记录，从而解决问题。

为了保证服务器能稳定而又可靠的对外提供服务，通常来说，管理服务器需要做到几下几点。

- 保证服务器所在机房温度在规定的范围内，不要让机房有太多的灰尘。
- 保证机房供电电压稳定。
- 不要在服务器上挂 QQ 及使用 BT 等软件下载东西。也不要在服务器上测试软件。
- 为服务器设置强密码，并且关闭服务器不使用的端口，禁用或停用服务器不需要的服务。如果是 Windows 服务器，还需要及时更新补丁。
- 不要在服务器上做实验，不要随意改动服务器的设置，如果改动了设置，一定要及时记录，并且在改动设置之后，检查服务器能否正常工作。

3. 网络设备故障

网络设备故障包括交换机故障、路由器故障、光纤收发器等设备不能正常工作时的状态。

通常来说，网络设备的故障相对比较好定位或排除。当网络设备出问题后，通常能从网络设备的指示灯中显现出来。例如，带有故障显示的高端路由器、交换机，或者是普通的交换机，指示灯不亮或者常亮（正常情况下应该闪烁而不是一直亮），这些都比较容易区分。另外，一些交换机或路由器，还可以通过 Telnet 或 Web 方式管理，当不能登录这些设备时，在排除工作站故障、线路故障后，可以定位到设备故障。一些可管理的交换机，还可以通过控制线进行设置，当使用控制线不能登录时（排除设置工作站与控制线问题后），可以判断是交换机问题。

4. 线路故障

线路指的是连接工作站（或服务器）与网络设备之间的线路，例如工作站到交换机的 RJ-45 网线，服务器到核心交换机的光纤（或 RJ-45 网线），交换机与交换机（或路由器、风关、防火墙或代理服务器等）之间的 RJ-45 网线或光纤等，线路还包括到 ISP 的接线，例如光纤或 DDN，ADSL 线路等。

如果怀疑 RJ-45 网线故障，可以用测线仪检查，或者用其他证明是好的网线代替来检查，如果是光纤，可以看连接光纤设备的指示灯，或者用测光纤的设备检查。如果是到 ISP 的线路，可以请 ISP 工作人员检查。

5. 其他故障

如果列出的故障没有在上面列出，可以根据网络的情况进行分析。

总的来说，故障原因不是硬件原因就是软件原因。先列出可能导致网络故障的所有原因，排除过程基本上是“先软件后硬件”，操作系统引起网络故障的原因中，最常见的就是协议配置不正确，SQL Server 协议中 IP 地址、子网掩码、DNS 服务器和网关等网络参数设置其中任何一个设置错误，都会导致故障发生。硬件方面把所有可能的原因一一列出，例如网卡、网线、信息插座、交换机等硬件的故障，任何一个设备的损坏，都会导致网络连接的中断。按着优先顺序一一进行测试。(在进行测试前要先看看各种网络设备的指示灯是否正常，绿灯表示连接正常，红灯表示连接故障，不亮表示无连接或线路不通，长亮表示广播风暴，指示灯有规律地闪烁才是网络正常运行的标志)。这里需要注意的是，你不要着急下结论，可以根据出错的可能性把这些原因按优先级别进行排序，然后逐个击破，想经过一番推敲之后，基本上能知道问题所在。

“望、闻、问、切”在网络管理中各有其独特的作用，不能相互替代，但在实际应用中，必须将它们有机地结合起来，才能全面、系统、深入地了解网络情况，才能对症下药。总之，在解决网络故障的过程中，要注意“望、闻、问、切”，注意“软硬兼施”，就一定会药到病除。

9.2 故障现象

通过对本章第一节常见故障解决方法的学习，将平常遇到的一些故障现象整理给大家，用来帮助大家解决以后可能会遇到的一些问题，并通过故障分析，培养大家独立分析解决故障的能力。

【故障一】为什么电脑在安装网卡后启动慢了很多，有什么解决办法？

【故障解析】

可能原因有是以下 2 方面。

（1）SQL SERVER 设置中设置了“自动获取 IP 地址”，这样每次启动计算机时，计算机都会主动搜索当前网络中的 DHCP 服务器，所以计算机启动的速度会大大降低。解决的方法是选择“指定 IP 地址”。

（2）安装了太多的网络通信协议或服务，以致计算机启动时寻址和加载程序的时间加长。可以在本地连接的属性中将不必要的协议和服务删除，对局域网的一般应用而言，有 SQL Server 协议，Microsoft 网络用户，Microsoft 网络的文件和打印机共享这三个网络组件就够了。

【故障二】什么是网络“瓶颈”？如何克服网络“瓶颈”对网络整体性能的影响？

【故障解析】

网络“瓶颈”指的是影响网络传输性能及稳定性的一些相关因素，如网络拓扑结构、网线、网卡、服务器配置、网络连接设备等，下面逐一加以简单分析。

（1）组网前选择适当的网络拓扑结构是网络性能的重要保障，这里有两个原则应该把握：一是应把性能较高的设备放在数据交换的最高层，即交换机与集线器组成的网络，应把交换机放在第一层并连接服务器；二是尽可能减少网络的级数，如四个交换机级联不要分为四级，应把一个交换机做一级，另 3 个同时级联在第 1 级做为第 2 级。

（2）网线的做法及质量也是影响网络性能的重要因素，对于 100 MB 设备（包括交换机，集线器和网卡），要充分发挥设备的性能，应保证网线支持 100 MB，具体是网线应是五类以上线且质量有保障，并严格按照 100 MB 网线标准（即 568 B 和 568 A）做线。

（3）网卡质量不过关或芯片老化也容易引起网络传输性能下降或工作不稳定，选择知名品牌可以有很好的保障；

（4）对某些如无盘网络，游戏网络等对服务器的数据交换频繁且大量的网络环境，服务器的硬件配置（主要是 CPU 处理速度，内存，硬盘，网卡）往往成为影响网络性能的最大“瓶颈”，提升网络性能须从此入手。

（5）选择适当的网络连接设备（交换机和集线器）同样也是网络性能的重要保障，除选择知名品牌外，网络扩充导致性能下降时应考虑设备升级的必要性。

【故障三】网卡只有红灯闪烁，绿灯不亮，这种情况正常吗？

【故障解析】

首先应该了解网卡红灯和绿灯分别代表什么含义。红灯代表 LINK/ACT（连通/工作）即连通时红灯长亮传输数据时闪烁，绿灯代表 FDX（全双工）即全双工状态时亮，半双工状态时灭。如果一个半双工的网络设备（如 HUB）和网卡相连，由于这张网卡是自适应网卡它也会工作在半双工状态，所以绿灯不亮也属于正常情况。

【故障四】知道网卡与网卡连接以及网卡与 Hub 连接所使用的跳线制作方法并不相同。可是，有时候一种线竟然在哪儿都能使用，都可以连接成功。到底在什么情况下使用直通线，在什么情况下又该使用交叉线呢?

【故障解析】

（1）以下情况必须使用交叉线：

1）两台计算机通过网卡直接连接（即所谓的双机直连）时；

2）以级联方式将集线器或交换机的普通端口连接在一起时。

（2）以下情况必须使用直通线：

1）计算机连接至集线器或交换机时；

2）一台集线器或交换机以 Up-Link 端口连接至另一台集线器或交换机的普通端口时；

3）集线器或交换机与路由器的 LAN 端口连接时。

（3）以下情况既可使用直通线，也可使用交叉线：

1)集线器或交换机的 RJ-45 端口拥有极性识别功能，可以自动判断所连接的另一端设备，并自动实现 MDI/MDI-Ⅱ间的切换；

2）集线器或交换机的特定端口拥有 MDI/MDI-Ⅱ开关，可通过拨动该开关选择使用直通线或交叉线与其他集线设备连接。

【故障五】

某一台机器在“网上邻居”窗口中能看到自己，屏幕右下角有“连接”图标，双击该图标发现在“本地连接状态”窗口中有发出的字节数，而接收到的字节数为 0，通信无法进行。网卡及线路用替换法测试无问题。请问如何解决?

【故障解析】

故障可能是如下原因。

（1）网卡与 Windows XP 不兼容或者兼容性不好，试着安装其他操作系统试一下。

（2）网线有问题，虽然用替换法测试过，但是，最好还是将故障计算机搬到能够连接到网络的计算机处替换一下。

（3）如果网卡是 10/100 Mbps 自适应，可以试着把网卡速率设置为 10 Mbps 试一下（选择网卡属性，在“常规”选项卡中单击“配置”按钮，在“高级”选项卡中的“Link Speed/Duplex Mode”后面选择 10 Half Mode）。

（4）“有发出的字节数，而接收到的字节数为 0”说明线路发送数据正常，而接收出现问题。因此，连通性故障的可能性最大，也可能是接插处（水晶头与网卡、集线设备、信息插座的 RJ-45 端口）接触不好。

【故障六】两台装 Windows XP 系统的笔记本计算机在使用双绞线直连时，连接不稳定，且对方计算机经常无法浏览，甚至连工作组都打不开，提示“\\计算机名称\ShaRoutereDocs 无法访问。可能没有权限使用网络资源。请与这台服务器的管理员联系以查明你是否有访问权限。不能访问网络位置。”原因何在?

【故障解析】

这必须解决 IP 地址和用户的权限问题，有以下几个方法。

（1）可以给每一台笔记本计算机设置一个私有的 IP 地址，如一个为 192.168.1.8，另一个为 192.168.1.18，子网掩码都是 255.255.255.0。或者两者均采用“自动获取 IP 地址”方式，使其自动获取“169.254.0.1~169.254.255.254”段的 IP 地址。

（2）在每台笔记本计算机上启用“Guest”账户。执行“管理工具”→“计算机管理”命令，打开“计算机管理”窗口。展开“计算机管理”目录，双击“本地用户和组”子目录中的“用户”选项，在右侧的窗格中右击“Guest”，选择“属性”命令，在“常规”选项卡中取消选中“账户已停用”。

（3）打开“资源管理器”窗口，从“工具”菜单选择“文件夹属性”命令，从“查看”选项卡的“文件和文件夹”中取消选中“使用简单文件夹共享（推荐）”复选框。

（4）右击“本地连接”选择“属性”命令，弹出“本地连接属性”对话框。确认在“本地连接属性”对话框的“高级”选项卡中，“启用（推荐）”单选按钮处于未选中状态。

（5）在“网络连接”窗口中单击“设置家庭或小型办公网络”图标，弹出“网络安装向导”对话框，选择“这台计算机属于一个没有 Internet 连接的网络”。然后，打开 Windows 资源管理器，设置共享文件夹。

【故障七】使用校园网上网，都会自动从 DHCP 服务器获取一个 IP 地址(59 或 202 打头)，在上网高峰时，无法获得 IP 地址信息，IP 地址显示为 169.254.x.x，无法上网。能自己指定 IP 地址上网吗?

【故障解析】

访问高峰时计算机所获得的 169.254.x.x 地址是由于无法从 DHCP 服务器获得 IP 地址(联系不上 DHCP 服务器，或者 DHCP 服务器没有 IP 地址可供分配)，而由计算机自动分配的 IP 地址（APIPA）。由于 DHCP 服务器的 IP 地址池有限，当可用 IP 地址分配完毕，将不再可能获取 IP 地址，也就是说，如果没有网络管理员的配合，将没有合法的解决方案，此时可行的方式就是不断刷新。如果征得网络管理员的同意，可以在 DHCP 服务器上为特定的计算机保留 IP 地址。这样，该 IP 地址将不会被其他计算机分配，而只有指定 MAC 地址的计算机才能获取该 IP 地址，这样，就可以随时访问网络了。

【故障八】计算机速度变慢，在每个文件夹里都找到了两个文件是隐藏属性的。格式化后重装系统，但还是有几个文件夹里有那两个文件。上线后发现还是有无数人 Ping，并有针对 135，1025，17300 端口的网络访问（被天网拦截），请问是否中了木马?

【故障解析】

造成计算机速度变慢的原因应该是中了病毒。每个文件夹都多了两个隐藏属性的文件且系统运行速度很慢，可能是中了 VBS.KJ（新欢乐时光）蠕虫病毒，该病毒在打开过的每个文件夹下都生成隐藏文件 desktop.ini 和 foldeRouter.htt，并在启动组中添加一个病毒启动项目，导致系统运行速度变慢。对此，只要升级杀毒软件或者下载相关专用杀毒工具杀毒即可。被狂 ping 并伴随针对 135 端口的访问请求是冲击波类病毒在网上寻找存在漏洞的机器造成的，请尽早给系统打 ROUTERPC 漏洞补丁。17300 是 Kuang2 The ViRouterus 木马使用的端口，1025 是 NetSpy.698 使用的端口，请安装木马克星以及反黑精英等软件来查找是否感染木马。虽然有针对该端口的访问，但并不意味着肯定感染了木马，有可能是攻击者在扫描感染了该木马的用户而已。

【故障九】计算机在开机时总会出现以下信息：

intel undi pxe- build 082

copyright c 1997-200 intel corporation

for realtek rtl8139 a/b/c /rtl8130 pci fast ethernet controller

v2.11 0012105

CLIENT MAC ADDR 00 E0 4C B3 32 FC GUID

FFFFFFFF-FFFF-FFFF-FFFF-FFFFFFFFFFFF

DHCP.....

PXE-E51 NO DHCP OR proxyDHCP OFFERS WERE RECEIVED

PXE-MOF EXITING PXE ROM.请问这是怎么回事?

【故障解析】

这是网卡启用了 BOOT ROM 芯片的引导功能，而且网卡带有 PXE 的引导芯片之后所造成的。可以按如下方法解决。

（1）如果网卡是集成在主板上的，或者将网上的启动程序写进了 BIOS 中，可以从 BIOS 设置中修改系统的引导顺序，如设置硬盘最先引导，或者从 BIOS 中禁止网卡启动系统。

（2）如果网卡不是集成的，则可以拔掉网卡上的引导芯片或者用网卡设置程序，禁止网卡的 Boot ROM 引导功能也可以关机，然后在开机之后，当出现 Press Shift-F10 Configure……界面时，马上按 Shift+F10 组合键，进入菜单之后，从第 4 行中将 Boot order rom 设置为 disable，然后按 F4 键保存退出。

【故障十】最近计算机经常出现下面这种情况，提示“系统检测到 IP 地址 xxx.xxx.xxx.xxx 和网络硬件地址 00–05–3B–0C–12–B7 发生地址冲突。此系统的网络操作可能会突然中断”，然后就掉线一分钟左右又恢复网络连接。请问是什么原因，该如何解决?

【故障解析】

这种系统提示是典型的 IP 地址冲突。也就是说，该计算机采用的 IP 地址与同一网络中另一台计算机的 IP 地址完全相同，从而导致通信失败。与该计算机发生冲突的网卡的 MAC 地址是 00–05–3B–0C–12–B7。通常情况下，IP 地址冲突是由于网络管理员的 IP 地址分配不当，或其他用户私自乱设 IP 地址造成的。由于网卡的 MAC 地址具有唯一性，因此，可以请网管借助于 MAC 地址查找到与你发生冲突的计算机，并责令其修改 IP 地址。使用“ipconfig /all”命令，即可查看计算机的 IP 地址和 MAC 地址。最后使用“AROUTERP -s IP 地址网卡物理地址”的命令，将此合法 IP 地址与你的网卡 MAC 地址进行绑定即可。

【故障十一】计算机在上网时为何突然打不开末级网页了，也就是无法浏览末级网页的链接了，请问这是何故?

【故障解析】

在浏览器中选择“工具”→“Internet 选项”命令，然后将“Internet 选项”对话框中的参数全部恢复默认试试。如果还不行的话，那你 QQ 能不能打开，如果 QQ 能上，但网页打不开的话，就照上面说的去做。如果不是上面的故障，那就检查 IP 设置是否存在冲突，再看网卡是不是有问题。不行的话，再找个计算机把它的网卡取下来试一试。

（1）将水晶头拔下，对水晶头与网卡接口进行检查，发现网卡 RJ-45 接口中的部分弹簧片松动，导致网卡接口与 RJ-45 头没有连接好，用镊子将弹簧片复位，再行接入后故障即可排除。

（2）采用网络测线仪对双绞线两端接头进行测试，必要时可让两端双绞线脱离配线架、模块或水晶头直接进行测量确诊，以防因连接问题造成误诊，确诊后即可沿网络路由对故障点进行人工查找。如果有专用网络测试仪就可直接查到断点处与测量点间的距离，从而更准确地定位故障点。对线路断开的处理，通常可将双绞线、铜芯一一对应缠绕连接后，加以焊接并进行外皮的密封处理，也可将断点的所有芯线断开，分别压制进入水晶头后用对接模块进行直接连接。如果无法查找断点或无法焊接，在保证断开芯线不多于 4 根的情况下也可在两端将完好芯线线序优先调整为 1，2，3，6，以确保信号有效传输。在条件许可的情况下，也可用新双绞线重新进行布设。

【故障十二】局域网的网速变慢？

【故障解析】

（1）网线问题导致网速变慢：双绞线是由四对线按严格的规定紧密地绞和在一起的，用来减少串扰和背景噪音的影响。同时，在 T568A 标准和 T568B 标准中仅使用了双绞线的 1，2 和 3，6 四条线，其中，1，2 用于发送，3，6 用于接收，而且 1，2 必须来自一个绕对，3，6 必须来自一个绕对。只有这样，才能最大限度地避免串扰，保证数据传输。本人在实践中发现不按正确标准（T586A，T586B）制作的网线，存在很大的隐患。表现为：一种情况是刚开始使用时网速就很慢；另一种情况则是开始网速正常，但过了一段时间后，网速变慢。后一种情况在台式计算机上表现非常明显，但用笔记本计算机检查时网速却表现为正常。对于这一问题本人经多年实践发现，因不按正确标准制作的网线引起的网速变慢还同时与网卡的质量有关。一般台式计算机的网卡的性能不如笔记本计算机的，因此，在用交换法排除故障时，使用笔记本计算机检测网速正常并不能排除网线不按标准制作这一问题的存在。现在要求一律按 T586A，T586B 标准来压制网线，在检测故障时不能一律用笔记本计算机来代替台式计算机。

（2）网络中存在回路导致网速变慢：当网络涉及的结点数不是很多、结构不是很复杂时，这种现象一般很少发生。但在一些比较复杂的网络中，经常有多余的备用线路，如无意间连上时会构成回路。比如网线从网络中心接到计算机一室，再从计算机一室接到计算机二室。同时从网络中心又有一条备用线路直接连到计算机二室，若这几条线同时接通，则构成回路，数据包会不断发送和校验数据，从而影响整体网速。这种情况查找比较困难。为避免这种情况发生，要求在铺设网线时一定养成良好的习惯：网线打上明显的标签，有备用线路的地方要做好记载。当怀疑有此类故障发生时，一般采用分区分段逐步排除的方法。

（3）网络设备硬件故障引起的广播风暴而导致网速变慢：作为发现未知设备的主要手段，广播在网络中起着非常重要的作用。然而，随着网络中计算机数量的增多，广播包的数量会急剧增加。当广播包的数量达到 30%时，网络的传输效率将会明显下降。当网卡或网络设备损坏后，会不停地发送广播包，从而导致广播风暴，使网络通信陷于瘫痪。因此，当网络设备硬件有故障时也会引起网速变慢。当怀疑有此类故障时，首先可采用置换法替换集线器或交换机来排除集线设备故障。如果这些设备没有故障，关掉集线器或交换机的电源后，DOS下用 Ping 命令对所涉及计算机逐一测试，找到有故障网卡的计算机，更换新的网卡即可恢复网速正常。网卡、集线器以及交换机是最容易出现故障引起网速变慢的设备。

（4）网络中某个端口形成了“瓶颈”导致网速变慢：实际上，路由器广域网端口和局域网端口、交换机端口、集线器端口和服务器网卡等都可能成为网络“瓶颈”。当网速变慢时，可在网络使用高峰时段，利用网管软件查看路由器、交换机、服务器端口的数据流量；也可用 Netstat 命令统计各个端口的数据流量。据此确认网络数据流通“瓶颈”的位置，设法增加其带宽。具体方法很多，如更换服务器网卡为 100 MB 或 1 000 MB、安装多个网卡、划分多个 VLAN、改变路由器配置来增加带宽等，都可以有效地缓解网络“瓶颈”，可以最大限度地提高数据传输速度。

（5）蠕虫病毒的影响导致网速变慢：通过 E-mail 散发的蠕虫病毒对网络速度的影响越来越严重，危害性极大。这种病毒导致被感染的用户只要一上网就不停地往外发邮件，病毒选择用户个人电脑中的随机文档附加在用户机子的通讯簿的随机地址上进行邮件发送。成百上千的这种垃圾邮件有的排着队往外发送，有的又成批成批地被退回来堆在服务器上。造成个别骨干互联网出现明显拥塞，网速明显变慢，使局域网近于瘫痪。因此，必须及时升级所用杀毒软件；计算机也要及时升级、安装系统补丁程序，同时卸载不必要的服务、关闭不必要的端口，以提高系统的安全性和可靠性。

【故障十三】 MSN，QQ 能聊，网页却打不开？

【故障解析】

（1）一般是由病毒引起的，你碰到 QQ 可以聊天，网页却不能浏览时，请不要对此时的网络速度产生怀疑，如果网速真的存在问题，想必网友之间的 QQ 聊天也应该会受到影响，所以归根结底多半是你机器里的病毒在搞鬼。具体产生状况打开 IE 浏览器，会超慢弹出 IE 界面，并且里面含有无响应的提示信息，另外按下 Ctrl+Alt+Del 组合键，在所弹出的“Windows 任务管理”对话框内，选中“进程”选项卡后，下方状态栏内的 CPU 使用率会达到 100%，这些都是含有病毒的征兆，也是导致无法浏览网站的主要因素。最好在查看“程序进程”时，看看到底是哪个程序占用的 CPU 使用率过大，并且结束其病毒所运行的进程，然后启用系统自带的搜索功能，按照进程名称找到与其同名的病毒文件将其删除。而后打开“注册表”编辑器，执行“编辑”→“查找”命令，在所弹出的“查找”对话框内，输入刚才删除的病毒名称进行查找，找到后右击，在打开的快捷菜单中选择“删除”命令将其删除。

（2）代理服务器：网上使用 IE 浏览器设置代理服务器的教程很多，可能因为好奇或者是某些安全方面的因素，使很多网友都架设了代理服务器。可是殊不知其代理服务器访问端口，正好是 80 或者 8080 端口，整好与 IE 浏览器通过 80 端口访问网站有冲突，反而 QQ 通信是 4000 端口，它能正常聊天，而 IE 无法浏览网页的情况，也就不足为奇了。具体解决办法就是把代理服务器取消掉，或者重新来设置其代理服务器的通信端口，即可解决两者的冲突，恢复以往 IE 浏览的正常功能。

（3）域名解析服务：网络上的地址都是采取 IP 地址来标示，IP 地址的形式是采取 218.76.192.100 之类的数字格式。但为了便于大家记忆，在上网时采取的是 WWW.TOM.COM

网址格式进行输入。而域名解析就是负责把输入的网址域名，翻译成 IP 地址才能够来浏览网站内容。如果它此时出现了错误，则就进行不了网址与 IP 地址之间的转换，当然也就无法浏览到网站的内容了，而不需要域名解析的 QQ 聊天，不仅不会受到域名无法转换的影响，而且还能正常通信也是合情合理的。

9.3　网络故障排除方法

作为网络管理员，经常会遇到网络不通的时候。试用了很多办法还是找不到故障的源头，到底该怎么办呢?要想解决这样网络不通的问题，必须要具备丰富的软件和硬件知识。局域网的结构并不复杂，但是很多时候网络的故障会把人弄得焦头烂额。因此对网络故障测试和调试的方法是解决问题的关键。局域网内网络不通的故障主要分硬件故障和软件故障 2 种。

1. 硬件故障

（1）设备故障：设备故障是指网络设备本身出现问题，首先要观察设备状态及使用相关网管软件检查相关设备参数。比如网线制作或使用中出现问题，造成网线不通；网络设备死机等现象。而在一般硬件故障中，网线的问题占其中很大一部分。其次网卡、集线器和交换机的接口甚至主板的插槽有可能损坏造成网络不通。

（2）设备冲突：设备冲突一直是困扰用户的难题之一。计算机设备都是要占用某些系统资源的，如 I/O 地址等。网卡最容易与显卡和声卡等关键设备发生冲突，导致系统工作不正常；开通了某些业务，无意中造成网络设备之间 MAC 地址冲突。

（3）设备驱动问题：由于驱动程序与硬件的关系比较大，所以也将其归纳为硬件问题；主要检查设备驱动程序之间、驱动程序与操作系统、驱动程序与主板 BIOS 之间兼容不兼容的情况（比如不兼容），建议使用厂商提供的相关驱动。

2. 软件故障

（1）协议配置问题：协议作为计算机之间通信的“语言”，如果没有所需的协议，协议绑定不正确，协议的具体设置不正确，如 SQL Server 协议中的 IP 地址设置不正确或者 DNS 不正确，都是导致网络出现故障的原因。

（2）服务的安装问题：除了协议以外，往往需要安装一些重要的服务，需要参考相关软件的服务说明，因为软件都会得到相关的服务厂商的测试。

（3）网络应用中的其他故障：网络应用中的一些故障一般都是因为疏忽或则对系统情况了解不清造成的，这些很容易可以避免；但是网络应用中的其他故障就不是很容易解决的。比如网络通信阻塞、广播风暴以及网络密集型应用程序造成的网络阻塞等。

下面来看一个实例。

在开始动手排除故障之前，最好先准备一支笔和一个记录本，然后，将故障现象认真仔细记录下来。在观察和记录时一定注意细节，排除大型网络故障如此，一般十几台计算机的小型网络故障也如此，因为有时正是一些最小的细节使整个问题变得明朗化。

1. 识别故障现象

作为管理员，在排故障之前，也必须确切地知道网络上到底出了什么毛病，是不能共享资源，还是找不到另一台计算机，等等。知道出了什么问题并能够及时识别，是成功排除故障最重要的步骤。为了与故障现象进行对比，作为管理员必须知道系统在正常情况下是怎样工作的，否则，是不容易对问题和故障进行定位的。

识别故障现象时，应该向操作者询问以下几个问题。

（1）当被记录的故障现象发生时，正在运行什么进程（即操作者正在对计算机进行什么操作）。

（2）这个进程以前运行过没有。

（3）以前这个进程的运行是否成功。

（4）这个进程最后一次成功运行是什么时候。

（5）从哪时起，哪些发生了改变。

带着这些疑问来了解问题，才能对症下药排除故障。

2. 对故障现象进行详细描述

当处理由操作员报告的问题时，对故障现象的详细描述显得尤为重要。如果仅凭他们的一面之词，有时还很难下结论，这时就需要管理员亲自操作一下刚才出错的程序，并注意出错信息。例如，在使用 Web 浏览器进行浏览时，无论输入哪个网址都返回“该页无法显示”之类的信息。使用 ping 命令时，无论 ping 哪个 IP 地址都显示超时连接信息等。诸如此类的出错信息会为缩小问题范围提供许多有价值的信息。对此在排除故障前，可以按以下步骤执行：

（1）收集有关故障现象的信息；

（2）对问题和故障现象进行详细描述；

（3）注意细节；

（4）把所有的问题都记下来；

（5）不要匆忙下结论。

3. 列举可能导致错误的原因

作为网络管理员，则应当考虑，导致无法查看信息的原因可能有哪些，如网卡硬件故障、网络连接故障、网络设备（如集线器、交换机）故障、SQL Server 协议设置不当，等等。

注意：不要着急下结论，可以根据出错的可能性把这些原因按优先级别进行排序，一个个先后排除。

4. 缩小搜索范围

对所有列出的可能导致错误的原因逐一进行测试，而且不要根据一次测试，就断定某一区域的网络是运行正常或是不正常。另外，也不要在自己认为已经确定了的第一个错误上停下来，应直到测试完为止。

除了测试之外，网络管理员还要注意：千万不要忘记去看一看网卡、Hub、Modem、路由器面板上的 LED 指示灯。通常情况下，绿灯表示连接正常（Modem 需要几个绿灯和红灯都要亮），红灯表示连接故障，不亮表示无连接或线路不通。根据数据流量的大小，指示灯会时快时慢的闪烁。同时，不要忘记记录所有观察及测试的手段和结果。

5. 隔离错误

经过一番折腾后，基本上知道了故障的部位，对于计算机的错误，可以开始检查该计算机网卡是否安装好、SQL Server 协议是否安装并设置正确、Web 浏览器的连接设置是否得当等一切与已知故障现象有关的内容。然后剩下的事情就是排除故障了。

注意：*在开机箱时，不要忘记静电对电脑的危害，要正确拆卸计算机部件。*

6. 故障分析

处理完问题后，作为网络管理员，还必须搞清楚故障是如何发生的，是什么原因导致了故障的发生，以后如何避免类似故障的发生，拟定相应的对策，采取必要的措施，制定严格的规章制度。

7. 故障过程文档化

这个过程经常被管理员忽略，其实它可以为管理员积累排除故障的经验，增长管理员的知识。整个网络故障排除过程如图 9–5 所示。

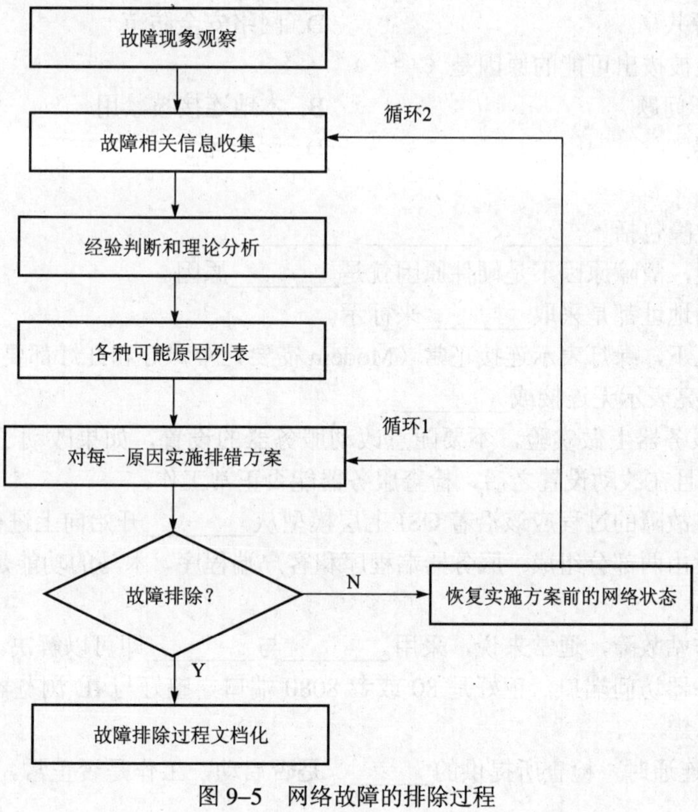

图 9–5　网络故障的排除过程

本章小结

网络故障现象千奇百怪，故障原因多种多样，但总的来讲不外乎就是硬件和软件问题，说得更确切一些，其实就是网络连接性、配置文件和选项问题及网络协议问题。

习 题 九

一、选择题

1. 如果不能重现故障，则问题的原因是（ ）。

A. 用户错误　B. 网络故障　C. 软件配置错误　D. 硬件故障

2. 如果故障只影响一台工作站，应该检查网络的（ ）。

A. 区域路由器接口　B. 工作站的网卡和网线

C. 交换机和主干网　D. 服务器

3. 如果一台工作站用某一个ID登录有问题，其他ID登录就可以，问题的原因是（ ）。

A. 工作站的设置不当　B. 路由器故障

C. 服务器的用户权限设置不当　D. 网卡故障

4. 网络操作系统主要解决的问题是（ ）。

A. 网络用户使用界面　B. 网络资源共享与网络资源安全访问限制

C. 网络资源共享　D. 网络安全防范

5. 网络电缆被拔出可能的原因是（ ）。

A. 网线出了问题　B. 本地连接被禁用

C. 没有拨号　D. 网卡坏了

二、填空题

1. 服务器故障包括________、________、________。

2. 总的来说，故障原因不是硬件原因就是________原因。

3. 网络上的地址都是采取________来标示。

4. 通常情况下，绿灯表示连接正常（Modem需要几个绿灯和红灯都要亮），红灯表示连接________，不亮表示无连接或________。

5. 不要在服务器上做实验，不要随意改动服务器的设置，如果改动了设置，一定要及时________，并且在改动设置之后，检查服务器能否正常工作。

6. 诊断网络故障的过程应该沿着OSI七层模型从________开始向上进行。

7. 木马一般由两部分组成：服务器端程序和客户端程序，木马的功能是通过________可以操纵服务器。

8. 对于工作站故障，通常来说，采用________与________即可以解决。

9. 代理服务器访问端口，正好是80或者8080端口，整好与IE浏览器通过________端口访问网站有冲突。

10. 当网络连通时，检查所提供的________是否启动，工作是否正常。

三、简答题

1. 网络故障排除的基本步骤有哪些？

2. 了解哪些问题有助于诊断网络故障？

3. 排除网络故障中常用到哪些协议？

4. 导致网速变慢的原因有哪些？

5. 如果网络中的一台工作站出现问题，例如，你所用的计算机不能访问服务器（或互联网），而网络中其他的工作站都正常，你将如何处理？

6. 如何克服网络“瓶颈”对网络整体性能的影响？

7. 使用校园网上网，都会自动从 DHCP 服务器获取一个 IP 地址（59 或 202 打头），在上网高峰时，无法获得 IP 地址信息，IP 地址显示为“169.254.x.x”，无法上网。能自己指定 IP 地址上网吗？

8. 保证服务器能稳定、可靠的对外提供服务，需要做哪些工作？

9. 网络中的某台计算机挪动后，线路连接出现中断，将水晶头用手按住时，网络连通情况为时断时续。计算机 ping 本机地址成功，ping 外部地址不通，使用测线仪对网络线路进行测量，发现部分用于传输数据的主要芯线不通。应该如何处理？

10. QQ 能聊，网页却打不开，这是什么原因，应如何处理呢？

第10章 网络安全

本章提示

本章主要对计算机网络安全的概念、安全威胁、攻击类型、安全策略进行了简要阐述，同时介绍了病毒防范技术、防火墙技术、数据加密技术及入侵检测技术。

教学要求

了解计算机网络安全的攻击类型、安全策略，了解防火墙的概念和主要技术、数据加密的概念及相关技术、入侵检测系统的功能，掌握病毒防范的步骤及安全策略。

内容框架图

网络安全
- 网络安全概述
- 网络安全技术
- 网络安全发展前景

10.1 网络安全概述

随着计算机网络的普及，计算机网络的应用向深度和广度不断发展。企业上网、政府上网、远程教育、网络会议、网络电话、网上购物……一个网络化社会的雏形已经形成。在网络给人们带来巨大便利的同时，也带来了一些不容忽视的问题，网络的安全问题就是其中之一。如果网络安全受到危害，可能会导致非常严重的后果，例如隐私丧失、信息失窃，有的甚至需要追究法律责任。随着网络威胁的种类日渐增多，安全环境所面临的挑战也日趋严峻。目前，世界上的计算机犯罪案件以每年 100%的速度增长，在互联网上，黑客攻击事件则以每年 10 倍的速度增长。在 1985 年，攻击者必须具备高深的计算机技术、编程能力和网络知识才能利用一些基本工具进行简单的攻击。随着时间的推移，攻击者的方法和黑客工具软件不断改进，他们不再需要精深的技术即可进行攻击。这大大降低了对攻击者的门槛要求。

10.1.1 什么是网络安全

计算机网络安全是指计算机及其网络资源不受自然和人为有害因素的威胁和危害，即是指计算机、网络系统的硬件、软件及其系统中的数据受到保护，不因偶然或者恶意的原因而受到破坏、更改和泄露，确保系统能连续可靠而又正常地运行，使网络提供的服务不中断。网络安全包括 5 个基本要素：完整性、机密性、可用性、可控性与不可否认性，如表 10–1 所示。

表 10–1　网络安全五要素

安全要素	主 要 特 性
完整性	通过一定的机制，确保信息在存储和传输时不被恶意用户篡改、破坏，不会出现信息的丢失、乱序等
机密性	通过信息加密、身份识别等方式确保网络信息的内容不会被未授权的第三方所获知
可用性	防止非法用户进入系统使用资源及防止合法用户对系统资源的非法使用，只允许得到授权的用户在需要时可访问数据
可控性	可以控制授权范围内的信息流向及行为方式
不可否认性	用户在系统进行某种操作后，若事后能提出证明，而用户无法加以否认，便具备不可否认性

10.1.2　网络安全威胁

网络安全威胁是指对网络资源的完整性、机密性、可用性、可控性和不可否认性所造成的危害。主要分为物理威胁和人为威胁。

1. 物理威胁

物理威胁是指计算机网络中硬件资源遭受物理性破坏，攻击者可以借此拒绝对这些资源的使用。物理威胁分为 4 类。

硬件威胁——对服务器、路由器、交换机、布线间和工作站的物理破坏。

环境威胁——在极端温度（过热或过冷）或极端湿度（过湿或过干）下对网络设备造成的损害。

电气威胁——由于电压尖峰、电源电压不足（电气管制）、不合格电源（噪音），以及断电所引起的安全威胁。

维护威胁——关键电气组件处理不佳（静电放电），缺少关键备用组件、布线混乱和标识不明而引起的安全威胁。

2. 人为威胁

人为威胁是指恶意的人对计算机网络资源进行有目的的破坏，从而形成对网络的攻击。主要有以下威胁。

（1）信息泄漏或丢失。用户的敏感数据在有意和无意中被泄漏出去或丢失，网络中黑客通过窃听或电磁干扰等方式截获信息，并通过专门的工具（如 Sniffer，Wireshark 工具）对信息流向、流量、长度等参数进行分析，获取出一些重要信息（如用户口令、账号等）。

（2）强制访问。有意避开访问控制系统，不经过授权就直接使用计算机系统资源和网络资源。主要有以下几种形式：身份攻击、假冒、非法用户进入网络系统进行违法操作、合法用户以未授权方式访问等。

（3）篡改数据。网络黑客以非法手段对传输的数据进行删除、修改、插入或重发，以取得有益于攻击者的响应，干扰正常用户的使用。

（4）植入木马程序。攻击者在正常的软件中隐藏一段用于攻击目的的程序段，当用户使用该软件时，就会启动该程序段，从而使攻击者取得对计算机资源和网络资源的访问控制权限，达到攻击网络的目的。

（5）感染病毒。计算机病毒是一种特殊的计算机程序，具有破坏计算机功能或数据，影响计算机使用并且能够自复制的功能。计算机病毒一般寄存在系统启动区、设备驱动程序或者系统的可执行文件内。

10.1.3 网络攻击类型

网络攻击主要分为四种类型。

1. 侦察

侦察是指未经授权的搜索和映射系统、服务或漏洞。此类攻击也称为信息收集，大多数情况下它充当其他类型攻击的先导。侦察类似于冒充邻居的小偷伺机寻找容易下手的住宅，例如无人居住的住宅、容易打开的门或窗户等。

2. 访问

系统访问是指入侵者获取本来不具备访问权限（账户或密码）的设备访问权。入侵者进入或访问系统后往往会运行某种黑客程序、脚本或工具，以利用目标系统或应用程序的已知漏洞展开攻击。

3. 拒绝服务

拒绝服务（DDoS）是指攻击者通过禁用或破坏网络、系统或服务来拒绝为特定用户提供服务的一种攻击方式。DDoS 攻击包括使系统崩溃或将系统性能降低至无法使用的状态。但是，DDoS 也可以只是简单地删除或破坏信息。大多数情况下，执行此类攻击只需简单地运行黑客程序或脚本。因此，DDoS 攻击成为最令人惧怕的攻击方式。

4. 蠕虫、病毒和特洛伊木马

有时主机上会被装上恶意软件，这些软件会破坏系统、自复制或拒绝对网络、系统或服务的访问。此类软件通常称为蠕虫、病毒或特洛伊木马。

10.1.4 网络安全策略

网络安全策略是指在一个特定的环境里，为保证网络资源正常运行提供一定级别的安全保护所必须遵守的方法和规则，其目的是保护网络免受来自企业外部和内部的攻击。主要有以下安全策略。

1. 物理安全策略

其目的是保护计算机系统、网络服务器、打印机等硬件实体和通信链路免受自然灾害、人为破坏和搭线攻击；确保计算机系统有一个良好的电磁兼容工作环境；建立完备的安全管理制度，防止非法进入计算机控制室和各种偷窃、破坏活动的发生。

2. 访问控制策略

访问控制是网络安全防范和保护的主要策略，它的主要任务是保证网络资源不被非法使用和非常访问。它也是维护网络系统安全、保护网络资源的重要手段。各种安全策略必须相互配合才能真正起到保护作用，但访问控制可以说是保证网络安全最重要的核心策略之一。下面分述各种访问控制策略。

（1）入网访问控制策略。入网访问控制为网络访问提供了第一层访问控制。它控制哪些用户能够登录到服务器并获取网络资源，控制准许用户入网的时间和准许他们在哪台工作站入网。用户的入网访问控制可分为 3 个步骤：用户名的识别与验证、用户口令的识别与验证、用户帐号的默认限制检查。三道关卡中只要任何一关未过，该用户便不能进入该网络。

（2）网络的权限控制策略。权限控制是针对网络非法操作所提出的一种安全保护措施。用户和用户组被赋予一定的权限，网络控制用户和用户组可以访问哪些目录、子目录、文件和其他资源。可以指定用户对这些文件、目录、设备能够执行哪些操作。

（3）属性安全控制策略。在使用文件、目录和网络设备时，网络系统管理员应给文件、目录等指定访问属性。属性安全控制可以将给定的属性与网络服务器的文件、目录和网络设备联系起来。属性安全在权限安全的基础上提供更进一步的安全性。网络上的资源都应预先标出一组安全属性。用户对网络资源的访问权限对应一张访问控制表，用以表明用户对网络资源的访问能力。网络的安全属性可以保护重要的目录和文件，防止用户对目录和文件的误删除、执行修改、显示等。

（4）网络服务器安全控制策略。计算机网络允许在服务器控制台上执行一系列操作。用户通过控制台可以装载和卸载模块，可以安装和删除软件等操作。网络服务器的安全控制包括可以设置口令锁定服务器控制台，以防止非法用户修改、删除重要信息或破坏数据；可以设定服务器登录时间限制、非法访问者检测和关闭的时间间隔。

（5）网络监测和锁定控制策略。网络管理员应对网络实施监控，服务器应记录用户对网络资源的访问，对非法的网络访问，服务器应以图形或文字或声音等形式报警，以引起网络管理员的注意。如果不法之徒试图进入网络，网络服务器应会自动记录企图尝试进入网络的次数，如果非法访问的次数达到设定数值，那么该账户将被自动锁定。

3. 病毒防治策略

首先企业内部应建立病毒防治的规章制度，严格管理；对企业员工进行计算机安全教育，提高防范意识；其次选择经过公安部认证的病毒防治产品，正确配置、使用病毒防治产品；最后定期检查系统内的敏感文件，适时进行安全评估，调整各种病毒防治策略，确保网络系统的正常运行。

10.2　网络安全技术

网络安全技术是为网络正常运行提供安全保护机制的技术，如帮助协调网络资源的使用，预防安全事故的发生；跟踪并记录网络的使用，监测系统状态的变化；实现对各种网络安全事故的定位，探测网络安全事件发生的确切位置；提供对紧急事件或安全事故的故障排除能力。主要有以下几种安全技术。

10.2.1 病毒防范技术

自从计算机病毒诞生之日起，制造病毒与防范病毒的斗争就一刻也没有停止过，随着病毒制造技术的不断变化，病毒检查与防范技术也在不断地更新与进步。病毒防范技术是目前见的最多，也用得最为普遍的安全技术方案，因为这种技术实现起来最为简单。

在《中华人民共和国计算机信息系统安全保护条例》中的定义为:“计算机病毒是指编制或者在计算机程序中插入的破坏计算机功能或者数据，影响计算机使用并且能够自复制的一组计算机指令或者程序代码”。计算机病毒的主要特性有以下几方面。

- 可执行性。病毒是一段可执行的程序代码，可以藏匿于系统文件和可执行文件中。
- 隐蔽性。病毒一般是具有很高编程技巧、短小精悍的程序。通常附在正常程序中或存储介质较隐蔽的地方，也有个别的以隐含文件形式出现。目的是不让用户发现它的存在。如果不经过代码分析，病毒程序与正常程序是不容易区别开来的。
- 传染性。病毒作为一段程序代码，它会搜寻符合其传染条件的程序或存储介质，确定目标后再将自身代码插入其中，进行自复制和自扩散。
- 潜伏性。病毒为了更广泛地传播和扩散，通常完成传染过程后不会立即发作进行破坏，而是潜伏下来，待到条件触发后，再行发作。
- 破坏性。病毒可分为主动进行破坏的恶性病毒和不主动进行破坏的良性病毒，任何病毒只要入侵系统，都会对系统及应用程序产生程序不同的破坏。
- 可触发性。病毒因某个事件的出现诱使病毒实施破坏攻击。

目前病毒防范技术主要有：计算机病毒检测、计算机病毒防治和反病毒软件。

1. 计算机病毒的检测

计算机病毒的检测主要有 2 种方式。

（1）异常情况判断，计算机工作时出现一些异常现象，则有可能感染了病毒。病毒主要异常现象特征如表 10–2 所示。

表 10–2 病毒异常现象特征表

序号	病毒异常情况
1	屏幕出现异常图形或画面，如雨点、字符、树叶等，并且系统很难退出或恢复
2	磁盘可用空间减少，出现大量坏簇，且坏簇数目不断增多，无法继续工作
3	硬盘不能引导系统
4	磁盘上的文件或程序丢失
5	磁盘读/写文件明显变慢，访问的时间变长
6	系统引导变慢或出现问题，有时出现“写保护错”提示
7	系统经常死机或出现异常的重启动现象
8	原来运行的程序突然不能运行，总是出现出错提示，如内存不足等
9	打印机不能正常启动
10	自动链接到一些陌生的网站

（2）通过检查计算机系统的相应特征来确定是否感染病毒，主要检查如表 10–3 所示。

表 10–3　病毒特征检查表

序号	检查系统特征
1	检查磁盘主引导扇区
2	检查文件分配表（File Allocation Table）
3	检查中断向量
4	检查可执行文件
5	检查内存空间

2. 计算机病毒的防治

计算机病毒的防治是一项长期而全面的工作，首先要建立、健全法律和管理制度，加强教育和宣传，并采取一些有效的技术措施提高系统的安全性，如进行软件过滤和文件加密、注意生产过程控制和后备恢复以及其他有效措施。主要措施有以下几方面。

- 在实验网络中，尽量多用无盘工作站，不用或少用有软驱的工作站。
- 在网络中，要保证系统管理员有最高的访问权限，避免过多地出现超级用户。
- 对非共享软件，将其执行文件和覆盖文件如*.COM，*.EXE，*.OVL 等备份到文件服务器上，定期从服务器上复制到本地硬盘上进行重写操作。
- 接收远程文件输入时，一定不要将文件直接写入本地硬盘，而应将远程输入文件写到软盘上，然后对其进行查毒，确认无毒后再复制到本地硬盘上。
- 工作站采用防病毒芯片，这样可防止引导型病毒。
- 正确设置文件属性，合理规范用户的访问权限。
- 建立健全的网络系统安全管理制度，严格操作规程和规章制度，定期做文件备份和病毒检测。
- 目前预防病毒的最好办法就是在计算机中安装防病毒软件，这和人体注射疫苗是同样的道理。
- 为解决网络防病毒的要求，已出现了病毒防火墙，在局域网与 Internet、用户与网络之间进行隔离。

3. 反病毒软件

表 10–4 中列举了目前应用最为广泛的一些反病毒软件的公司及其软件，一个好的反病毒软件应该包括以下几个部分。

（1）病毒扫描程序。程序的设计算法主要有：串扫描算法，入口点扫描算法，类属解密法。

（2）内存扫描程序。内存扫描程序采用与病毒扫描程序同样的基本原理进行工作。它的工作是扫描内存以搜索内存驻留文件和引导记录病毒。

（3）完整性检查器。完整性检查器的工作原理基于如下的假设：在正常的计算机操作期间，大多数程序文件和引导记录不会改变。这样，计算机在未感染状态，取得每个可执行文件和引导记录的信息指纹，将这一信息存放在硬盘的数据库中。

完整性检查器是一种强有力的防病毒保护方式。因为所有的病毒都要修改可执行文件引导记录，包括新的未发现的病毒，所以它的检测率几乎百分之百。引起完整性检查器失效的可能有：有些程序在执行时必须要修改它自己；对已经被病毒感染的系统再使用这种方法时，可能会遭到病毒的蒙骗等。

（4）行为监视器。行为监视器又叫行为监视程序，它是内存驻留程序，这种程序静静地在后台工作，等待病毒或其他有恶意的损害活动。如果行为监视程序检测到这类活动，它就会通知用户，并且让用户决定这一类活动是否继续。

表 10–4 著名杀毒软件公司

公司	杀毒软件	网 址
北京瑞星科技股份有限公司	瑞星	http：//www.rising.com.cn
金山软件股份有限公司	金山毒霸	http：//www.duba.net
卡巴斯基实验室	卡巴斯基	http：//www.kaspersky.com.cn
赛门铁克公司（Symantec）	诺顿 Norton Antivirus	http：//www.symantec.com

10.2.2 防火墙技术

防火墙技术是一种允许接入外部网络，同时又能够识别和抵抗非授权访问的网络安全技术。防火墙可以使企业内部网络（Intranet）与互联网（Internet）之间或者与其他外部网络互相隔离、限制网络互相访问，从而达到保护内部网络的目的。

一般来讲，防火墙可以实现以下安全功能。

- 控制对系统的访问。防火墙允许用户从网络外部访问内部指定主机，也可以禁止用户访问其他主机。
- 过滤不安全的服务。防火墙通过过滤不安全的服务，可以极大地提高网络安全和减少子网中主机的风险。
- 执行安全策略。防火墙提供了制定和执行网络安全策略的方法和规则。
- 集中的安全管理。在防火墙定义的安全规则可以运行于整个内部网络系统，而无须在内部网络每台机器上分别设置安全策略。
- 记录和统计网络网络信息。防火墙可以记录和统计通过防火墙的信息流量，提供相关网络使用的数据信息。

防火墙按外形分为硬件防火墙与软件防火墙。硬件防火墙是指把防火墙程序做到芯片里面，由硬件执行这些功能，能减少 CPU 的负担，使路由更稳定。如图 10–1 所示的硬件防火墙。软件防火墙则是指基于包过滤技术的软件系统；如图 10–2 所示个人软件防火墙。

图 10–1 Juniper NetScreen 防火墙

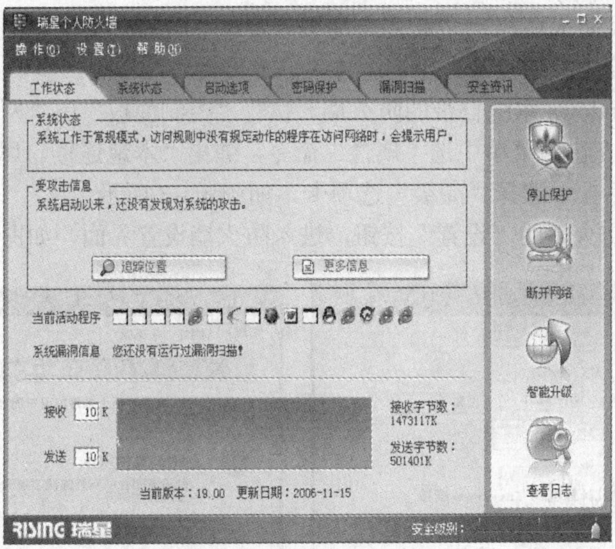

图 10–2　瑞星防火墙

实现防火墙的技术有 3 类：包过滤防火墙、应用层网关型防火墙及电路级网关防火墙，它们各有所长，具体使用哪一种或者混合使用，要看网络具体需要。

1. 包过滤（Packet Filtering）防火墙

工作在 OSI 网络参考模型的网络层和传输层，其工作原理是根据定义好的过滤规则审查每个数据包，以便确定其是否与某一条包过滤规则匹配，然后根据数据包头的源地址、目的地址、端口号和协议类型等标志确定是否允许通过。

数据包过滤是一个网络安全保护机制，它用来控制流出和流入网络的数据。包过滤防火墙的优点是简单、透明。缺点是该防火墙需从建立安全策略和过滤规则集入手，需要花费大量的时间和人力，根据不断出现的新情况更新过滤规则集。

2. 应用层网关（Application Gateway）型防火墙

工作在 OSI 网络参考模型的应用层上，其工作原理是通过一种代理（Proxy）技术参与到 TCP 连接的全过程。应用层网关通常被配置为双宿主网关，具有两个网络接口卡，连接内部网络和外部网络，网关可以与两个网络通信，因此是安装代理软件的最佳位置。

代理服务器作为内部网络客户端的服务器拦截住所有要求，也向客户端转发响应。代理客户（Proxy Client）负责代表内部客户端向外部服务器发出请求，当然也向代理服务器转发响应。代理服务器不允许直接连接，而是强制检查和过滤所有的网络数据包，内部客户端的默认网关指向代理服务器，用户并不直接与真正的服务器通信，而是与代理服务器通信。应用层网关型防火墙的优点是易于配置、控制灵活、安全性高，缺点是代理速度慢、代理对用户不透明等。

3. 电路级网关防火墙

工作在 OSI 网络参考模型的会话层上，其工作原理是通过网关来监控受信任的客户机或服务器与不受信任的主机间的 TCP 握手信息，并据此来决定该会话是否合法。

与应用层网关型防火墙相比，其优点是不需要对不同的应用设置不同的代理模块，但需要对客户端做适当修改；缺点是占用资源过多、速度慢。

现介绍一下 Windows 系统自带的防火墙。执行“控制面板”→“网络连接”命令。右击“本地连接”图标，在快捷菜单中选“属性”命令，弹出“本地连接与属性”对话框。在“本地连接与属性”对话框中选择“高级”选项卡，如图 10–3 所示。

单击Windows 防火墙的“设置”按钮，进入防火墙设置界面，如图 10–4 所示。

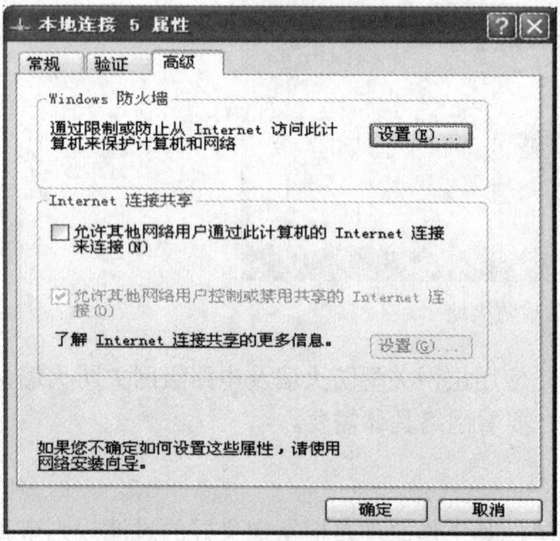

图 10–3 “本地连接”属性对话框

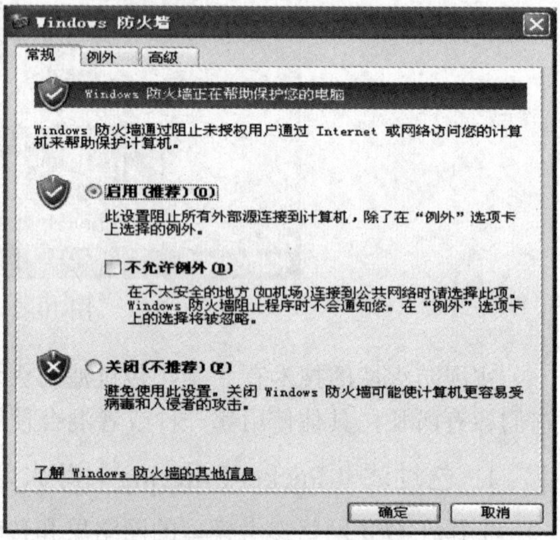

图 10–4 “常规”对话框

防火墙默认是开启状态的。可以选择关闭防火墙，或者通过选择防火墙保护功能中的“阻止异常行为”来增强配置。“例外”属性是当连接到公网时，将给额外的保护。选择“例外”选项卡，出现下面的对话框，如图 10–5 所示。

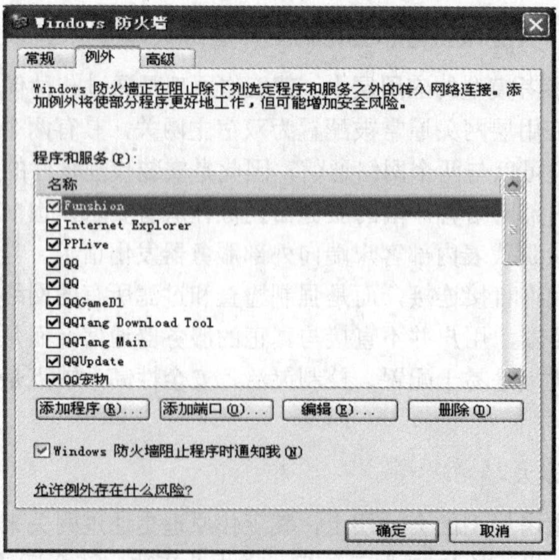

图 10–5 “例外”对话框

在“例外”选项卡中，允许对当前防火墙设置之外的指定程序和服务进行设置。也可以改变许多端口的开启和关闭。

在防火墙对话框中，最后一个配置界面是“高级”选项卡，如图 10–6 所示。

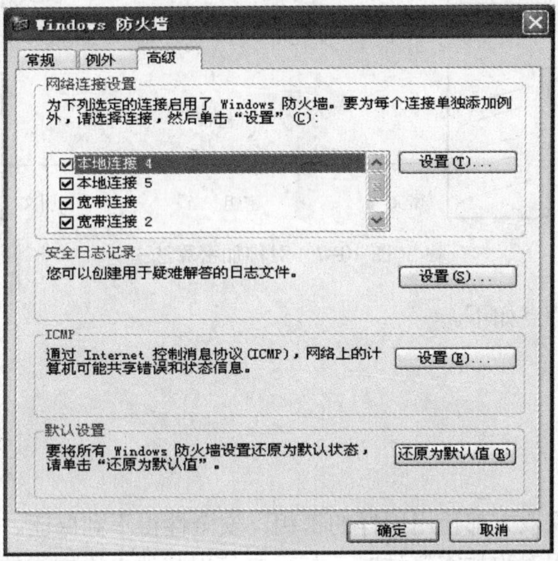

图 10–6 “高级”属性框

10.2.3 数据加密技术

与防火墙配合使用的安全技术还有数据加密技术，它是对存储或者传输的信息采取秘密的交换以防止第三者对信息的窃取。被交换的信息被称为明文（Plaintext），变换过后的形式被称为密文（Ciphertext），从明文到密文的变换过程被称为加密（Encryption），从密文到明文的变换过程被称为解密（Decryption）。对明文进行加密时采用的一组规则称为加密算法，对密文解密时采用的一组规则称为解密算法。加密算法和解密算法通常都是在一组密钥控制下进行的，密钥决定了从明文到密文的映射，加密算法所使用的密钥称为加密密钥，解密算法所使用的密钥称为解密密钥。

加密技术的要点是加密算法，加密算法可以分为对称加密、非对称加密和不可逆加密 3 类算法。

1. 对称加密算法

对称加密算法是应用较早的加密算法，技术成熟。

在对称加密算法中，数据发信方将明文（原始数据）和加密密钥一起经过特殊加密算法处理后，使其变成复杂的加密密文发送出去。收信方收到密文后，若想解读原文，则需要使用加密用过的密钥及相同算法的逆算法对密文进行解密，才能使其恢复成可读明文。

对称加密算法的示意图如图 10–7。

在对称加密算法中，使用的密钥只有一个，发收信双方都使用这个密钥对数据进行加密和解密，这就要求解密方事先必须知道加密密钥。

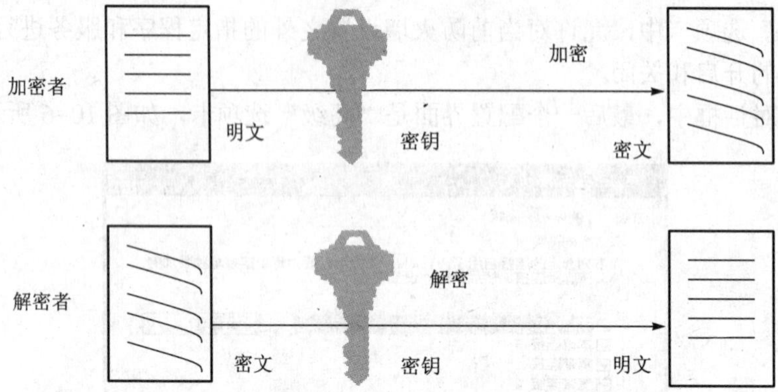

图 10–7 对称加密算法

对称加密算法的特点如下。

- 算法公开
- 计算量小
- 加密速度快
- 加密效率高

不足之处是：交易双方都使用同样的密钥，安全性得不到保证。

每对用户每次使用对称加密算法时，都需要使用其他人不知道的唯一密钥，这会使得发收信双方所拥有的密钥数量成几何级数增长，密钥管理成为用户的负担。

对称加密算法在分布式网络系统上使用较为困难，主要是因为密钥管理困难，使用成本较高。在计算机系统中，广泛使用的对称加密算法有数据加密标准（Data Encryption Stantard，DES）和国际数据加密算法（International Data Encryption Algorithm，IDEA）等。美国国家标准局倡导的高级加密标准（Advanced Encryption Standard ，AES）即将作为新标准取代 DES。

2. 非对称加密算法

非对称加密算法使用两把完全不同但又是完全匹配的一对钥匙——公钥和私钥。在使用非对称加密算法加密文件时，只有使用匹配的一对公钥和私钥，才能完成对明文的加密和解密过程。

公钥和私钥：公钥就是公布出来，所有人都知道的密钥，它的作用是供公众使用。私钥则是只有拥有者才知道的密钥。例如，公众可以用公钥加密文件，则只有拥有对应私钥的人才能将之解密。

加密明文时采用公钥加密，解密密文时使用私钥才能完成，而且发信方（加密者）知道收信方的公钥，只有收信方（解密者）才是惟一知道自己私钥的人。其示意图参见图 10–8。

非对称加密算法的基本原理如下所示。

如果发信方想发送只有收信方才能解读的加密信息，发信方必须首先知道收信方的公钥，然后利用收信方的公钥来加密原文。

收信方收到加密密文后，使用自己的私钥才能解密密文。显然，采用非对称加密算法，收发信双方在通信之前，收信方必须将自己早已随机生成的公钥送给发信方，而自己保留私钥。由于非对称算法拥有两个密钥，因而特别适用于分布式系统中的数据加密。

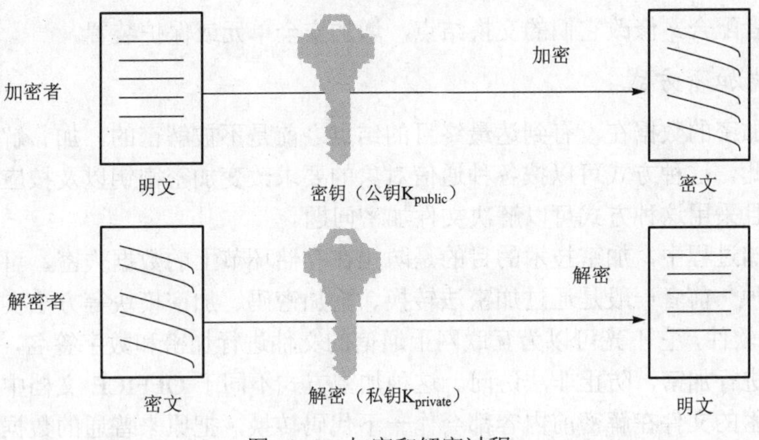

图 10–8　加密和解密过程

广泛应用的非对称加密算法有RSA（该算法以其发明者 Ron Rivest，AdiShamir 和 Leonard Adleman 姓名中的首字母命名）算法和美国国家标准局提出的数字签名算法（Digital Signature Algorithm，DSA）。以非对称加密算法为基础的加密技术应用非常广泛。

3. 不可逆加密算法

不可逆加密算法的特征是，加密过程中不需要使用密钥，输入明文后，由系统直接经过加密算法处理成密文，这种加密后的数据是无法被解密的，只有重新输入明文，并再次经过同样不可逆的加密算法处理，得到相同的加密密文并被系统重新识别后，才能真正解密。

显然，在这类加密过程中，加密是自己，解密还得是自己，而所谓解密，实际上就是重新加一次密，所应用的"密码"也就是输入的明文。

不可逆加密算法不存在密钥保管和分发问题，非常适合在分布式网络系统上使用，但因加密计算复杂，工作量相当繁重，通常只在数据量有限的情形下使用，如广泛应用在计算机系统中的口令加密，利用的就是不可逆加密算法。近年来，随着计算机系统性能的不断提高，不可逆加密的应用领域正在逐渐增大。在计算机网络中应用较多不可逆加密算法的有 RSA 公司发明的消息摘要算法 5（Message Digest 5，MD5）算法和由美国国家标准局建议的不可逆加密标准安全哈希算法标准（Secure Hash Standard，SHS）等。

在网络传输信息过程中所采用的加密技术主要有以下三类：链路加密方式、结点到结点加密方式和端到端加密方式。

1. 链路加密方式

该方式对网络上传输的数据报文进行加密。不但对数据报文进行加密，而且把路由信息、校验码等控制信息全部加密。所以，当数据报文传输到中间站点时，必须进行解密以获得路由信息和校验码，进行路由选择、差错检测，然后再被加密，发送到下一站点，直到数据报文到达目的结点为止。

2. 结点到结点加密方式

该方式是为了解决在结点中数据是明文的缺点。在网络中间结点里装有加、解密的保护装置，由这个装置来完成一个密钥向另一个密钥的变换。因而，除了在保护装置内，即使在结点内也不会出现明文。但是这种方式和链路加密方式一样，有一个共同的缺点：需要目前的公用网提供者配合，修改它们的交换结点，增加安全单元或保护装置。

3. 端到端加密方式

由发送方加密的数据在没有到达最终目的结点之前是不被解密的。加、解密只在源、宿结点进行。因此，这种方式可以按各种通信对象的要求改变加密密钥以及按应用程序进行密钥管理等，而且采用这种方式可以解决文件加密问题。

在数据存储过程中，加密技术的目的是防止在存储环节上的数据失密，可分为密文存储和存取控制两种。前者一般是通过加密法转换、附加密码、加密模块等方法实现；如比较流行的 PGP 加密软件，它不光可以为互联网上通信的文件进行加密和数字签名，还可以对本地硬盘文件资料进行加密，防止非法访问。这种加密方式不同于 OFFICE 文档中的密码保护，用加密软件加密的文件在解密前内容都会作一下代码转换，把原来普通的数据转变成一堆看不懂的代码，这样就保护了原文件不被非法阅读、修改。后者则是对用户资格、权限加以审查和限制，防止非法用户存取数据或合法用户越权存取数据，这种技术主要应用于 NT 系统和一些网络操作系统中，在系统中可以对不同工作组的用户赋予相应的权限以达到保护重要数据不被子非常访问。

10.2.4 入侵检测技术

入侵检测是对防火墙的合理补充，帮助系统对付网络攻击，扩展了系统管理员的安全管理能力（包括安全审计、监视、进攻识别和响应），提高了信息安全基础结构的完整性。它从计算机网络系统中的若干关键点收集信息，并分析这些信息，看看网络中是否有违反安全策略的行为和遭到袭击的迹象。入侵检测被认为是防火墙之后的第二道安全闸门，在不影响网络性能的情况下能对网络进行监测，从而提供对内部攻击、外部攻击和误操作的实时保护。

入侵检测系统（Intrusion Detection System，IDS）主要通过以下几种活动来完成任务：监视、分析用户及系统活动；对系统配置和弱点进行审计；识别与已知的攻击模式匹配的活动；对异常活动模式进行统计分析；评估重要系统和数据文件的完整性；对操作系统进行审计跟踪管理并识别用户违反安全策略的行为。除此之外，有的入侵检测系统还能够自动安装厂商提供的安全补丁软件，并自动记录有关入侵者的信息。

对一个成功的入侵检测系统来讲，它不但可使系统管理员时刻了解网络系统（包括程序、文件和硬件设备等）的任何变更，还能给网络安全策略的制定提供指南。更为重要的一点是，它应该管理和配置都要简单，从而使非专业人员非常容易地获得网络安全。而且，入侵检测的规模还应根据网络威胁、系统构造和安全需求的改变而改变。入侵检测系统在发现入侵后，会及时做出响应，包括切断网络连接、记录事件和报警等。

- 入侵检测技术可分为 5 种。
- 基于应用的监控技术，主要使用监控传感器在应用层收集信息。
- 基于主机的监控技术，主要使用主机传感器监控本系统的信息。
- 基于目标的监控技术，主要针对专有系统属性、文件属性、敏感数据等进行监控。
- 基于网络的监控技术，主要利用网络监控传感器监控收集的信息。
- 综合以上 4 种方法进行监控。其特点是提高了侦测性能，但会产生非常复杂的网络安全方案。

入侵检测作为一种积极主动的安全防护技术，提供了对内部攻击、外部攻击和误操作的实时保护，在网络系统受到危害之前拦截和响应入侵。从网络安全立体纵深、多层次防御的角度出发，入侵检测理应受到人们的高度重视，这从国外入侵检测产品市场的蓬勃发展上就可以看出。在国内，随着上网的关键部门、关键业务越来越多，迫切需要具有自主版权的入侵检测产品。

10.3　网络安全的发展前景

随着计算机网络技术的迅速发展和进步，计算机网络已经成为社会发展的重要基石。信息与网络涉及国家的政治、军事、文化等诸多领域，在计算机网络中存储、传输和处理的信息有各种政府宏观调控决策、商业经济信息、银行资金转帐、股票证券、能源资源数据、高科技科研数据等重要信息，其中有很多是国家敏感信息和国家机密，所以难免会吸引来自世界各地的各种网络黑客的人为攻击（例如，信息窃取、信息泄漏、数据删除和篡改、计算机病毒等）。因此计算机网络安全是关系到国家安全和主权、社会的稳定、民族文化的继承和发扬的重要问题。

网络黑客攻击方式的不断增加和攻击手段的不断简单化，意味着对计算机网络系统安全的威胁也不断增加。由于计算机网络系统应用范围的不断扩大，人们对网络系统依赖的程度增大，对网络系统的破坏造成的损失和混乱就会比以往任何时候都大。这样，对计算机网络系统信息的安全保护就要提出更高的要求，计算机网络系统安全学科的地位也显得更加重要，网络安全技术必然随着计算机网络系统应用的发展而不断的发展。

- 推广网络规范化管理；
- 创新网络系统安全管理技术；
- 完善计算机网络使用方面的法律、法规；
- 加强网络软件的质量监控。

本章小结

本章主要讲述了以下一些内容。

（1）计算机网络安全是指计算机及其网络资源不受自然和人为有害因素的威胁和危害，即是指计算机、网络系统的硬件、软件及其系统中的数据受到保护，不因偶然或者恶意的原因而受到破坏和更改、泄露，确保系统能连续可靠、正常地运行，使网络提供的服务不中断。包括 5 个基本要素：完整性、机密性、可用性、可控性与不可否认性。

（2）网络安全威胁分为物理威胁和人为威胁两种。网络攻击类型包括侦察、访问、拒绝服务和蠕虫、病毒和特洛伊木马等。网络安全策略主要指物理安全策略、访问控制策略及病毒防治策略。

（3）计算机病毒是指编制或者在计算机程序中插入的破坏计算机功能或者数据，影响计算机使用并且能够自复制的一组计算机指令或者程序代码。包括可执行性，隐蔽性，传染性、潜伏性、破坏性和可触发性。

（4）防火墙可以使企业内部网络（Intranet）与互联网（Internet）之间或者与其他外部网

络互相隔离、限制网络互相访问，从而达到保护内部网络的目的。其实现技术包括包过滤防火墙、应用层网关型防火墙和电路级网关防火墙。

（5）数据加密技术是对存储或者传输的信息采取秘密的交换以防止第三者对信息窃取的一种技术。使用的加密算法可以分为对称加密、非对称加密和不可逆加密 3 类算法。

（6）入侵检测系统（Intrusion Detection System，IDS）主要通过以下几种活动来完成任务：监视、分析用户及系统活动；对系统配置和弱点进行审计；识别与已知的攻击模式匹配的活动；对异常活动模式进行统计分析；评估重要系统和数据文件的完整性；对操作系统进行审计跟踪管理并识别用户违反安全策略的行为。

习 题 十

一、单项选择题

1. 在以下人为的恶意攻击行为中，属于主动攻击的是（　　）。

A. 身份假冒　　B. 数据窃听　　C. 数据流分析　　D. 非法访问

2. 以下算法中属于非对称算法的是（　　）。

A. Hash 算法　　B. RSA 算法　　C. IDEA　　D. DES 算法

3. 黑客利用 IP 地址进行攻击的方法有（　　）。

A. IP 欺骗　　B. 解密　　C. 窃取口令　　D. 发送病毒

4. 以下哪一项不属于入侵检测系统的功能（　　）。

A. 监视网络上的通信数据流　　B. 捕捉可疑的网络活动

C. 提供安全审计报告　　D. 过滤非法的数据包

5. 以下关于计算机病毒的特征说法正确的是（　　）。

A. 计算机病毒只具有破坏性，没有其他特征

B. 计算机病毒具有破坏性，不具有传染性

C. 破坏性和传染性是计算机病毒的两大主要特征

D. 计算机病毒只具有传染性，不具有破坏性

二、填空题

1. 一个好的反病毒软件应该包括________、________、________、________4 个部分。

2. 网络攻击主要分为________、________、________、________4 种类型。

3. 从明文到密文的变换过程被称为________，从密文到明文的变换过程被称为。

4. 实现防火墙的技术有三类：________、________、________。

三、问答题

1. 什么是网络安全？

2. 中小型企业网络面临的安全威胁有哪些？

3. 计算机病毒的特征有哪些？

4. 入侵检测有哪些主要技术？

5. 实现防火墙的技术有哪些？

6. 在信息传递过程中，实现数据加密的方式有哪几种？

习题参考答案

第1章

一、单项选择题

1. A　2. A　3. C　4. B　5. A

二、填空题

1. 计算机，通信　2. 资源子网　3. 数据通信，资源共享

4. LAN，MAN，WAN　5. Internet

6. 信息一般用数据来表示，而表示信息的数据通常要被转换为信号以后才能进行传递

7. 单向通信，双向交替通信，双向同时通信　8. 量化，编码

9. 线路交换，虚电路分组交换　10. 调制，解调

第2章

一、选择题

1. A　2. B　3. B　4. D　5. C

二、填空题

1. 超文本传输　2. 数据链路层

3. 物理层、数据链路层、网络层、传输层、会话层、表示层、应用层

4. 网络接口层、网络层、传输层、应用层

5. IP，ICMP，ARP　6. 网络层　7. 语法、语义、时序

8. ARP　9. DNS　10. TCP/IP

第3章

一、选择题

1. A　2. C　3. A　4. C　5. B

二、填空题

1. 同轴电缆、双绞线、光纤　2. 总线型、环形、星型

3. 基带传输　4. CSMA/CD、令牌环

5. 介质访问控制　6. 星型结构、总线结构

7. 冲突　8. 边听边发、冲突停止

9. 虚拟局域网　10. 冲突域

第4章

一、选择题

1. D　　2. A　　3. C　　4. D　　5. D

二、填空题

1. 电路交换网　　分组交换网　　专用线路网
2. 磁石交换　　空分交换　　程控交换　　数字交换
3. 2.4 KBPS　　2 MBPS
4. 数据终端设备　　数据业务单元　　网管中心
5. B 信道　　D 信道
6. 数据和语音信息的传输　　信号和控制
7. 铜制电话双绞线
8. 对称　　非对称
9. 384 Kbps　　2 048 Kbps
10. 多路复用　　流量控制　　拥塞控制

第5章

一、单项选择题

1. A　　2. C　　3. D　　4. D　　5. C

二、填空题

1. 信息资源网
2. 主干网，中间层网，底层网
3. 通信线路，路由器，服务器与客户机，信息资源
4. 组织模式，地理模式
5. 专线接入方式，拨号接入方式

第6章

1. 当今网络发展的一个重要方向是开放式的网络体系结构；具有透明性、易管理及具有高速存储能力的应用软件，并要求这些服务独立于 API 和底层技术。

2. FAT 文件系统可以分为 FAT16、FAT32 采用 16 位或 16 位的文件分配表，FAT16 主要用于 DOS、Windows 3.x/95 中，从 Windows 98 开始，FAT32 开始流行。它是 FAT16 的增强版本，可以支持大于 2 TB（2 048 GB）的分区。FAT32 使用的簇比 FAT16 小，从而有效地节约了硬盘空间。

NTFS 的英文全称为“NT File System “，中文意为 NT 文件系统，是微软 NT 内核系列操作系统支持的、一个特别为网络和磁盘配额、文件加密等管理安全特性设计的磁盘格式。其优点主要体现在以下几个方面：具备错误预警的文件系统；文件读取速度更高效；具备磁

盘自修复功能；“防灾赈灾”的事件日志功能。

3. 答案见 6.5 节。

4. 答案见 6.62。

第7章

一、选择题

1. B　2. A　3. B　4. A

二、填空题

1. 全部未分配　2. Anonymous

3. 属性对话框中的“安全帐户”选项卡“只允许匿名连接”复选框

4. 视频点播

5. POP3 服务　简单邮件传输协议（SMTP）服务　POP3　SMTP

6. Windows 媒体服务（Windows Media Services，WMS）

第8章

一、单项选择题

1. B　2. B　3. A　4. D　5. C

二、填空题

1. 网关　2. 路由器　3. 数据转换，数据缓存，通信服务

4. 协议网关，应用网关，安全网关　5. 185 米，100 米

6. 100 Mbps　7. 粗缆以太网　8. 无线电波

9. 无中心，有中心　10. 无线路由器，无线网卡

第9章

一、单项选择题

1. A　2. B　3. C　4. B　5. B

二、填空题

1. 硬件故障、软件故障、操作系统故障　2. 软件　3. IP

4. 故障、线路不通　5. 记录　6. 物理层　7. 客户端

8.“代替法”“排除法”　9. 80　10.“服务”

第10章

一、单项选择题

1. D　2. B　3. A　4. D　5. C

二、填空题

1. 病毒扫描程序，内存扫描程序，完整性检查器，行为监视器
2. 侦察，访问，拒绝服务，蠕虫、病毒和特洛伊木马
3. 加密，解密
4. 包过滤，应用层网关，电路级网关

参 考 文 献

[1] 周舸. 计算机网络技术基础 [M]. 北京：人民邮电出版社，2007.
[2] 杨莉，程书红. 计算机网络基础 [M]. 北京：机械工业出版社，2007.
[3] 杨瑞良，李平. 计算机网络技术基础 [M]. 北京：北京大学出版社，2007.
[4] 谢希仁. 计算机网络教程. 北京：人民邮电出版社，2006.
[5] 尚晓航. 计算机网络技术基础. 2 版. 北京：高等教育出版社，2004.
[6] 张颖淳. 计算机网络技术. 重庆：重庆大学出版社，2004.
[7] 刘瑞挺. 三级网络技术 [M]. 北京：南开大学出版社，2002.
[8] 张继山，房丙午. 计算机网络技术 [M]. 北京：中国铁道出版社，2007.
[9] 杨威. 局域网组建、管理与维护 [M]. 北京：电子工业出版社，2004.
[10] 尹敬齐. 局域网组建与管理 [M]. 北京：机械工业出版社，2005.
[11] 邱慧芳，杨军. 局域网建设与管理教程与上机指导 [M]. 北京：清华大学出版社，2003.
[12] 王寅涛，李兴元. 计算机网络基础 [M]. 北京：北京理工大学出版社，2006.
[13] 刘晓辉. 局域网组网技术 [M]. 北京：人民邮电出版社，2007.
[14] 黄智诚，陈少涌. 计算机网络基础 [M]. 北京：冶金工业出版社，2004.
[15] 马晓凯. 计算机网络技术及应用 [M]. 北京：冶金工业出版社，2004.
[16] 刘晓辉. 网络管理标准教程 [M]. 北京：人民邮电出版社，2003.
[17] 秦冬，杨健，申科，等等. 企业网络故障排除 [M]. 北京：电子工业出版社，2007.
[18] 高焕芝，庞国莉. 新编计算机网络基础教程 [M]. 北京：清华大学出版社，2008.
[19] 黄骁. 计算机组网项目实训 [M]. 北京：海洋出版社，2006.
[20] 龚娟. 计算机网络基础 [M]. 北京：人民邮电出版社，2008.
[21] 吴献文. 计算机网络安全基础与技能训练 [M]. 西安：西安电子科技大学出版社，2008.
[22] 刘远生. 计算机网络基础与应用 [M]. 3 版. 北京：电子工业出版，2008.